汉服经典纹样与配色图鉴

红糖美学 著

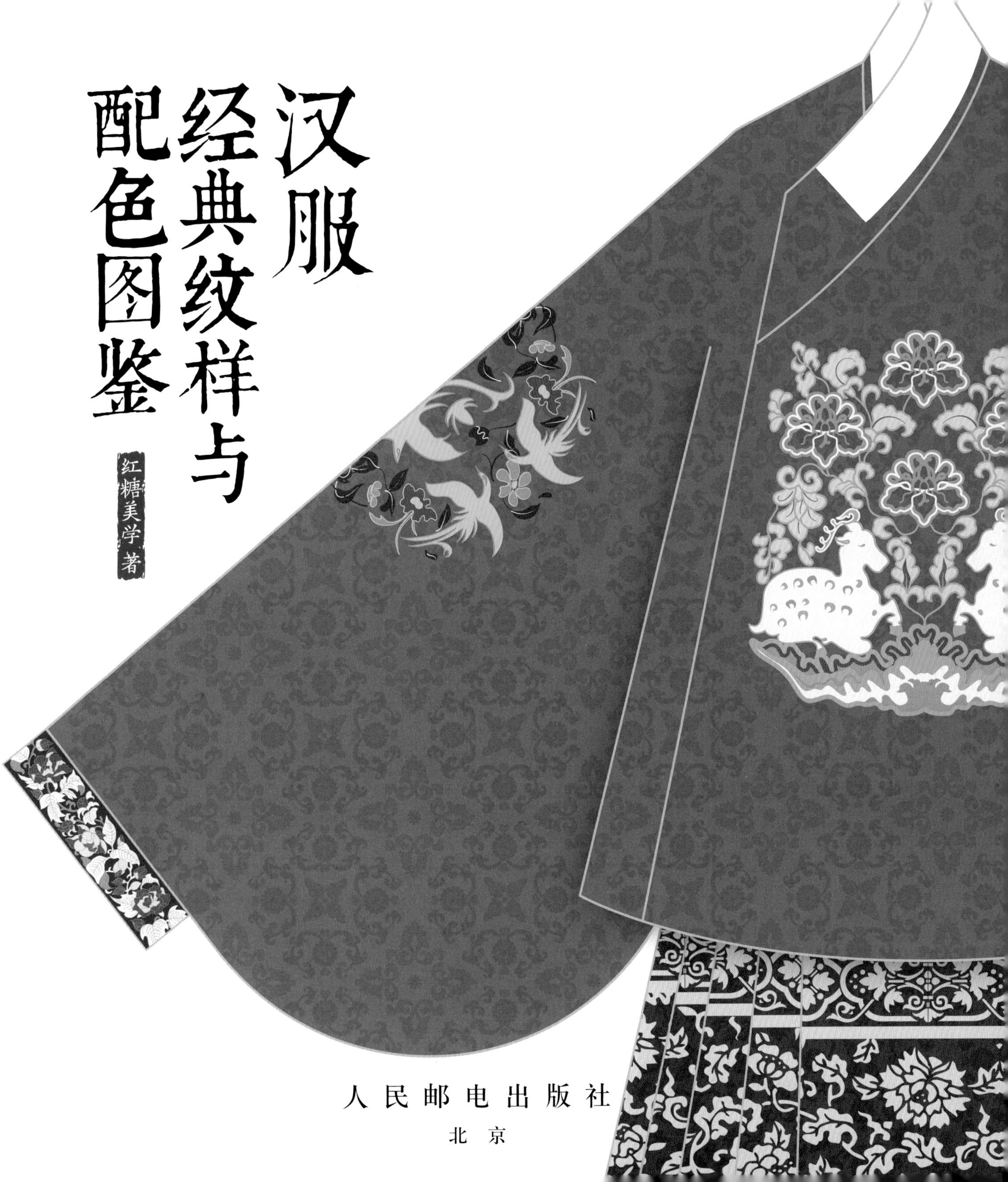

人民邮电出版社
北京

图书在版编目（CIP）数据

汉服经典纹样与配色图鉴 / 红糖美学著. -- 北京 ：
人民邮电出版社，2024.1（2024.3 重印）
ISBN 978-7-115-62068-2

Ⅰ. ①汉… Ⅱ. ①红… Ⅲ. ①汉族－民族服装－纹样
－图案－中国－图集②汉族－民族服装－配色－中国－图
集 Ⅳ. ①TS941.742.811-64②J522③TS941.11-64

中国国家版本馆CIP数据核字(2023)第121178号

内 容 提 要

本书是汉服纹样和配色的设计类图鉴，精选了35类传统中国色和35种传统纹样作为逻辑线，拓展介绍了数百种中国色和纹样，并且根据朝代梳理了当时流行的汉服款式、颜色、纹样的搭配，讲解了关于汉服的小知识。

全书分析、展示了不同朝代的服装主流配色和常见的纹样。第一章汉与魏晋・衣袂翩跹，展现典雅与不拘交织的风格；第二章唐・雍容华贵，展现盛世华服之美；第三章宋・俏窄风雅，展现淡雅舒适的宋式美学；第四章明・精细雅致，展现等级森严的大美之服。

本书适合设计师、画师、传统文化爱好者阅读。

◆ 著　　　红糖美学
责任编辑　魏夏莹
责任印制　周昇亮

◆ 人民邮电出版社出版发行　　北京市丰台区成寿寺路 11 号
邮编　100164　　电子邮件　315@ptpress.com.cn
网址　https://www.ptpress.com.cn
天津裕同印刷有限公司印刷

◆ 开本：889×1194　1/20
印张：12　　　　2024 年 1 月第 1 版
字数：364 千字　　　2024 年 3 月天津第 2 次印刷

定价：168.00 元

读者服务热线：(010)81055296　印装质量热线：(010)81055316
反盗版热线：(010)81055315
广告经营许可证：京东市监广登字 20170147 号

寻找汉服里的中国传统纹样与颜色

本书是一本以中国传统服饰文化为载体，以汉、魏晋、唐、宋、明这几大朝代崇尚的传统中国色为引线，与历代服饰形制相结合，再现历代人物装束，讲解服饰、色彩、纹样背后的文化故事，给热爱传统文化的人士提供文化解读、设计参考、欣赏等功能的设计参考图书！

本书主要从中国传统色、汉服形制、服饰纹样三个方面展开讲解。在颜色上，历代服饰崇尚的染织色不同，各时各异，精彩绝伦。比如汉与魏晋时期，受儒家思想的影响，服饰追求浑然一体的“本质美”，崇尚质朴，玄、赤、紫、白、绿、皂等颜色较为流行。发展至唐代，丝绸之路对社会经济的影响甚大，汉服发展进入鼎盛时期，服饰色彩明快鲜艳、活泼奔放，红、黄、紫、青、绿最为流行。到了宋代，“存天理，灭人欲”，对服饰的约束也达到了极点，服饰颜色拘谨、保守、清淡，展露本色最好，故藕荷色、空青等淡雅的色彩盛行。明代崇尚儒家“礼乐仁义”的道德思想，崇尚红色，银红、靛蓝、豆绿是明代服饰中最为流行的颜色。

在汉服形制上，从汉代的深衣、魏晋时期的杂裾垂髾服、唐代的襦裙到宋代的背子，再到明代的袄裙等服饰，无一不彰显出汉服的魅力，这是独属于我们中华民族的穿搭风格。如今，汉服兴起，不仅是因为对那一身蕴藏着历史的服饰的喜爱，更是因为对千年文化的传承与守护。

本书以朝代为引线，欲以中国传统文化为基石，串联起服饰、纹样及配色，于此就可感受到本书的创作难度。比如由于汉代、魏晋历史久远，服饰、颜色、纹样等相关资料较少，在纹样及配色上只能根据现有资料进行修改创新和再设计。再比如历代崇尚色彩的考究、色彩解释的考证和历代服饰、纹样的演变发展等，每一处都让人不由感叹资料查询之难。关于色值的问题，由于目前国内还没有相对权威的色谱，所以在颜色的定义上可能会出现偏差。

本书内容丰富、图文精美，一图一文皆为精心所制。在创作过程中，我们在尊重传统文化的基础上融入现代思维，对纹样、服饰、颜色搭配等细节进行创新，为古老的文化注入年轻活力，使其以崭新的形式呈现在大家眼前。对于本书所涉及的内容，我们始终保持着虚心听取意见的态度，欢迎读者与我们联系，共同探求中华之美。

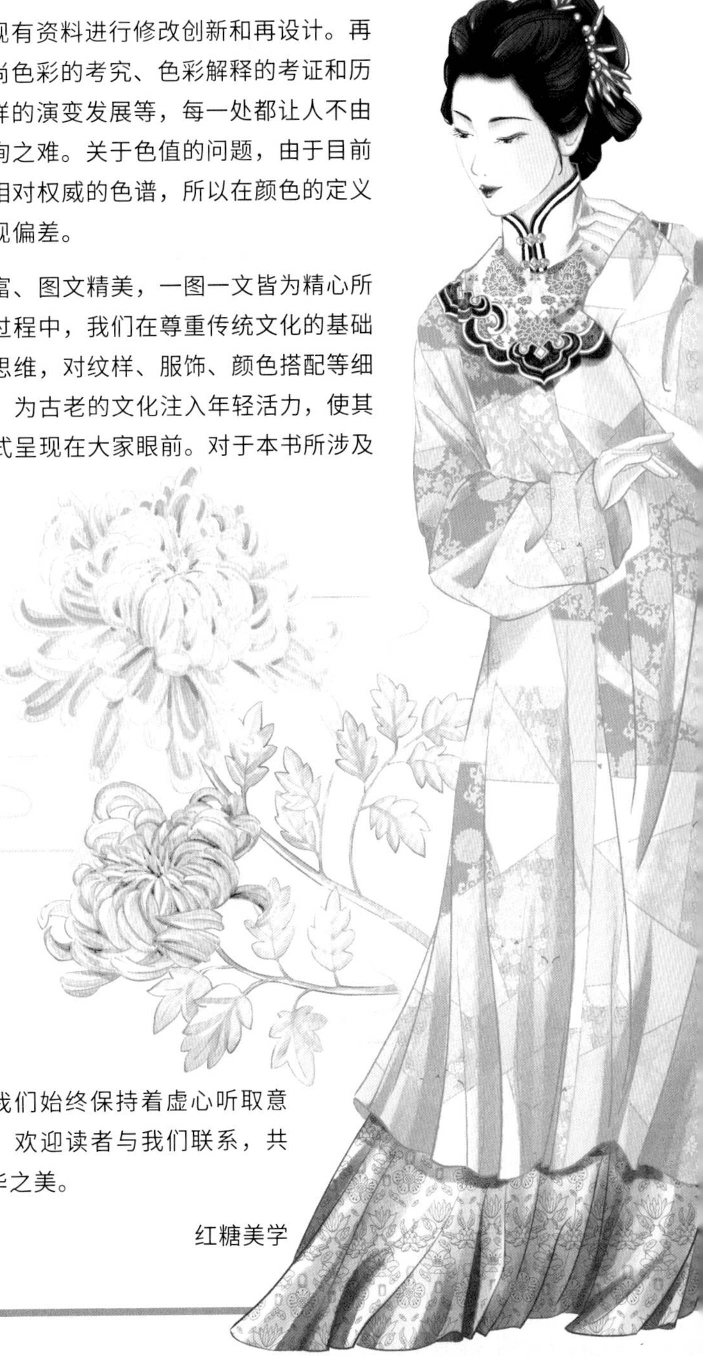

红糖美学

第二章 唐·雍容华贵

第三章 宋·俏窕风雅

目录

第四章 明·精细雅致

汉服色谱

汉

朱红 第 16 页

色名	CMYK	RGB	色值
朱红	0-80-100-0	234-85-4	#ea5504
银朱	16-86-70-0	209-68-66	#d14442
胭脂	42-93-68-6	158-48-67	#9e3043
丹雘	20-100-100-0	200-22-29	#c8161d
鹤顶红	20-85-85-0	202-71-47	#ca472f

绛紫 第 22 页

色名	CMYK	RGB	色值
绛紫	53-84-57-8	135-65-84	#874154
葡萄色	75-90-45-10	89-51-94	#59335e
茄色	50-90-60-70	65-3-27	#41031b
绀紫	90-92-43-3	55-52-101	#373465
真紫	60-80-65-15	115-67-74	#73434a

魏晋

茶色 第 30 页

色名	CMYK	RGB	色值
茶色	40-65-95-0	169-106-43	#a96a2b
黄栌色	0-40-100-34	186-130-0	#ba8200
柘黄	0-48-100-0	244-156-0	#f49c00
流黄	12-41-98-2	224-162-0	#e0a200
琥珀色	20-60-85-0	207-124-52	#cf7c34

米黄 第 36 页

色名	CMYK	RGB	色值
米黄	0-10-25-0	254-235-200	#feebc8
象牙白	10-14-36-0	234-219-174	#eadbae
月白	15-7-7-0	223-230-234	#dfe6ea
素色	7-8-15-0	240-235-220	#f0ebdc
玉色	20-0-24-0	214-234-208	#d6ead0

皂色 第 42 页

色名	CMYK	RGB	色值
皂色	75-70-70-35	66-64-61	#42403d
黛色	40-0-20-75	59-85-84	#3b5554
玄色	60-90-85-70	55-7-8	#370708
乌色	85-90-77-70	23-9-20	#170914
缁色	69-78-73-44	71-48-48	#473030

唐

鞠衣色 第 52 页

色名	CMYK	RGB	色值
鞠衣色	25-40-85-0	201-159-57	#c99f39
缃色	7-27-83-0	239-193-55	#efc137
樱草色	15-10-70-0	227-217-98	#e3d962
松花色	0-5-65-0	255-238-111	#ffee6f
黄鹂留	5-20-65-0	244-209-105	#f4d169

天水碧 第 58 页

色名	CMYK	RGB	色值
天水碧	65-20-30-0	90-164-174	#5aa4ae
碧色	90-0-55-0	0-164-141	#00a48d
扁青	70-30-40-0	80-146-150	#509296
翡翠色	60-0-50-0	102-191-151	#66bf97
青白	30-0-35-0	191-223-184	#bfdfb8

大红 第 64 页

色名	CMYK	RGB	色值
大红	0-95-80-0	231-36-46	#e7242e
洛神珠	25-95-100-0	193-44-31	#c12c1f
赫赤	15-90-100-0	210-57-24	#d23918
朱草	35-85-80-0	177-70-58	#b1463a
檎丹	0-85-85-0	233-72-41	#e94829

石榴红 第 70 页
16-96-99-0
207-37-28
#cf251c

- 轻红 0-49-26-5 / 235-154-154 / #eb9a9a
- 唇脂 15-85-80-0 / 211-71-53 / #d34735
- 豇豆红 10-80-60-0 / 219-83-81 / #db5351
- 朱酡颜 10-40-35-0 / 228-171-153 / #e4ab99

拶蓝 第 76 页
50-20-0-0
134-179-224
#86b3e0

- 碧落 35-10-0-0 / 174-208-238 / #aed0ee
- 湛蓝 75-30-0-0 / 41-144-208 / #2990d0
- 霁色 75-0-25-0 / 0-179-196 / #00b3c4
- 孔雀蓝 70-30-10-0 / 73-148-196 / #4994c4

缥缃 第 82 页
20-20-40-0
213-201-160
#d5c9a0

- 茶白 10-0-10-0 / 235-245-236 / #ebf5ec
- 梅子青 30-20-35-0 / 191-193-169 / #bfc1a9
- 韶粉 15-10-20-0 / 224-224-208 / #e0e0d0
- 云母 20-20-25-0 / 212-202-189 / #d4cabd

郁金 第 88 页
20-55-85-0
208-134-53
#d08635

- 芸黄 20-30-60-0 / 212-181-114 / #d4b572
- 姜黄 2-30-59-0 / 246-193-114 / #f6c172
- 乌金 40-40-80-0 / 170-150-73 / #aa9649
- 茧色 35-40-65-0 / 180-154-100 / #b49a64

苏枋色 第 94 页
0-60-60-40
170-92-63
#aa5c3f

- 暮色 0-65-70-20 / 206-104-61 / #ce683d
- 沉香 45-50-55-5 / 153-128-108 / #99806c
- 霁红 50-85-85-20 / 129-58-47 / #813a2f
- 棕红 45-70-75-10 / 149-90-66 / #955a42

青莲色 第 100 页
40-70-15-0
167-98-148
#a76294

- 丁香色 30-40-0-0 / 187-161-203 / #bba1cb
- 紫藤色 10-20-0-20 / 200-184-201 / #c8b8c9
- 魏红 40-90-40-0 / 167-55-102 / #a73766
- 齐紫 70-100-30-0 / 108-33-109 / #6c216d

萱草色 第 106 页
5-55-90-0
234-140-33
#ea8c21

- 蛾黄 25-50-90-0 / 200-140-45 / #c88c2d
- 橘黄 10-60-80-0 / 224-128-58 / #e0803a
- 石黄 20-35-90-0 / 212-170-41 / #d4aa29
- 藤黄 10-25-90-0 / 234-194-29 / #eac21d

姚黄 第 112 页
15-15-70-0
226-209-97
#e2d161

- 草黄 26-30-88-0 / 201-175-51 / #c9af33
- 雅梨黄 0-30-90-0 / 250-191-19 / #fabf13
- 谷黄 10-35-90-0 / 231-176-33 / #e7b021
- 土黄 25-50-90-0 / 200-140-45 / #c88c2d

鹅黄 第 122 页
0-25-100-0
252-200-0
#fcc800

- 缃叶 10-15-75-0 / 236-212-82 / #ecd452
- 明黄 0-5-80-0 / 255-236-63 / #ffec3f
- 杏黄 15-50-85-0 / 218-146-51 / #da9233
- 蛾黄 30-50-90-0 / 190-138-47 / #be8a2f

明

颜色	页码	CMYK	RGB	HEX
绯红	第 128 页	10-90-100-0	218-57-21	#da3915
丹色		10-80-85-0	219-84-45	#db542d
海棠红		20-70-45-10	191-97-103	#bf6167
苏方		55-95-70-20	120-38-59	#78263b
殷红		35-100-85-0	176-30-50	#b01e32
茜色	第 134 页	0-80-75-30	185-65-42	#b9412a
鞓红		35-85-60-0	176-69-82	#b04552
朱樱		45-100-100-15	143-29-34	#8f1d22
菡萏		10-70-30-0	220-107-130	#dc6b82
退红		5-40-10-0	236-176-193	#ecb0c1
栀子	第 140 页	0-30-80-0	250-192-61	#fac03d
女贞黄		5-5-40-0	247-238-173	#f7eead
檗黄		5-0-65-0	249-241-114	#f9f172
硫华黄		25-30-60-0	202-178-114	#cab272
黄封		10-35-85-0	231-177-50	#e7b132
艾绿	第 146 页	35-30-85-0	182-169-63	#b6a93f
棕绿		50-40-90-0	147-143-58	#938f3a
苍葭		40-16-50-0	168-189-143	#a8bd8f
葱绿		45-0-95-5	152-195-40	#98c328
松花绿		35-0-66-0	181-214-115	#b5d673
官绿	第 152 页	95-25-65-10	0-127-106	#007f6a
祖母绿		70-0-55-50	21-115-89	#157359
草绿		75-10-70-0	40-164-109	#28a46d
葱倩		65-40-80-0	108-134-80	#6c8650
柳绿		40-0-80-0	170-207-82	#aacf52
藕荷色	第 158 页	5-20-10-0	241-216-217	#f1d8d9
佛肯红		5-15-20-5	236-217-199	#ecd9c7
莺儿		10-10-40-0	235-225-169	#ebe1a9
缟素		0-0-0-10	239-239-239	#efefef
银鼠灰		20-25-50-0	212-191-137	#d4bf89
空青	第 164 页	70-30-40-0	80-146-150	#509296
青翠		80-30-40-0	16-139-150	#108b96
粉绿		70-0-40-0	46-182-170	#2eb6aa
铜绿		75-30-50-0	61-142-134	#3d8e86
苍青		60-35-25-0	114-147-170	#7293aa
缥色	第 170 页	25-0-5-5	194-225-235	#c2e1eb
天青		20-5-10-0	212-229-230	#d4e5e6
翠蓝		75-25-30-0	46-150-169	#2e96a9
湖蓝		80-45-15-0	43-121-173	#2b79ad
蔚蓝		50-0-15-0	130-205-219	#82cddb
靛蓝	第 180 页	95-90-40-5	36-54-104	#243668
琉璃蓝		95-65-0-0	0-86-167	#0056a7
绀蓝		95-95-30-0	42-47-114	#2a2f72
群青		85-65-0-0	46-89-167	#2e59a7
窃蓝		50-25-0-0	136-171-218	#88abda

银红
第 186 页
15-85-70-0
210-70-66
#d24642

- 长春色 25-70-55-0 196-103-96 #c46760
- 玫瑰红 0-90-0-0 230-46-139 #e62e8b
- 珊瑚朱 0-65-65-0 238-121-81 #ee7951
- 橙黄 0-50-80-0 243-153-57 #f39939

杨妃色
第 192 页
0-55-20-0
240-145-160
#f091a0

- 彤管 10-45-20-0 226-162-172 #e2a2ac
- 绛纱 35-60-45-0 178-119-119 #b27777
- 槿紫 30-60-0-0 186-121-177 #ba79b1
- 苏梅 10-65-20-0 221-118-148 #dd7694

豆绿
第 198 页
45-0-85-5
152-196-70
#98c446

- 水绿 15-0-30-0 226-238-197 #e2eec5
- 芽绿 30-5-90-0 195-210-46 #c3d22e
- 石绿 55-0-60-40 84-140-93 #548c5d
- 油绿 95-10-90-0 0-149-80 #009550

秋香
第 204 页
20-25-70-0
214-189-94
#d6bd5e

- 田赤 15-15-55-0 225-211-132 #e1d384
- 金色 15-30-70-0 222-184-91 #deb85b
- 苍黄 35-35-100-0 182-160-20 #b6a014
- 棕黄 40-60-100-0 170-115-34 #aa7322

葱青
第 210 页
65-20-50-0
95-162-140
#5fa28c

- 翠涛 55-30-45-0 129-157-142 #819d8e
- 西子 50-10-20-0 135-192-202 #87c0ca
- 秘色 50-10-30-0 136-191-184 #88bfb8
- 青碧 65-0-50-0 81-186-151 #51ba97

蜜合色
第 216 页
15-15-25-0
223-215-194
#dfd7c2

- 石蜜 20-25-50-0 212-191-137 #d4bf89
- 蒸栗 15-20-60-0 224-202-118 #e0ca76
- 驼色 40-50-65-0 169-134-95 #a9865f
- 铅白 0-0-20-0 255-252-219 #fffcdb

鹦鹉绿
第 222 页
80-0-75-55
0-101-59
#00653b

- 黛绿 80-55-60-10 60-100-97 #3c6461
- 松柏绿 80-55-80-20 57-92-67 #395c43
- 青鸃 80-40-60-0 49-126-112 #317e70
- 湖绿 60-5-40-0 102-186-168 #66baa8

桃红
第 228 页
0-55-20-0
240-145-160
#f091a0

- 十样锦 0-30-30-5 241-192-167 #f1c0a7
- 夕岚 0-35-10-0 246-190-200 #f6bec8
- 莲红 20-50-20-0 207-147-165 #cf93a5
- 海天霞 0-30-20-0 248-198-189 #f8c6bd

绿沈
第 234 页
50-40-80-0
147-143-76
#938f4c

- 苍翠 70-25-50-0 79-152-137 #4f9889
- 鸭头绿 90-50-70-10 0-102-88 #006658
- 竹青 60-35-70-0 120-145-97 #789161
- 太师青 60-40-55-0 119-138-119 #778a77

汉与魏晋

第一章

衣袂翩跹

画罗织扇总如云，细草如泥簇蝶裙

汉 深衣装束的流行趋势

西汉初年，多年战乱导致社会经济萧条，百废待兴，在服饰制度上未做出革新和统一，大部分服饰直接承袭了秦朝风格。因而西汉时，贵族妇女多着深衣。汉武帝以后，宫廷追求奢靡生活的欲望日益强烈，形成了“衣必纹绣”的风潮。

深衣是汉代妇女最为常见的一种服饰，分为曲裾和直裾两种。西汉贵族妇女常穿曲裾深衣，衣长及地，足穿歧头履，行走的时候不会露出鞋子。衣袖有宽窄两式，袖口大多镶边。绕襟层数相比前代有所增加，下摆呈喇叭状。领口较低，会露出里面衣服的领子，因最多的时候可穿三层衣服，当时人称“三重衣”。

在妆容上，汉代迎来了画眉史上第一个高峰期，眉形十分丰富，这一时期出现了长眉、远山眉、八字眉、愁眉、广眉等诸多分类。此外妇女对发式亦十分讲究，大多梳平髻，以顶发向左右平分较为普遍。高髻只见于贵族妇女之中，有同心髻、垂云髻、飞仙髻、盘桓髻、堕马髻等，其中最为著名的是堕马髻，这种发式在汉代流行一时。在“马王堆T形帛画”中，辛追夫人身着曲裾，头梳平髻，眉眼细长，是当时代表性的装扮，保持着“褒衣大袑”风格。

西汉至东汉，服饰由复杂且费布帛的曲裾深衣转变成宽大的直裾长袍。在面料方面更加考究，纹样及装饰也更加复杂。女性的发式也出现了较为复杂的双鬟步摇发式、高髻戴花钗发式等。

◀ 西汉“马王堆T形帛画”局部临摹

服饰色彩

五时服色

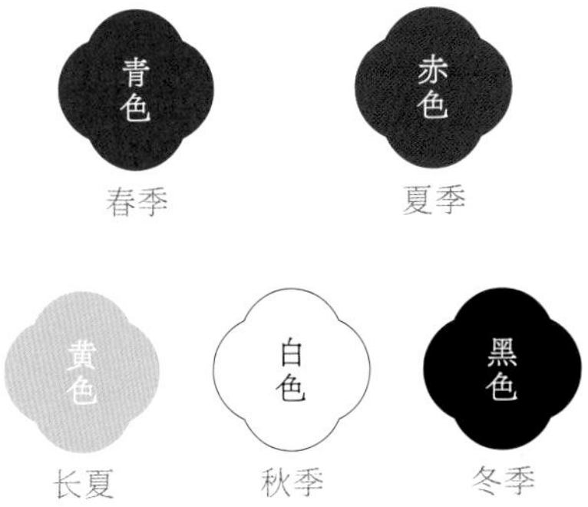

汉代对车、旗、服装的颜色有严格规定，以赤色为尊，制定了百官“五时服色”，即一年之中按五时着服，不同时节的车、旗和服装的颜色随之变换。

流行服色

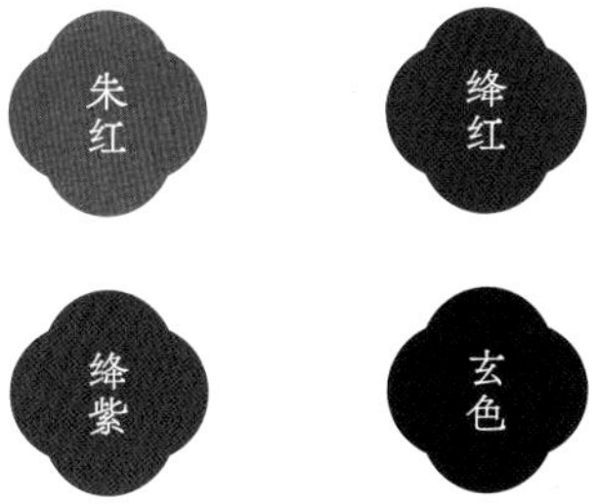

汉代崇尚火德，故崇尚红色。从长沙马王堆汉墓出土的丝织物，所用的颜色就有朱红、深红、绛红、绛紫、浅驼、香色等。东汉时期，蜀锦在用色上开始加金，以呈现出华贵的色彩效果。

服饰形制

汉代妇女服饰形制主要有深衣、襦裙、袿衣、狐尾衣、袜裤等。深衣最为常见。服饰形制虽不多，但相比前代，在色泽、质地、风格上有了新的变化。

曲裾

形制为交领右衽，上下分裁，然后缝联，使衣裳相连。穿着时在衣襟角处缝一根绸带系在腰臀部位，可将腰身裹缠得很紧，以体现女子的婉转含蓄之美。

直裾

下摆呈现出方正的特点。可分为交领直裾袍、圆领直裾袍、直衿直裾袍。穿着时，领曲斜至腋，衣襟直下，给人干净利落之感。

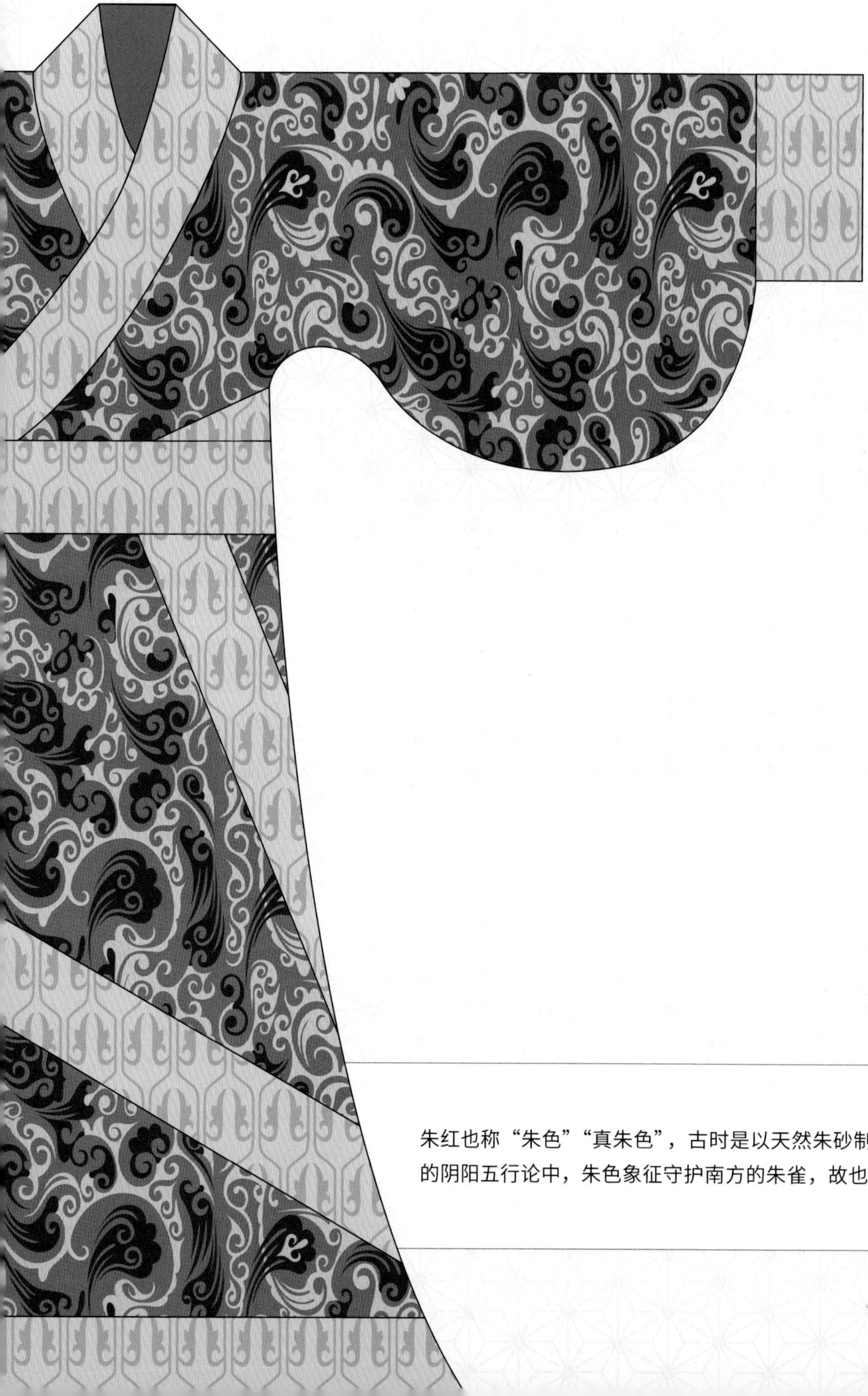

朱红

C 0	R 234
M 80	G 85
Y 100	B 4
K 0	#ea5504

朱红也称“朱色”“真朱色”，古时是以天然朱砂制成的。朱红在古代是正色，在汉代的阴阳五行论中，朱色象征守护南方的朱雀，故也指代南方。

相关色

鹤顶红

20-85-85-0
202-71-47
#ca472f

提取自名为红信石的天然矿物，呈红色，有剧毒。因其颜色又似仙鹤头顶的一抹红色，故名鹤顶红。

丹雘

20-100-100-0
200-22-29
#c8161d

是一种可供涂饰的红色颜料。在中国的传统画里常用丹雘绘制仙鹤、建筑等的红色部分，有喜气、贵气、福气等寓意。

胭脂

42-93-68-6
158-48-67
#9e3043

又名『燕脂』『燕支』，是用红蓝花捣碎的汁制成的，可作为化妆品或国画颜料。

银朱

16-86-70-0
209-68-66
#d14442

是遮盖力强的名贵红色无机颜料，以色泽鲜艳、久不褪色和防虫蛀著称。常用于首饰盒、皮影戏工具的上色。

配色方案

1	2	3	4	5	6	7	8
0-80-100-0	15-93-100-0	5-27-70-0	0-48-70-0	50-100-100-0	80-80-90-70	78-45-95-0	70-60-100-40
234-85-4	209-48-25	242-196-90	243-157-80	148-37-42	28-21-11	68-120-62	71-72-30
#ea5504	#d13019	#f2c45a	#f39d50	#94252a	#1c150b	#44783e	#47481e

纹样配色 · 贰色

2 3

4 6

联瓮对立龙纹

纹样配色 · 叁色

1 4 6

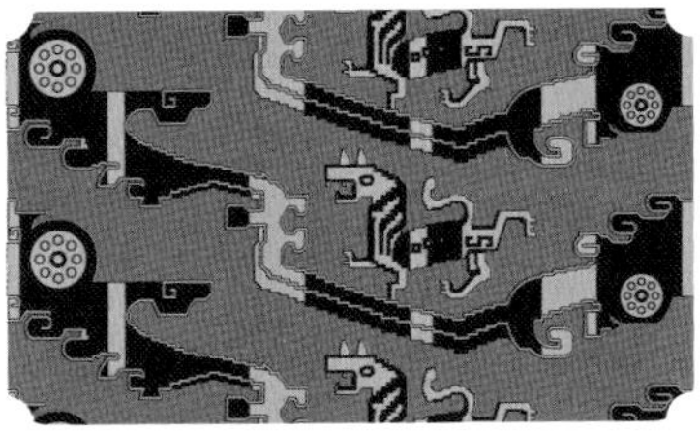

3 6 8

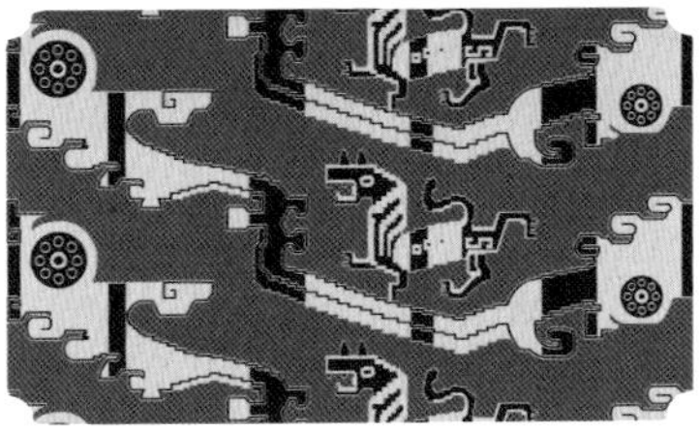

云气走兽纹

纹样配色 · 肆色

1 3 5 7

1 2 3 4

花豹纹

边饰纹样

忍冬纹

3 6 7 8

舞人动物纹

3 5

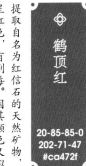

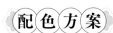

西汉女子曲裾深衣装束

- 上身着　衫—襦—禅衣（分裁相连）
- 下身着　裈—袴

西汉女子曲裾深衣配色

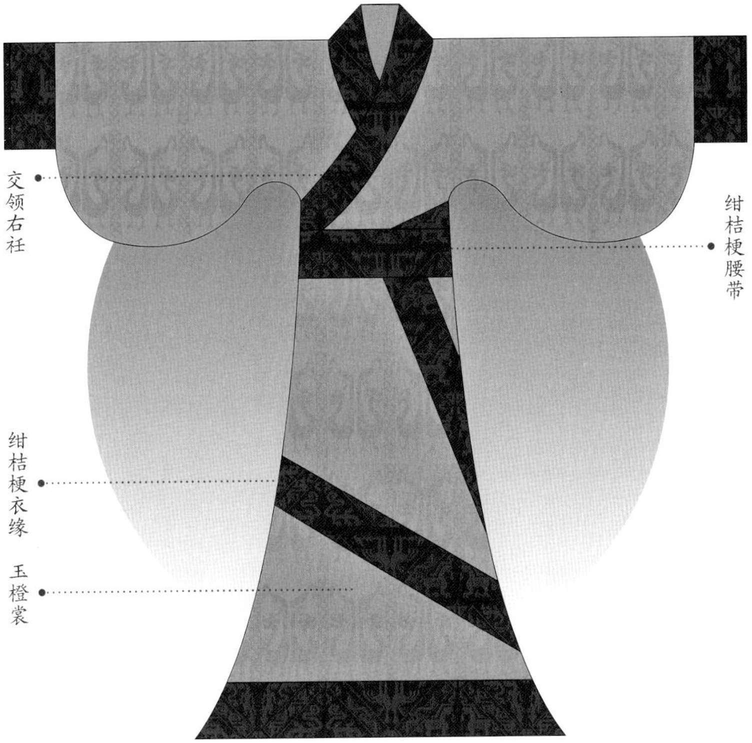

玉橙　绀桔梗　绯红　曙色

酱梅　驼色　蜡白　杉树

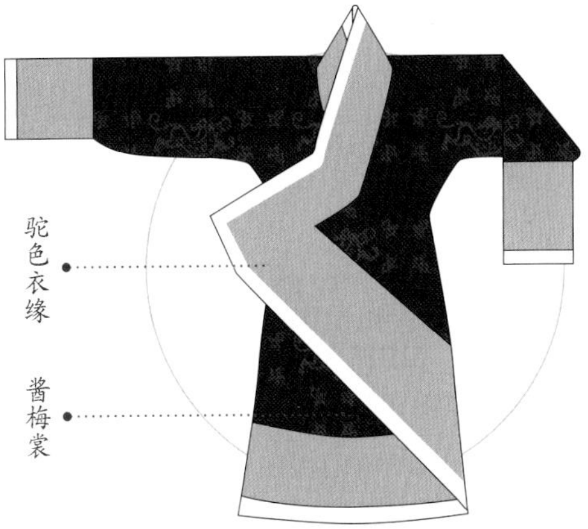

深茶色　藻色　蜡白　绀桔梗

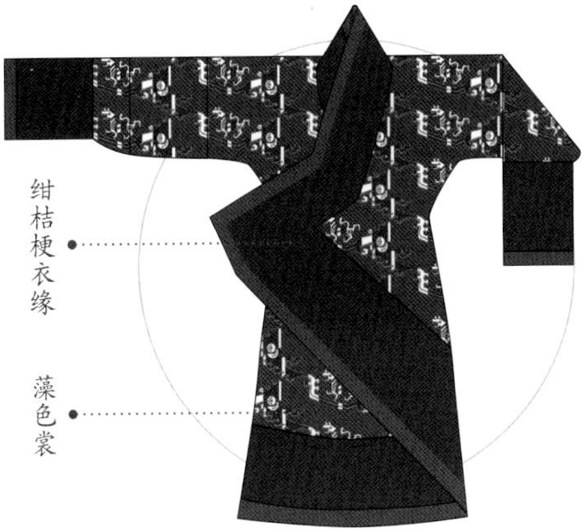

衣香鬓影

发髻

△ 堕马髻

最早出现在汉朝，并随着朝代的变迁，其形式也有所不同。一般梳法是将发聚拢，挽结成大椎，在椎中处结丝绳，壮如马肚，堕于头侧或脑后。

鞋履

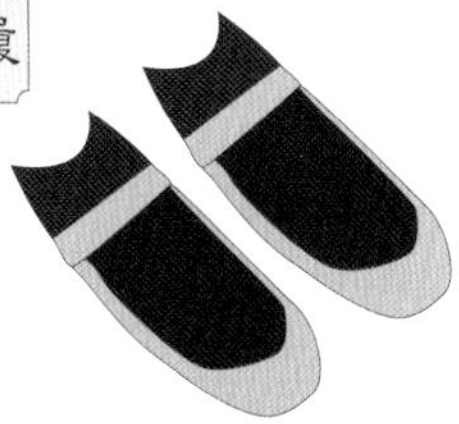

△ 丝履

履面以丝缕编成，履底用麻线编成，东汉后在民间开始流行。

面妆

△ 远山黛

是汉朝常见的一种淡远、细长的眉毛画法。

△ 梯形唇妆

汉武帝时期女性妆容简洁，唇妆上窄下宽，以近乎三角形的梯形样式为主。

云气纹

介绍

云气纹是汉魏时代流行的汉族传统装饰花纹之一，属于比较远古的几何纹饰。云气纹的产生与当时天界、飞升思想的产生相关。古人认为，“云”与“气”实为一体，是生机、灵性、精神以及祥瑞等的载体和象征。祥瑞的出现常常会有云气相伴，云气也就逐渐成了祥瑞的证明。这种云气经过具象化、有形化，变形成了灵动飘逸而又不失韵律的云气纹。

结构

云气纹是一种由流畅的圆涡形线条组成的图案，常作为主纹，画面以其为主体，分布穿插其他纹样。云气纹流动的曲线，回转交错的结构，体现了中华民族的审美感觉或审美心理的普遍倾向——热衷流动之美。汉代丝织纹样中的鸟兽纹、文字纹、人物纹大都穿插分布在云气纹中，有着指日高升和吉祥如意等寓意，是汉代祥瑞文化达到顶峰的缩影。流动回旋的云气纹，可以说是中国历史上最浪漫、最具艺术气质的纹样之一。

应用

商代的“云雷纹”、先秦的“卷云纹”、汉代的“云气纹”，都是当时典型的、定型化的纹饰，在陶器、青铜器、漆器、服饰上都能看到其身影。

西汉绢地『长寿绣』

0-30-70-0	249-193-88	#f9c158
0-80-100-0	234-85-4	#ea5504
53-93-100-38	104-32-23	#682017

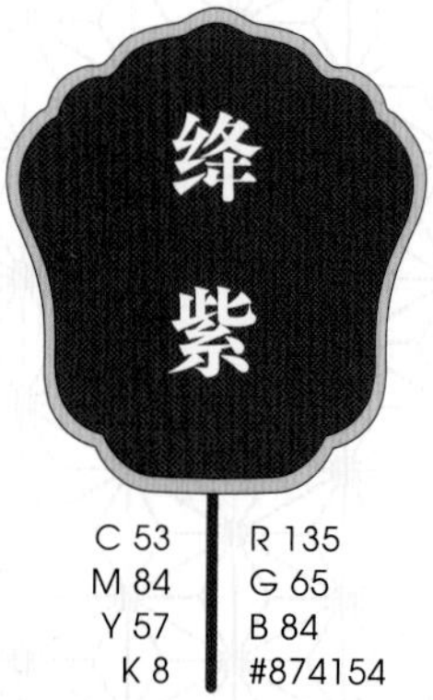

C 53
M 84
Y 57
K 8

R 135
G 65
B 84
#874154

“绛”即深红，故绛紫即深红与紫色的结合，暗紫中泛着红，古时被称为“福色”。其色沉稳不张扬， 常用来形容女子性情坚韧、倔强。绛紫是古代贵族的常用服饰色，象征端庄、高贵。

女子直裾深衣·汉

相关色

真紫

60-80-65-15
115-67-74
#73434a

据宋代《四分律行事钞资持记》记载，真紫取色于紫草的外表皮，为布染色。真紫是当时服饰的流行色，色泽沉稳、端庄。

绀紫

90-92-43-3
55-52-101
#373465

又称赤青色，是一种深蓝紫色。东汉许慎撰写的《说文》中提到五方神鸟之一的鹔鹴即为此色。

茄色

50-90-60-70
65-3-27
#41031b

又叫茄皮紫，即茄子的外皮色泽。茄皮紫亦是明代景德镇所创的一种釉色，是极为稀有的颜色。

葡萄色

75-90-45-10
89-51-94
#59335e

因颜色近似成熟葡萄的颜色而得名，是深蓝和深红的混合色。在汉代亦是常用的服饰色。

配色方案

1	2	3	4	5	6	7	8	9
53-84-57-8	18-46-4-0	15-10-10-0	65-100-38-0	80-75-78-55	0-45-90-0	0-32-25-0	30-55-60-0	0-10-65-0
135-65-84	211-156-192	223-225-226	118-34-100	40-41-37	245-162-27	247-194-179	189-130-99	255-229-109
#874154	#d39cc0	#dfe1e2	#762264	#282925	#f5a21b	#f7c2b3	#bd8263	#ffe56d

纹样配色·贰色

1 6

1 3

瑞兽纹

纹样配色·叁色

1 2 9

1 3 8

几何朵花纹

纹样配色·肆色

1 3 5 6

1 2 4 7

带钩纹

边饰纹样

卷草花卉纹

1 4 7 8

花果纹

1 3 6 7

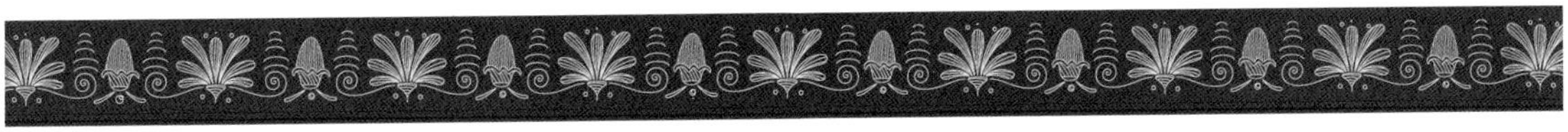

东汉女子直裾深衣装束

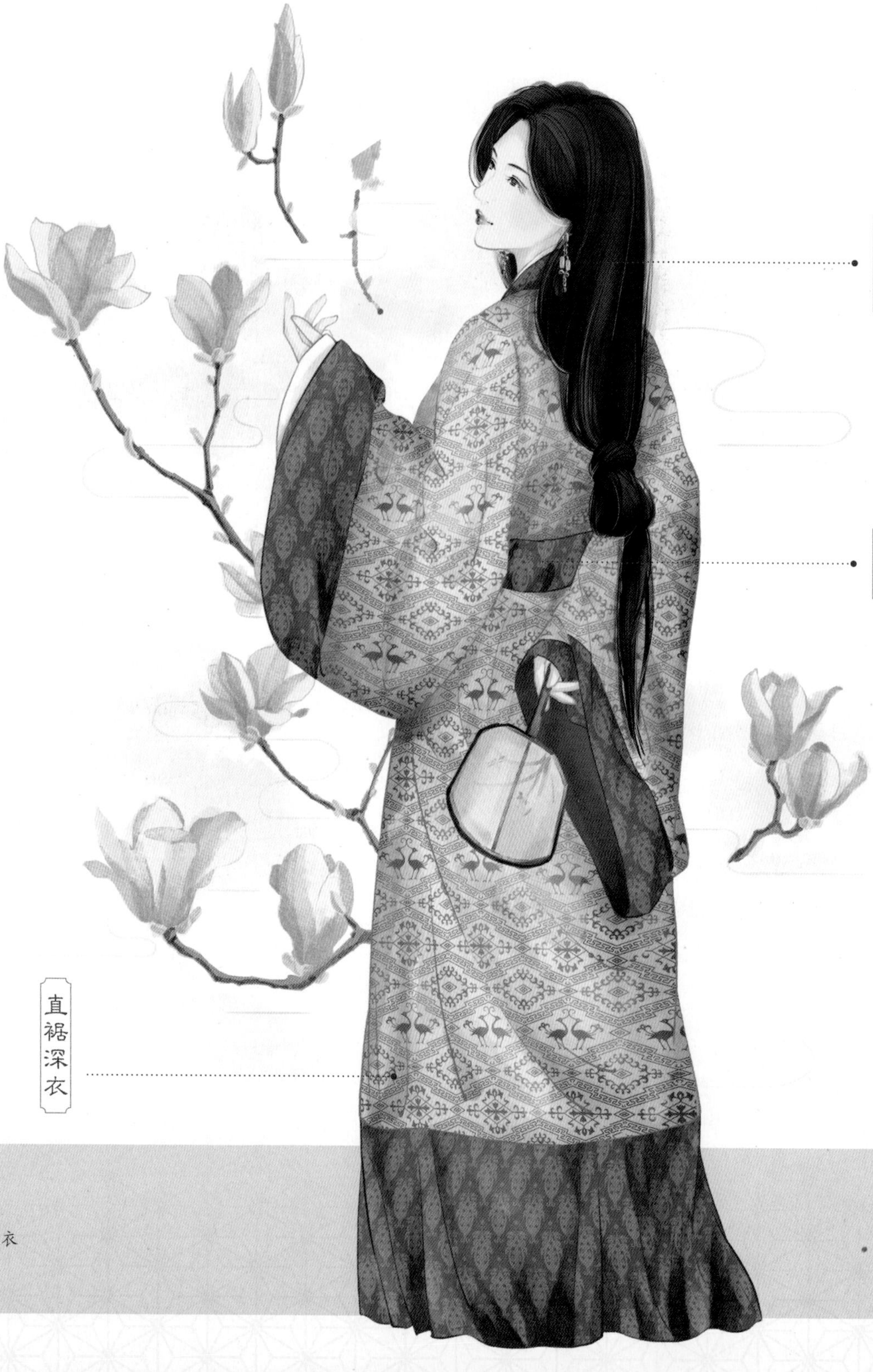

- 上身着　衫—直裾深衣
- 下身着　裤

东汉女子直裾深衣配色

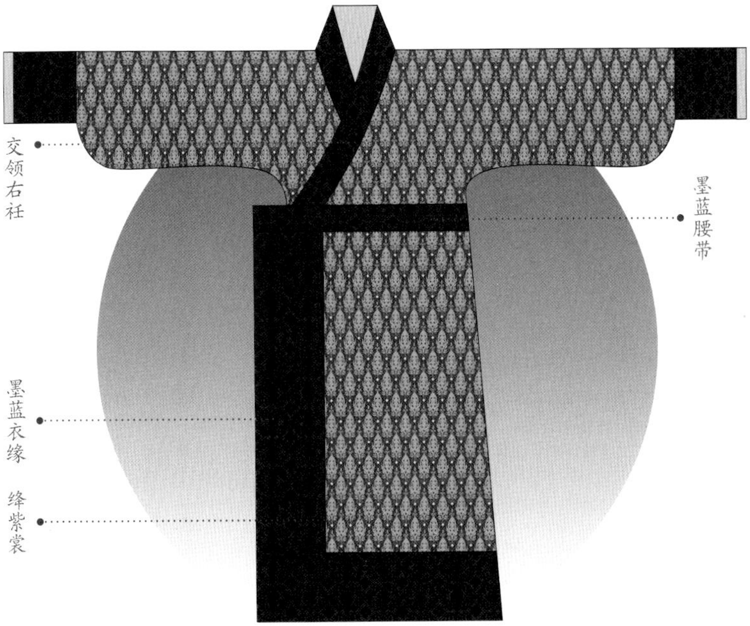

墨蓝　绛紫　牵牛紫　绒毛黄

叶子棕　绛紫　墨蓝　山赏粉

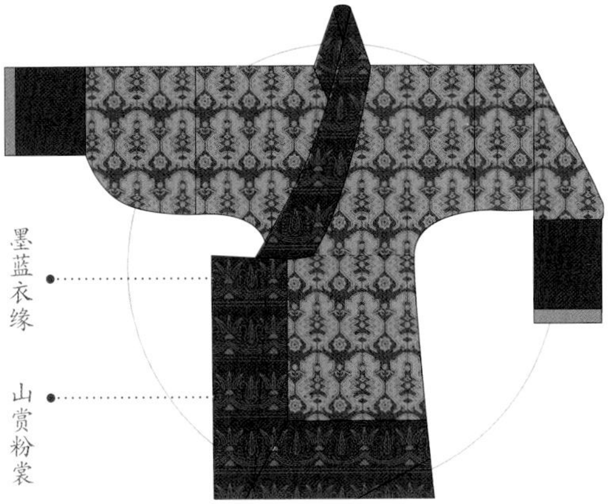

绛紫　青灰白　橡胶黑　浅桦木

配饰

衣香鬓影

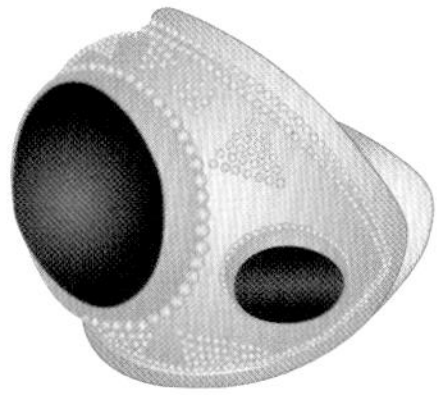

镶宝石金戒指

是汉代的一种指环。两汉时期多以金、银制作指环，并在此基础上镶嵌宝石。

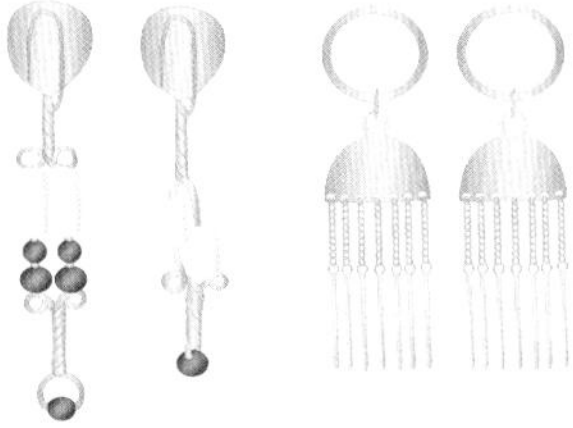

金耳坠

常以两根金丝拧成双股绳状至顶端分开，一股扭曲成钩，以便挂于耳上，另一股则垂成片蝶状，用以遮蔽耳洞。

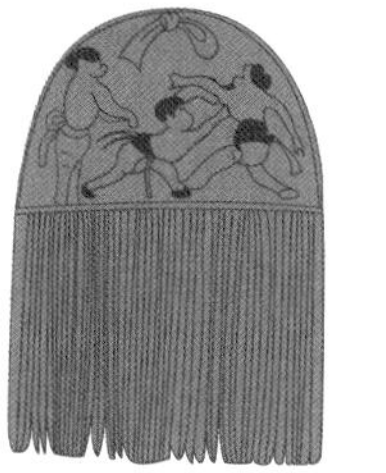

木质彩绘角抵圆木篦

是秦汉时期的木质梳篦，呈马蹄形，上绘有人物纹样，是当时一种常用的梳发工具。

对鸾菱纹

介绍

“对鸾菱纹”是汉代特有的丝织纹样 ，属于几何菱纹的一种。春秋战国时期，几何菱纹已应用广泛，沿袭至汉。汉代的菱纹绮，在复合菱形纹样的基础上加入茱萸，具有辟邪去灾、吉祥如意的美好寓意。

结构

这种菱纹变化多端，或曲折，或断续，或相套，或相错，或呈杯形以及其他不可名状的几何形，恰似迷宫，显示了当时人们对折线运用的高超水平。该主题纹样以细线波纹组成的耳杯形为骨骼，在菱形空间中分别填饰对鸾鸟纹和变体花草茱萸纹。从整体布局上看，这类纹样多以二方连续或四方连续的结构形式出现，雅致大方、优美华丽。

应用

在汉代被广泛应用于各类工艺品之上。表现形式从最初的织物，发展到雕刻、漆器等器物之上，如湖南长沙马王堆一号汉墓出土的黄色对鸟菱纹绮等丝织品上就绣有此类纹样。

对鸟菱纹绮

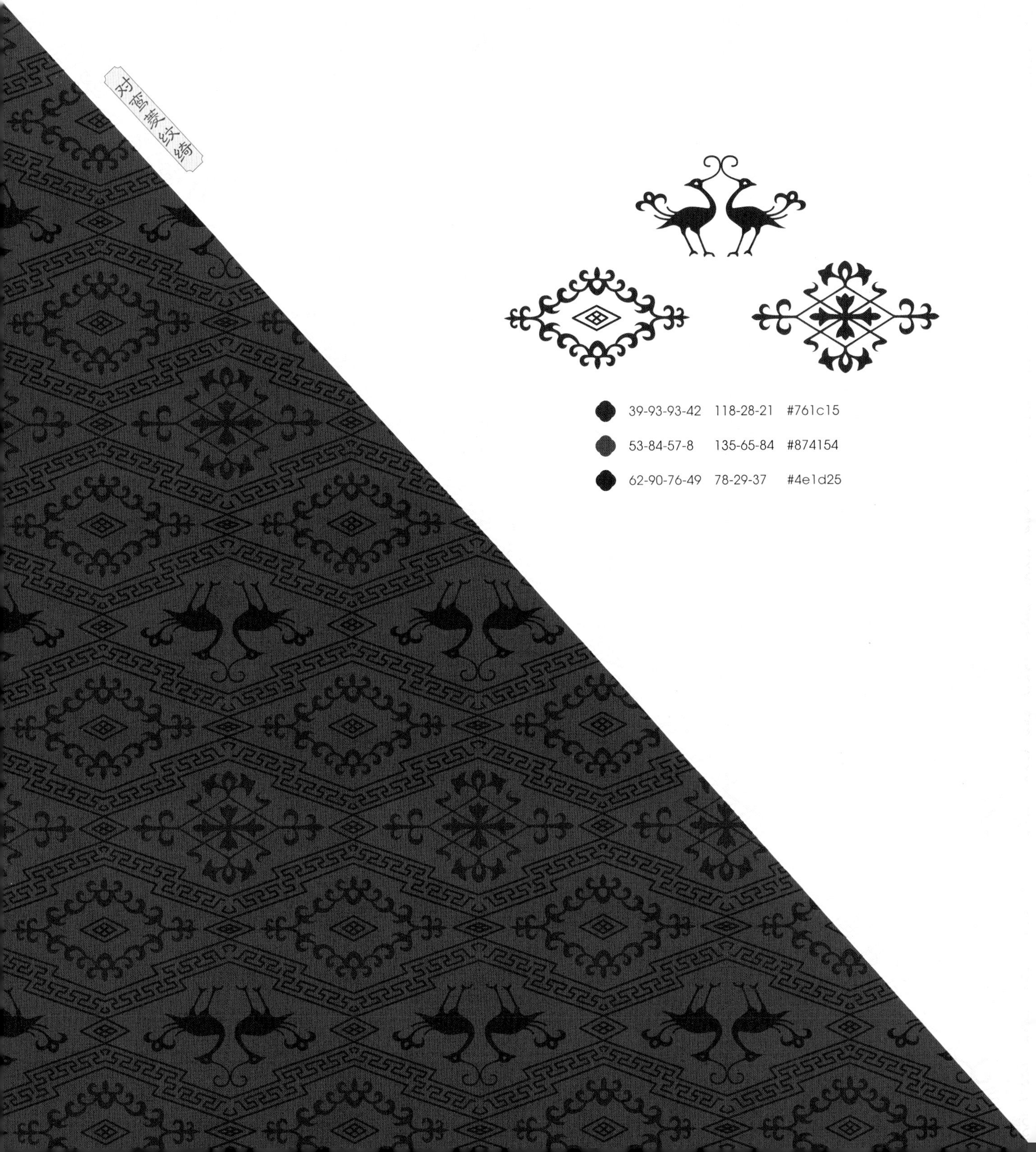

- 39-93-93-42　118-28-21　#761c15
- 53-84-57-8　135-65-84　#874154
- 62-90-76-49　78-29-37　#4e1d25

魏晋 民族交融的装束变革

魏晋时期的服饰与汉朝相比，有了新的变化，整体风格分为褒衣博带的宽博式，以及上简下丰的窄瘦式两种。

魏晋时期最具代表性的女装款式是杂裾垂髾服，是传统深衣的变制。这一时期深衣已不被男子采用，但在妇女中却得到创新发展。通常将下摆裁制成多个三角，上宽下尖，层层相叠，因形状像旌旗而得名“垂髾”。垂髾周围有飘带作为装饰。因飘带较长，走起路来带动下摆的尖角随风飘动，如燕子轻舞，煞是迷人，所以又有“华带飞髾”的美称。

除杂裾垂髾服外，当时女子亦普遍穿着衫裙，款式多为上简下丰，上身部分紧身合体，袖口肥大，裙长曳地，下摆宽松，衣裙之间还有围裳腰束。除此之外，还有一种短衣式的袴褶渐成主流。褶是短身广袖或窄袖的上衣，可束腰，外面还可以穿裲裆衫；下着合裆裤，有的在膝弯处用长带系扎，名为缚袴。不分贵贱，男女皆可穿用此袴褶。

这一时期的妇女发式种类繁多，有灵蛇髻、飞天髻、十字髻等，可在发髻上再加饰步摇簪、花钿、钗镊子，或插以鲜花等。东晋顾恺之所作的《洛神赋图》中的洛神就身着杂裾垂髾服，头束双环灵蛇髻，画面中的人物将当时“褒衣博带”的流行风尚展现得淋漓尽致。

东晋 顾恺之《洛神赋图》局部临摹

服饰色彩

官品朝服

紫色	绯色	绿色
五品以上	七品至六品	九品至八品

魏朝初期，文帝曹丕制定九品官位制度，提出“以紫、绯、绿三色为九品之别”。此后这一制度历代相沿，直至元明。

流行服色

青色　白色

皂色　茶色

因魏晋崇尚水德，以黑为贵，故宫中的官宦及女性的服饰以绛色、青色、蓝色、黑色等暗沉色彩较为常见。平民服色以青、白、绿为主流，且不得穿着紫色、绛色的服饰。此外，皂衣、青绶等在当时也较为常见。

服饰形制

魏晋时期妇女服饰形制主要有衫、袄、襦裙、深衣、裲裆、袴褶、蔽膝等。其中以上穿襦搭配半袖，下配裙、蔽膝的杂裾垂髾服最为时兴。

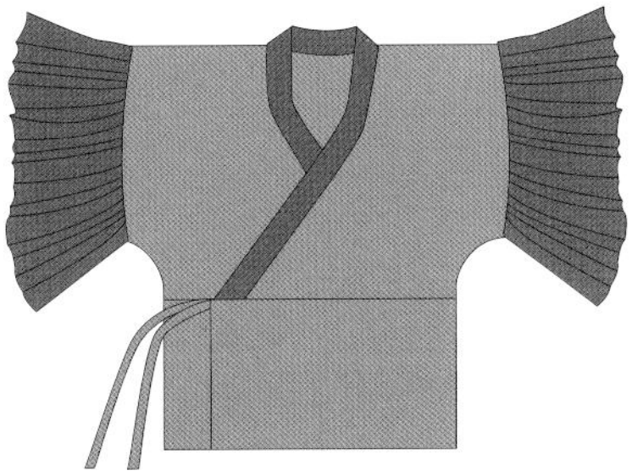

半袖

即只有一半袖子的外搭上衣，可搭配襦裙穿着。袖口处接荷叶边，也可缀以珍珠作为装饰，服装随手臂的摆动呈现优美的姿态，能使本就灵动的人儿，更显绰约之姿。

蔽膝

古代中原地区一种男女皆用的服饰，系在衣前的围裙，用以遮盖保护膝盖。魏晋时期的蔽膝，在沿袭原有款式的基础上，饰以多个三角，与裙搭配，层次分明，彰显华丽。

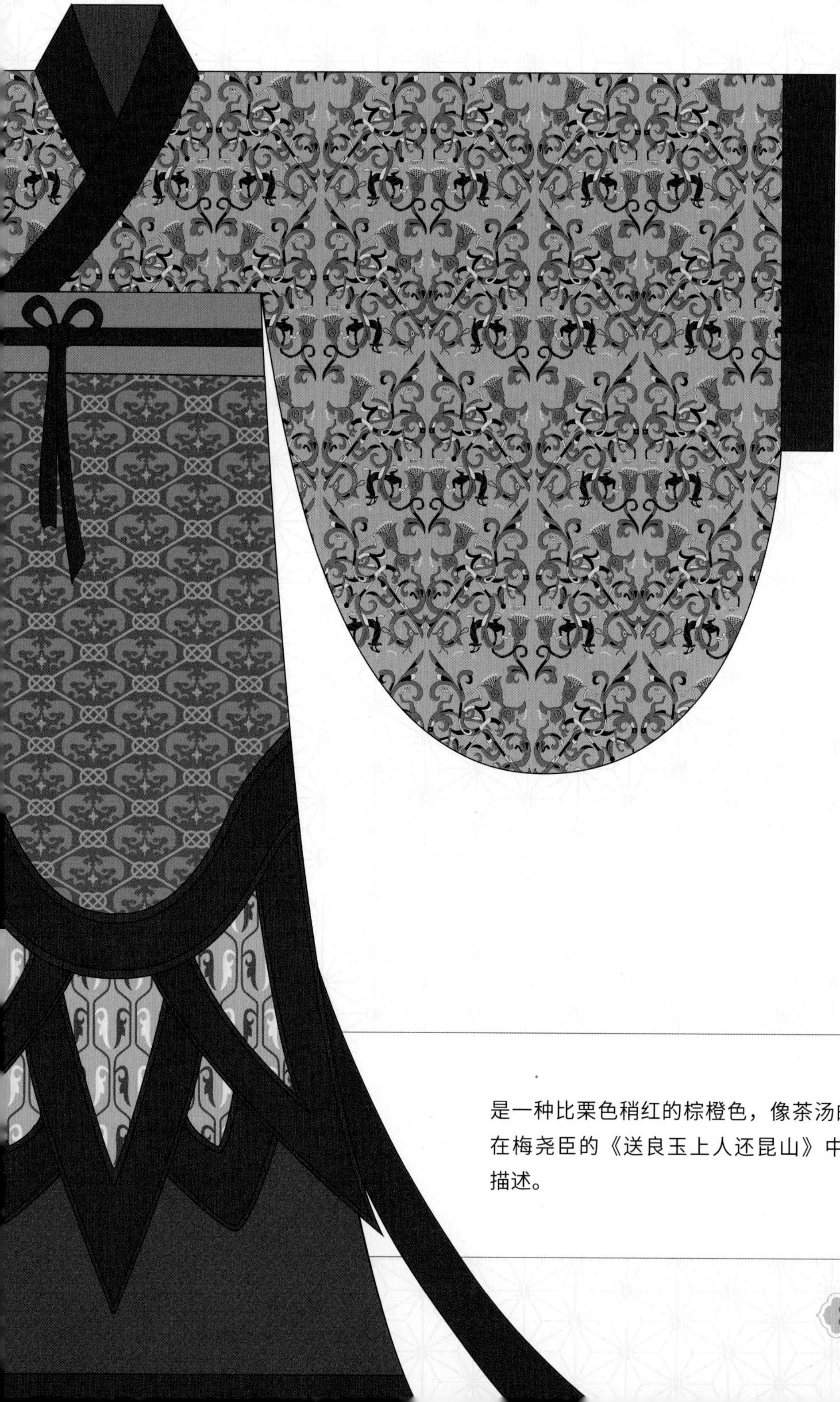

茶
色

C 40
M 65
Y 95
K 0

R 169
G 106
B 43
#a96a2b

是一种比栗色稍红的棕橙色，像茶汤的颜色，在古代是一种常见的服饰色。在梅尧臣的《送良玉上人还昆山》中就有“来衣茶色袍，归变椹色服”的描述。

女子杂裾垂髾服·魏晋

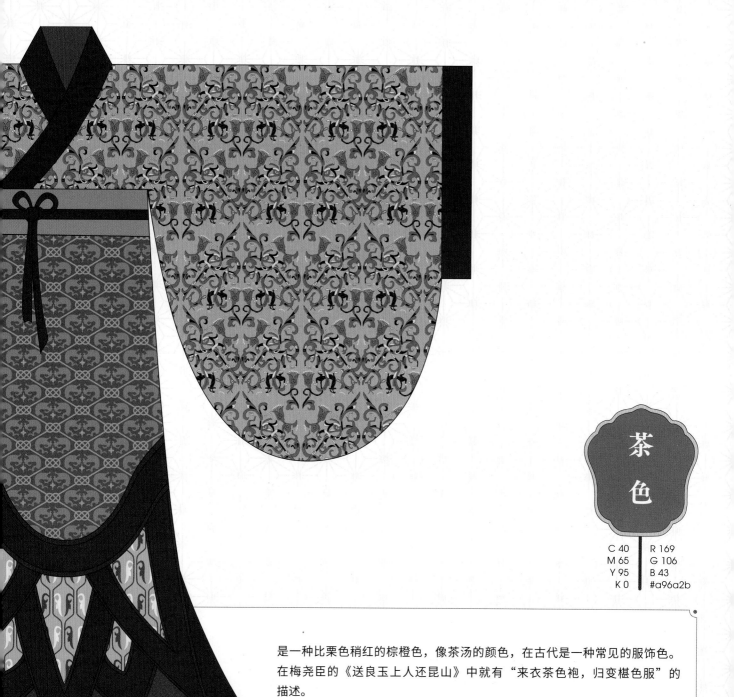

相关色

琥珀色

20-60-85-0
207-124-52
#cf7c34

即松柏树脂形成的矿物——琥珀的颜色。古时多用于形容美酒的色泽，如李白的《客中行》中道：『兰陵美酒郁金香，玉碗盛来琥珀光。』

流黄

12-41-98-2
224-162-0
#e0a200

即硫黄，《环济要略》云：『间色有五：绀、红、缥、紫、流黄也』，可见流黄为五行间色之一。

柘黄

0-48-100-0
244-156-0
#f49c00

又称赭黄，为柘木汁染制的颜色。从隋文帝开始，柘木就用于染制黄袍，故又称柘黄袍。唐代之后，更是成为皇帝的独享色。

黄栌色

0-40-100-34
186-130-0
#ba8200

是一种常用的植物染料，提取自名为『黄栌』的落叶灌木，因而得名。在古代常出现于各类织绣及服饰当中。

配色方案

1	2	3	4	5	6	7	8	9
40-65-95-0	15-33-55-0	20-100-100-0	63-87-100-58	70-80-56-20	2-6-29-0	51-71-82-14	78-58-100-30	12-41-98-2
169-106-43	221-180-121	200-22-29	66-26-10	91-62-81	252-240-196	133-84-57	60-80-39	224-162-0
#a96a2b	#ddb479	#c8161d	#421a0a	#5b3e51	#fcf0c4	#855439	#3c5027	#e0a200

纹样配色 · 贰色

1 6

8 9

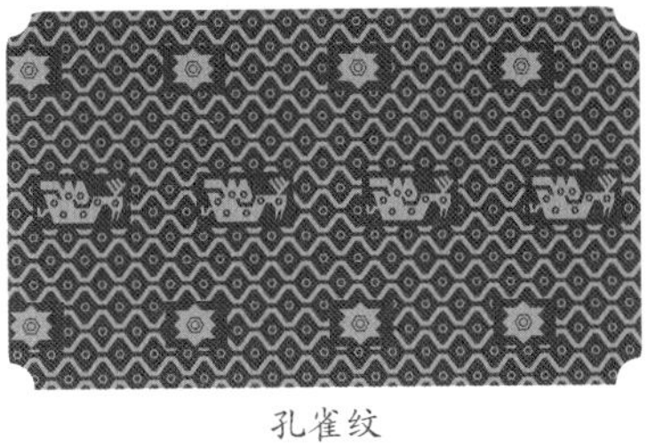

孔雀纹

纹样配色 · 叁色

1 3 6

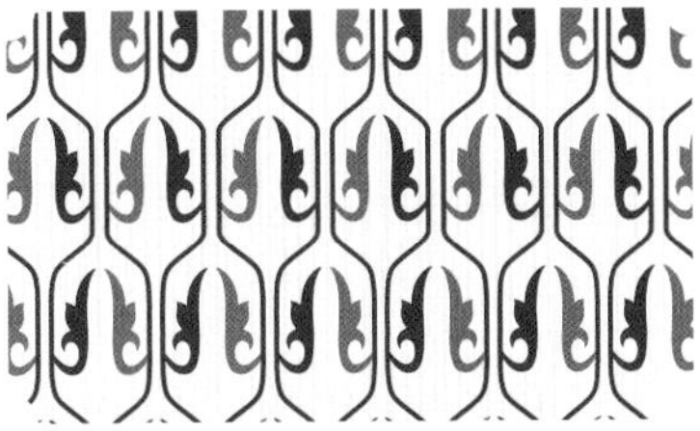

2 7 8

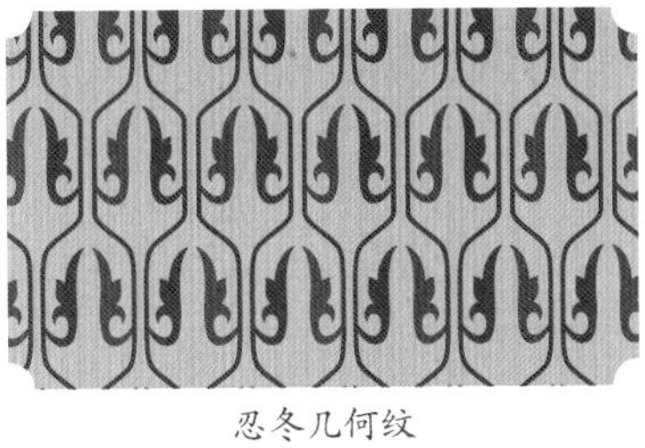

忍冬几何纹

纹样配色 · 肆色

2 5 6 7

1 3 4 9

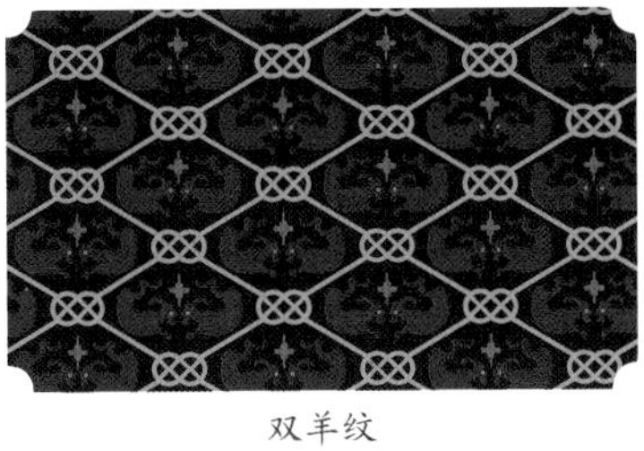

双羊纹

边饰纹样

对羊纹

1 4 6

卷云纹

6 7 8 9

魏晋女子杂裾垂髾服装束

- 上身着 衫—大袖襦
- 下身着 裈—袴—裙—蔽膝

魏晋女子杂裾垂髾服配色

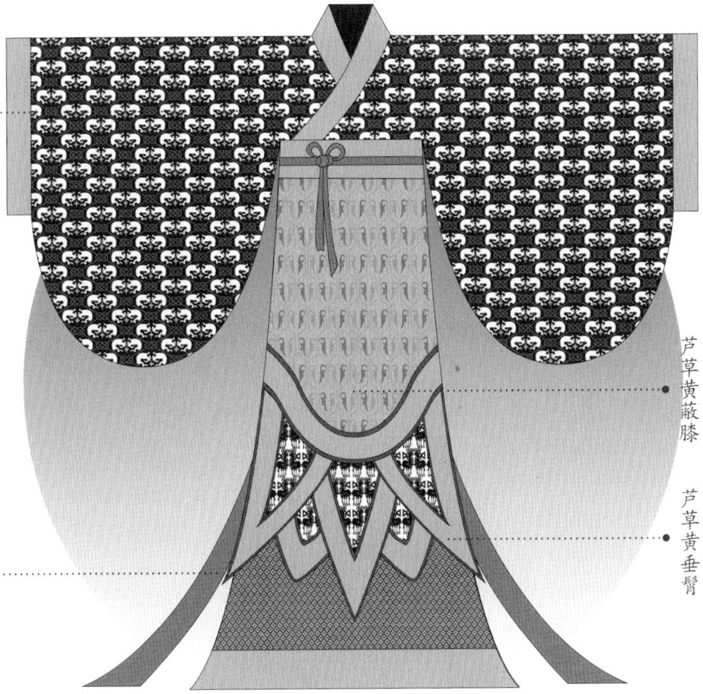

芦草黄 柿黄 蜡黄 酱色

芦草黄 山芋紫 酱色 烟草绿

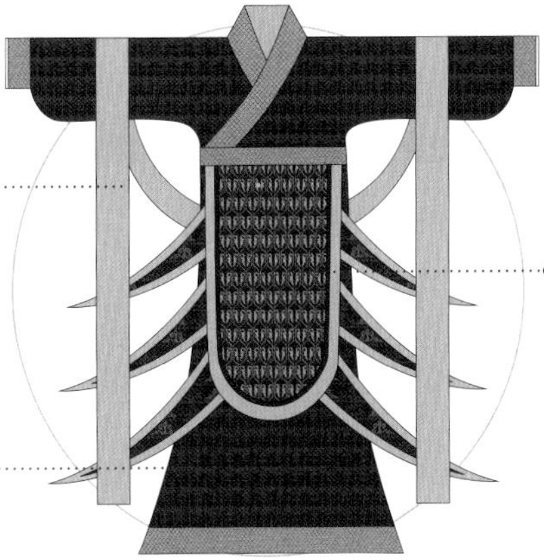

凤仙蓝 布灰紫 姜茶红 百香茗

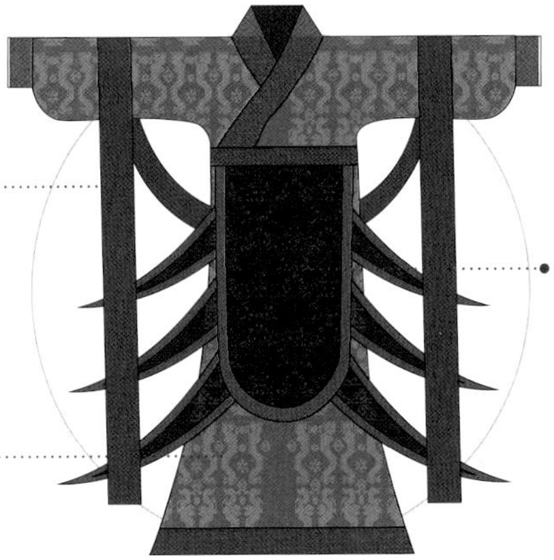

配饰

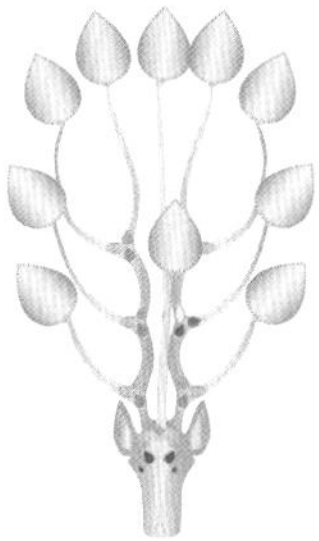

牛头鹿角金步摇

魏晋时期较为盛行，整体形态呈花树状，以牛头为主体元素，且嵌有各色宝石。使用时插于发髻之中，行走时随之摆动。

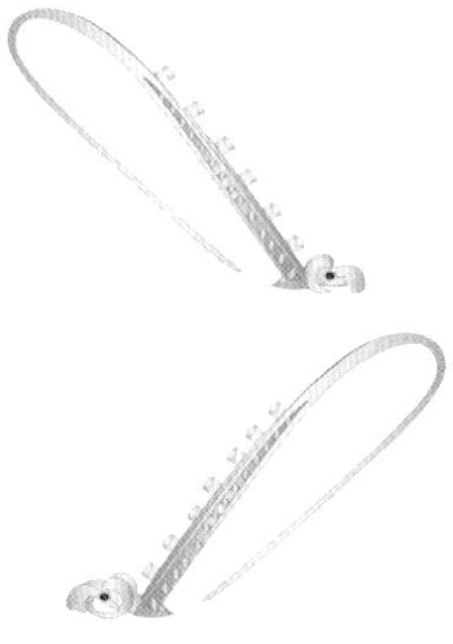

金羊头副耳饰

是当时耳饰的一种新式样，当时常以动物的形态作为饰品的主要元素。该耳饰因以羊头为主体而得名，具有吉祥如意之意。

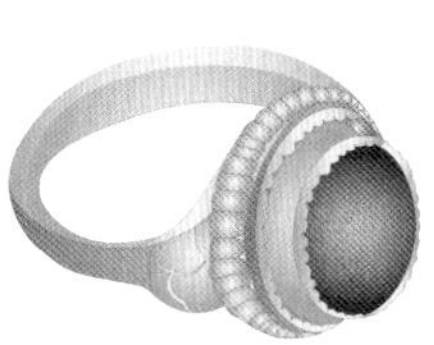

松石金指环

指环在魏晋时期极为盛行，多以金、银制成，也有镶嵌各类宝石的式样。

龙凤虎纹

介绍

龙凤虎纹，起源于战国时期，沿用至魏晋。该纹样以龙、凤、虎为主题纹样，因其年代久远、形制精美成为刺绣纹样中的精品。纹样中龙、凤、虎之间呈相互竞争又相互帮衬的形态，这种空间的表现形式，展现了楚文化的极度自信以及包容的胸怀。

结构

龙凤虎纹由对向双龙和背向双虎构成。虎身斑纹红黑相间，整个纹样表现出龙飞凤舞、猛虎腾跃的生动场景，给人以华丽神奇之感。纹样整体布局亦相当缜密严谨，以双轴对称的纹样为单位，以四方连续的形式呈现，环环相扣。凤或与龙、虎结合，或与花枝相称，图案繁复精美，可见当时的刺绣技术之高超。

应用

在战国时，龙凤虎纹已被各地广泛应用于服饰绣品上，如马山楚墓出土的“龙凤虎纹绣罗”，即战国晚期刺绣珍品。除此之外，在各类饰品、青铜器等工艺品之上亦可见其身影，如西汉“透雕龙凤虎纹玉佩”上的纹样即为龙凤虎纹。

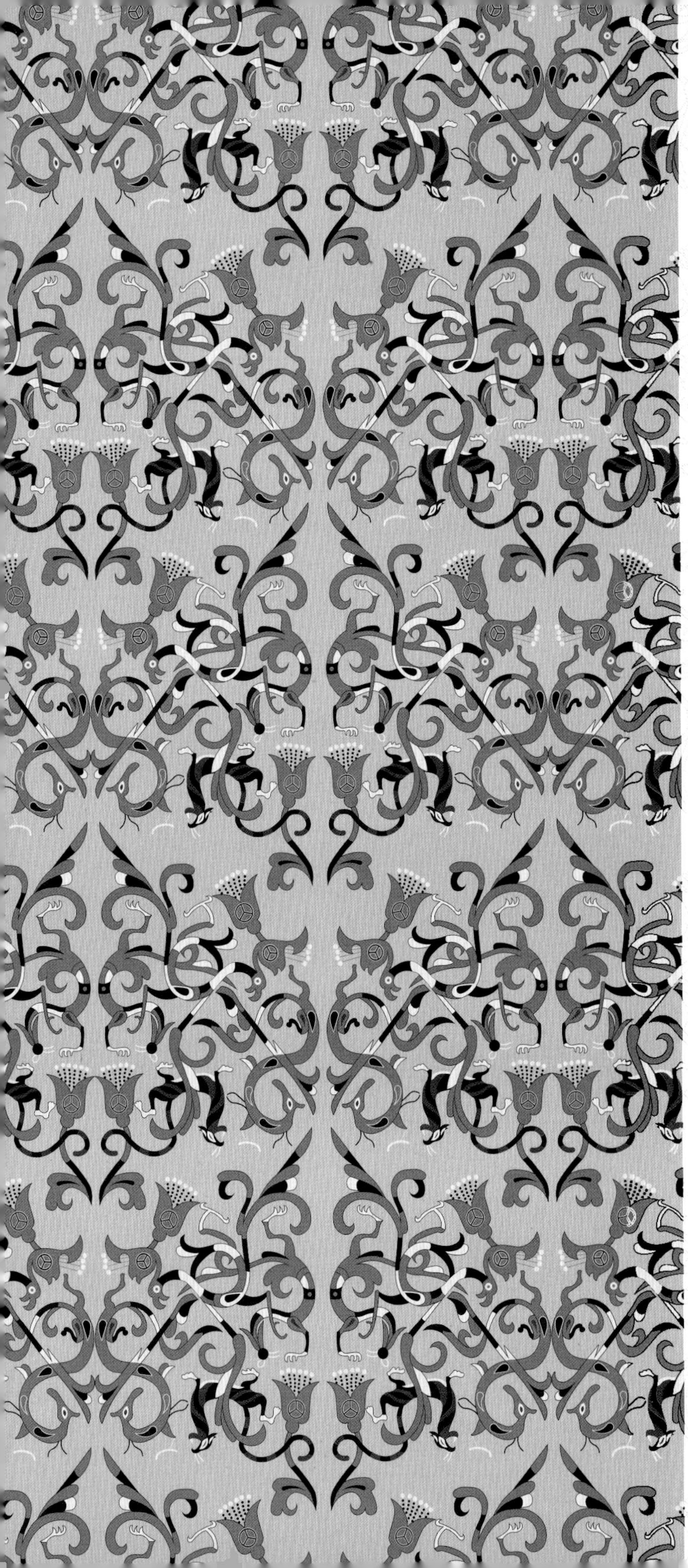

龙凤虎纹绣

40-65-95-0	169-106-43	#a96a2b
14-33-55-0	223-180-121	#dfb479
6-13-46-0	243-222-154	#f3de9a
27-99-100-0	189-30-33	#bd1e21
0-0-0-100	0-0-0	#000000

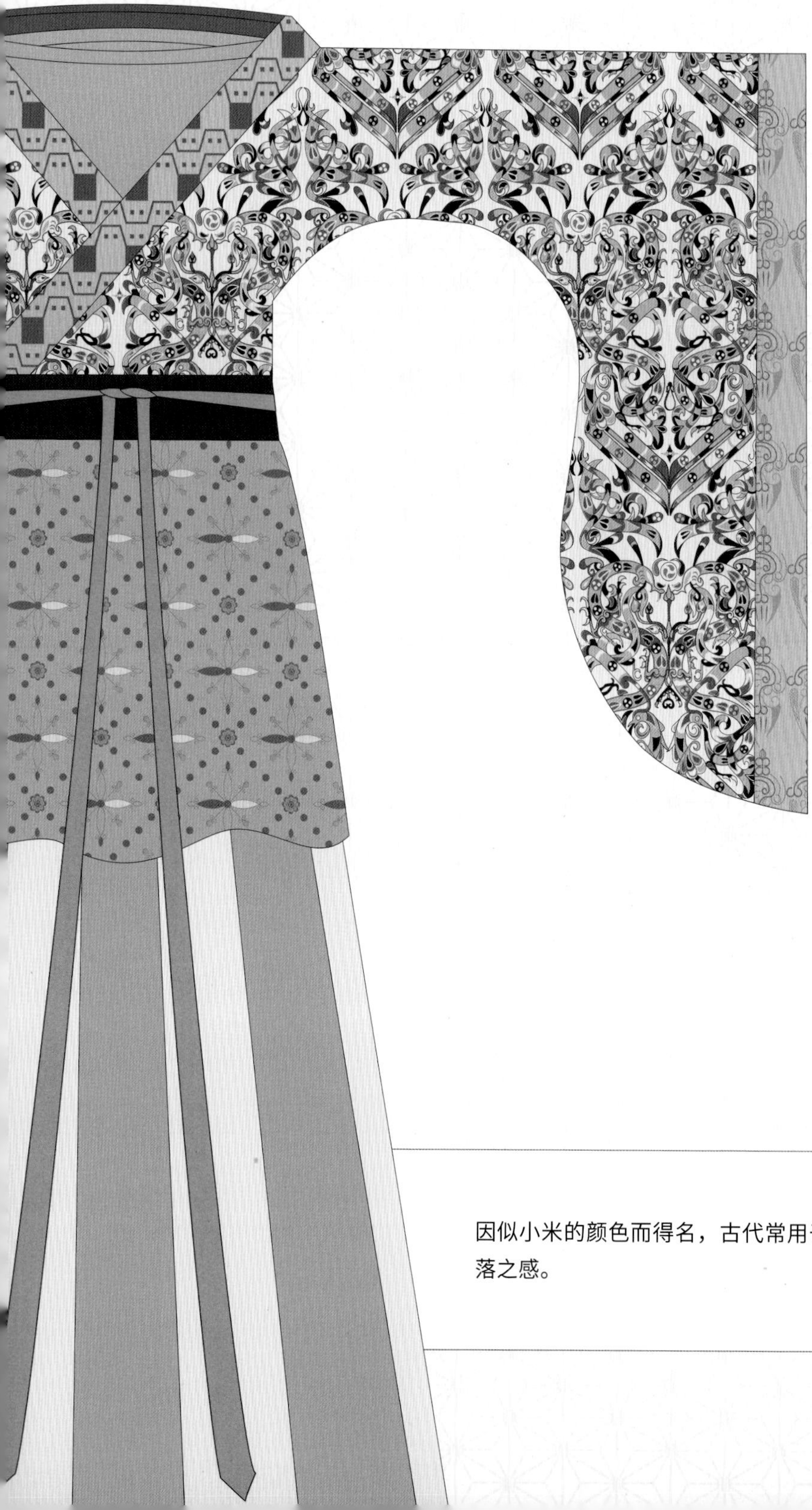

米黄

C 0
M 10
Y 25
K 0

R 254
G 235
B 200
#feebc8

因似小米的颜色而得名，古代常用于刺绣、服饰等织物之上，给人以端庄、干净利落之感。

女子交领襦裙 · 魏晋

相关色

玉色

20-0-24-0
214-234-208
#d6ead0

即玉的颜色，也是传统绘画中的常用色。古时用于指容色不变，也用于形容美貌或比喻坚贞的操守。

素色

7-8-15-0
240-235-220
#f0ebdc

也称练白色，一般指丝绸等面料的本色，明代诗人何景明有诗云：『江白如练月如洗』，赞美此色的洁白淡雅、澄净如练。

月白

15-7-7-0
223-230-234
#dfe6ea

古人认为月亮的颜色是带一点淡淡的蓝色的，因觉颜色近似月色，故称月白。古时用筅兰煎水，半生半熟染出，是极为常用的服饰染料。

象牙白

10-14-36-0
234-219-174
#eadbae

指与象牙相近的颜色，一般简称『牙白』。在古代，象牙是珍贵的工艺品材料，因此象牙白也象征着高雅、奢侈。

配色方案

1	2	3	4	5	6	7	8	9
0-10-25-0	38-20-66-0	31-75-96-0	0-20-70-0	0-35-45-75	0-30-60-30	60-50-0-60	14-11-69-0	9-7-20-0
254-235-200	174-183-108	185-90-37	253-211-92	100-70-48	196-153-88	60-63-103	229-216-100	237-234-211
#feebc8	#aeb76c	#b95a25	#fdd35c	#644630	#c49958	#3c3f67	#e5d864	#edead3

纹样配色・贰色

1 3

6 9

几何菱形纹

纹样配色・叁色

1 7 8

4 5 9

蛙鱼纹

纹样配色・肆色

1 4 6 7

2 3 6 9

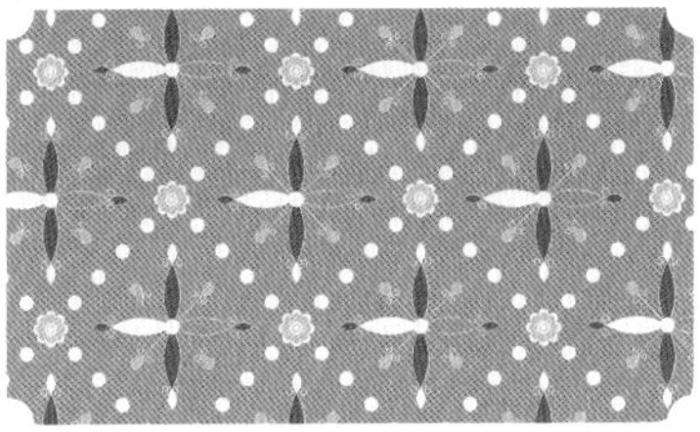

菱格杂花纹

边饰纹样

几何纹

1 5

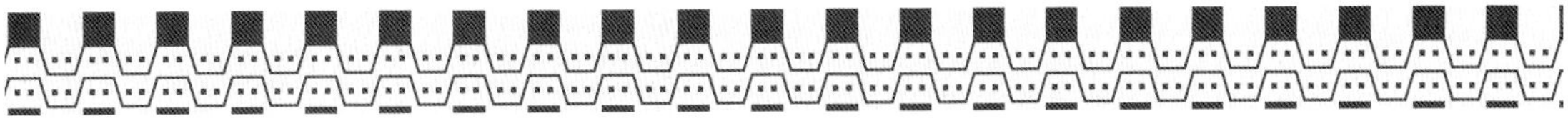

云纹

1 2 4 7

魏晋女子交领襦裙装束

- 上身着　衫—襦
- 下身着　袴—裙—腰襕

魏晋女子交领襦裙配色

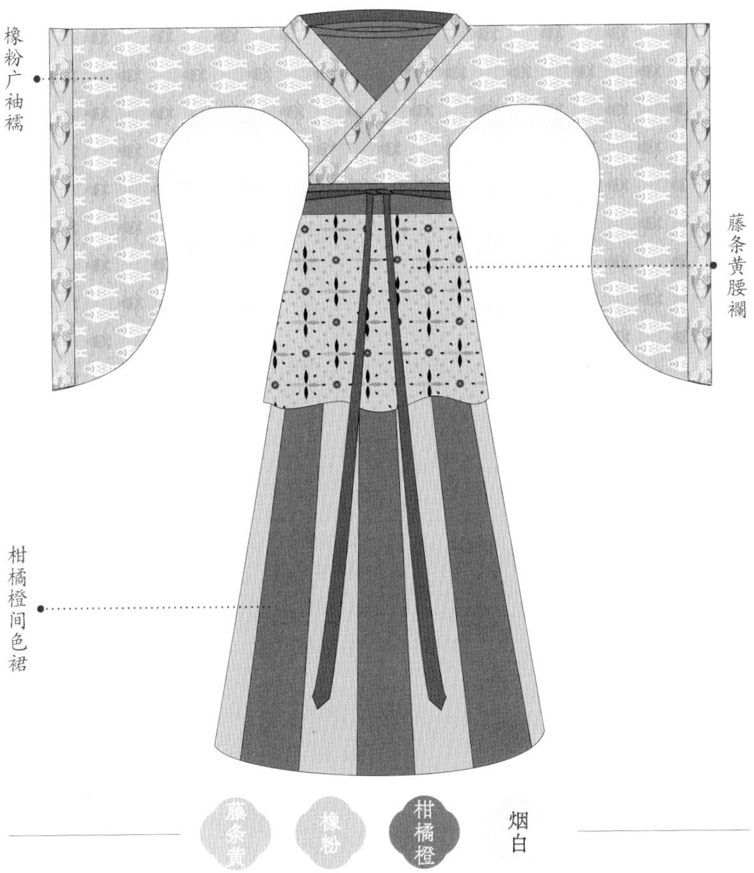

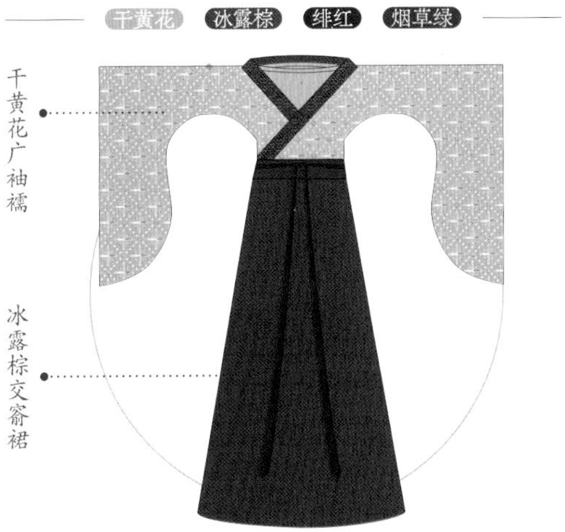

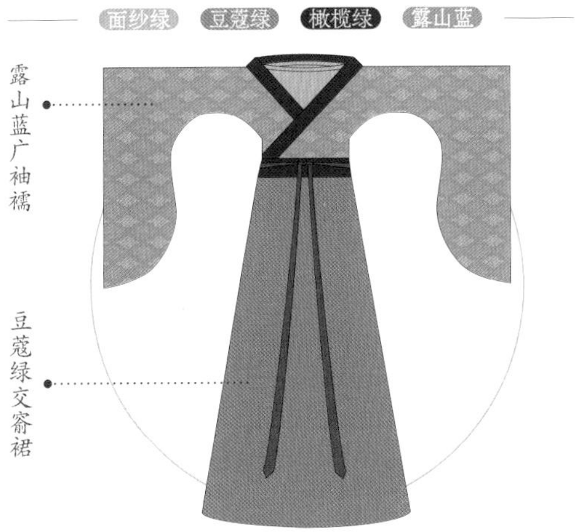

衣香鬓影

发髻

流苏髻

为贵族妇女常用发式，将头发盘为发髻，垂至肩部，再取一指粗的余发垂于左右两肩，再加以珠翠、步摇点缀。

缬子髻

流行于西晋末年，先梳一个大发髻，在顶端抽出两股头发，系在中间，形成两个小环，环上可垂下一绺头发。

鞋履

织成履

履的雏形用麻线编织而成，穿着方便，是女子常用的一种样式。

高齿履

从汉朝的双歧履发展而来，履前为上耸齿状，行走时露于裙外。

蟠龙飞凤纹

介绍

蟠龙飞凤纹由兽面纹演变而来，从扶桑树、太阳、龙凤等元素体现出当时人们对自然与祖先的崇拜。该纹样起源于先秦时期，盛行于楚国，具有明显的楚国地域风格和时代特征，经不断发展沿用至魏晋时期，具有龙凤呈祥、威严庄重、祥瑞等寓意。

结构

蟠龙飞凤纹结构十分清晰，以长短不一、曲度各异的“S”形线条作为主要结构，并构成菱形式框架。纹样元素有龙、凤、扶桑树、太阳、菱形符号等。画面围绕中心的一个菱形符号呈对称状，三对龙纹和一对凤纹在画面中所占的比例最大，形象完整、细节丰富，呈现出一种繁缛、灵秀的装饰风格。

应用

此种纹样被广泛应用于丝绸、织绣等织物当中，如现藏于湖北省荆州博物馆的“蟠龙飞凤纹绣浅黄绢面衾”上的纹样即蟠龙飞凤纹。

蟠龙飞凤纹绣浅黄绢面衾

3-12-25-0	248-230-198	#f8e6c6
13-30-51-0	225-187-131	#e1bb83
36-17-57-0	178-190-128	#b2be80
26-69-88-0	195-104-47	#c3682f
64-87-90-57	66-27-20	#421b14

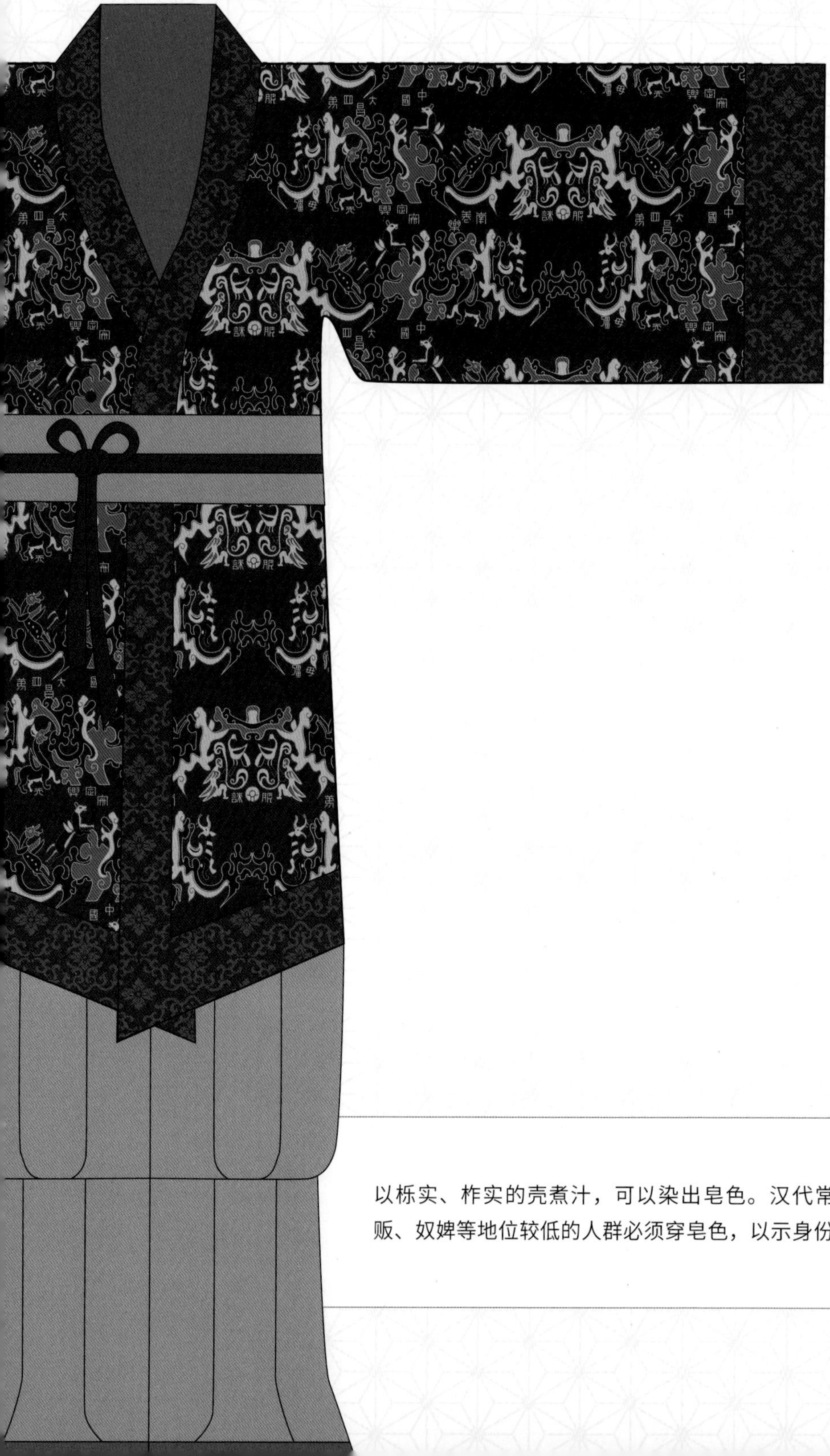

皂色

C 75 R 66
M 70 G 64
Y 70 B 61
K 35 #42403d

以栎实、柞实的壳煮汁，可以染出皂色。汉代常用皂色素绢制作帽冠。在隋朝则规定商贩、奴婢等地位较低的人群必须穿皂色，以示身份低微。

女子袴褶·魏晋

相关色

缁色

69-78-73-44
71-48-48
#473030

即『帛黑色』，是僧侣的常服颜色，因此有『缁衣』之称。『缁』亦为古代用黑色帛做的朝服，后又泛指黑色衣服。

乌色

85-90-77-70
23-9-20
#170914

是晋代王公贵族的常用服色，还常用于描述暴雨即将来临时天际厚重云层的颜色。

玄色

60-90-85-70
55-7-8
#370708

在古代指北方将明的天空的色泽。在五行中，玄色对应北方，属水，象征玄武，是汉代皇室的常用服色。

黛色

40-0-20-75
59-85-84
#3b5554

也作『螺黛色』，黛是一种青黑色的矿物颜料，古代妇女最早用来画眉。亦常用于形容凌晨昏暗的天空所呈现出的颜色。

配色方案

1	2	3	4	5	6	7	8	9
75-70-70-34	42-62-100-2	6-24-51-0	53-33-50-65	99-98-56-34	59-46-49-0	51-71-82-14	27-28-28-0	5-5-13-5
67-64-61	164-110-35	240-202-135	63-74-62	20-30-66	123-130-124	133-84-57	196-183-175	238-235-221
#43403d	#a46e23	#f0ca87	#3f4a3e	#141e42	#7b827c	#855439	#c4b7af	#eeebdd

纹样配色 · 贰色

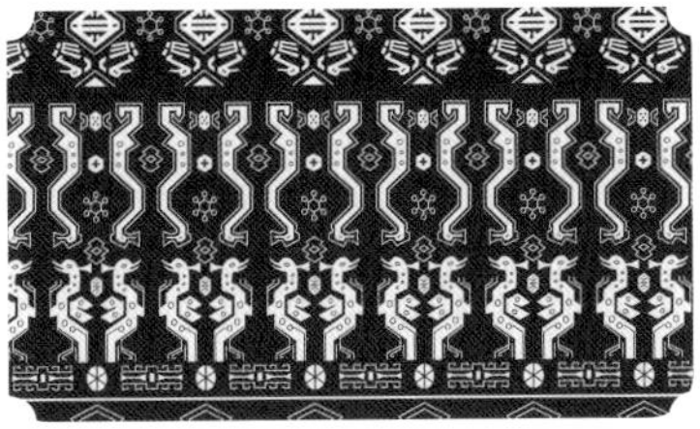
1 9

3 4

瑞兽纹

纹样配色 · 叁色

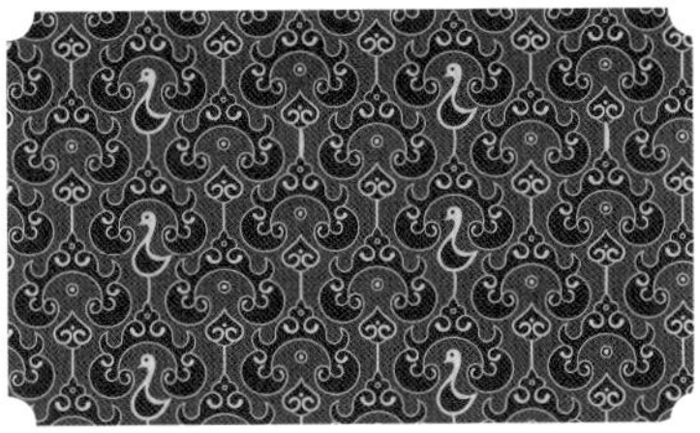
1 3 7

2 5 9

立鸟鱼纹

纹样配色 · 肆色

1 2 6 7

3 4 6 9

朵花对鸟纹

边饰纹样

缠枝纹
1 2 4 8

花树纹
4 6 8

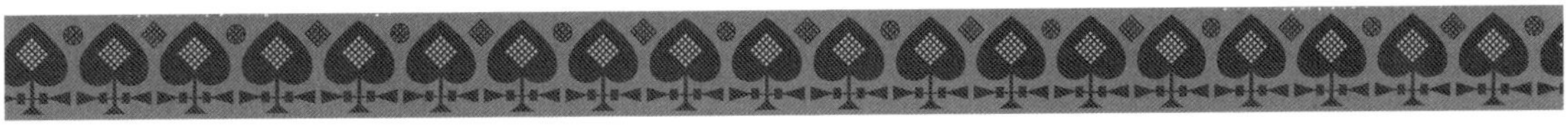

魏晋女子袴褶装束

- 上身着　衫—褶
- 下身着　袴

魏晋女子袴褶配色

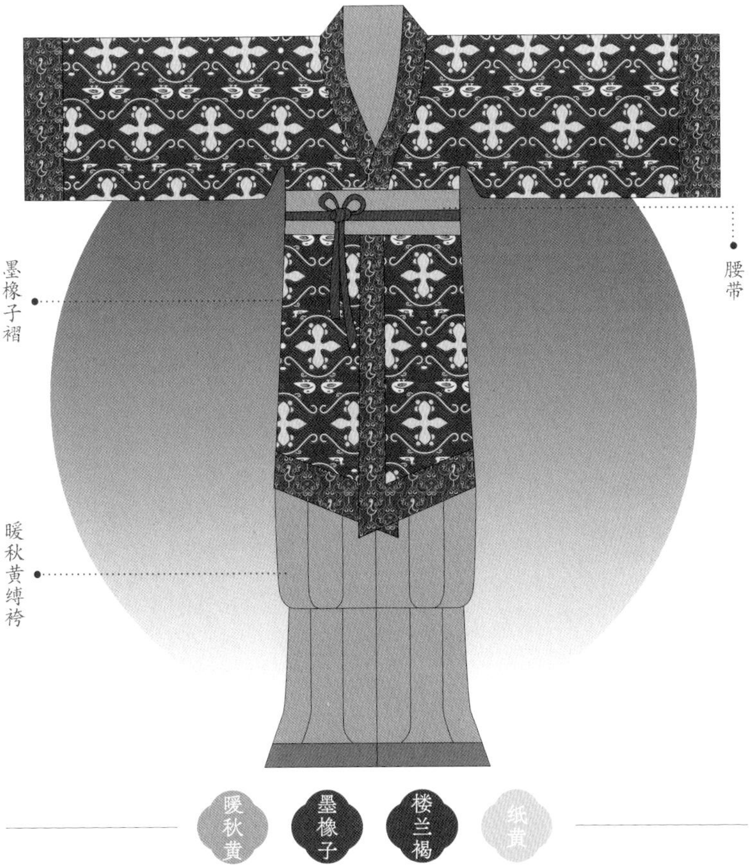

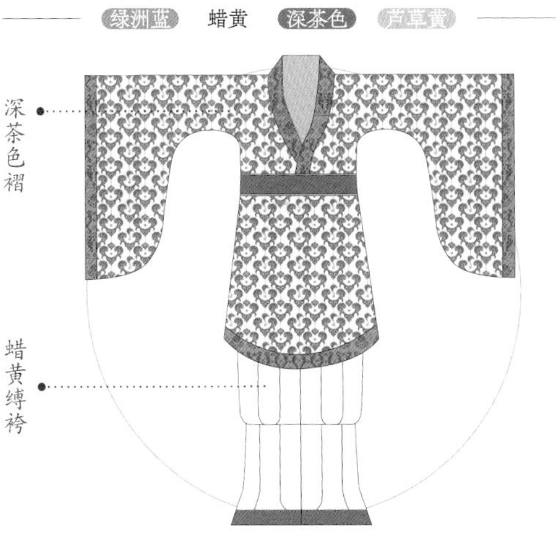

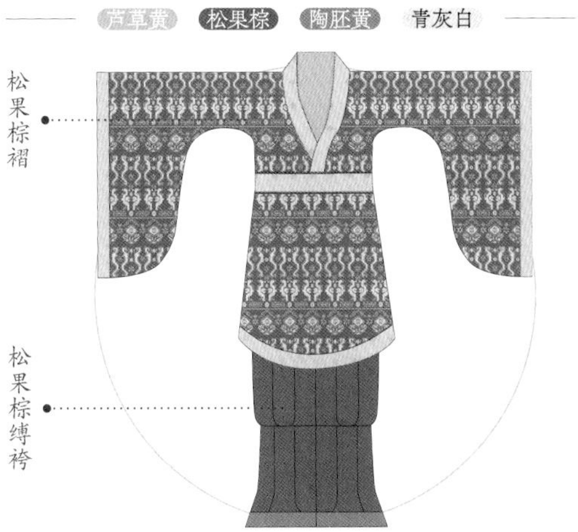

配饰

金奔马饰件

此饰件马颈及尾部各有一环，上系金链可供系戴，推测是颈饰的一种。而形制多样，多以动物为主题，用金、银制成，极具装饰性。

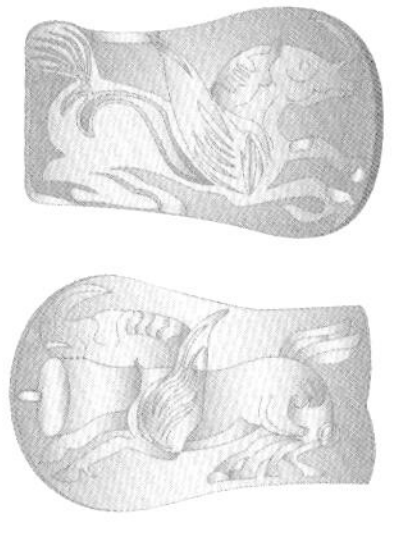

带鐍

即腰带上的环扣，一般饰有动物纹，并有穿戴用的孔，可用于系扣腰带。

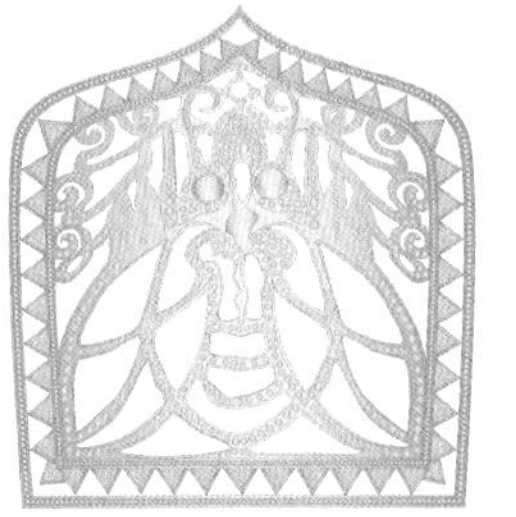

金博山帽饰

此金博山的形状是带尖顶的方形框架中饰蝉纹，是权力和高级官位的标志之一。

云气动物纹

介绍

云气动物纹最早出现的时间无法考证，但其流行于东汉中后期直至魏晋。有这类纹样的织锦经常呈现出五种颜色，这与当时的五行学说非常契合，故又称“五色云锦”。云气动物纹锦在丝绸艺术史上占有独特的地位，其纹样之奔放、古拙，独树一帜，空前绝后。

结构

云气动物纹主要由云气与动物等组成。它继承了西汉时期汉锦经线显花的纹样特征，以辟邪的奇禽异兽，变异的云气、花卉为基础纹样元素，吉祥的铭文穿跳其中。从整个布局上看，云气动物纹可分为单元式、通幅式、对称循环式和顺想循环式几类。在这种纹样中，充当骨架的是各类变形的云气纹，云气绕缭中还有一些神奇的动物，这些动物是诸如麒麟、白虎之类的神兽，身上还长着一对小小的翅膀。在东汉至魏晋时期，社会动荡不安，人们通过在织物上绣祈福铭文的方式进行祈祷，因此在这一时期云气动物纹与文字的搭配契合度非常高。

应用

西汉末年至魏晋，云气动物纹在织锦上广泛应用，且铜器、漆器、陶瓷、书画上亦有其身影。

中国大昌四夷服诛南羌锦

CMYK	RGB	HEX
17-13-10-1	217-217-222	#d9d9de
13-24-61-3	224-193-112	#e0c170
39-93-93-42	118-28-21	#761c15
80-0-0-55	0-105-141	#00698d
75-70-70-34	67-64-61	#43403d

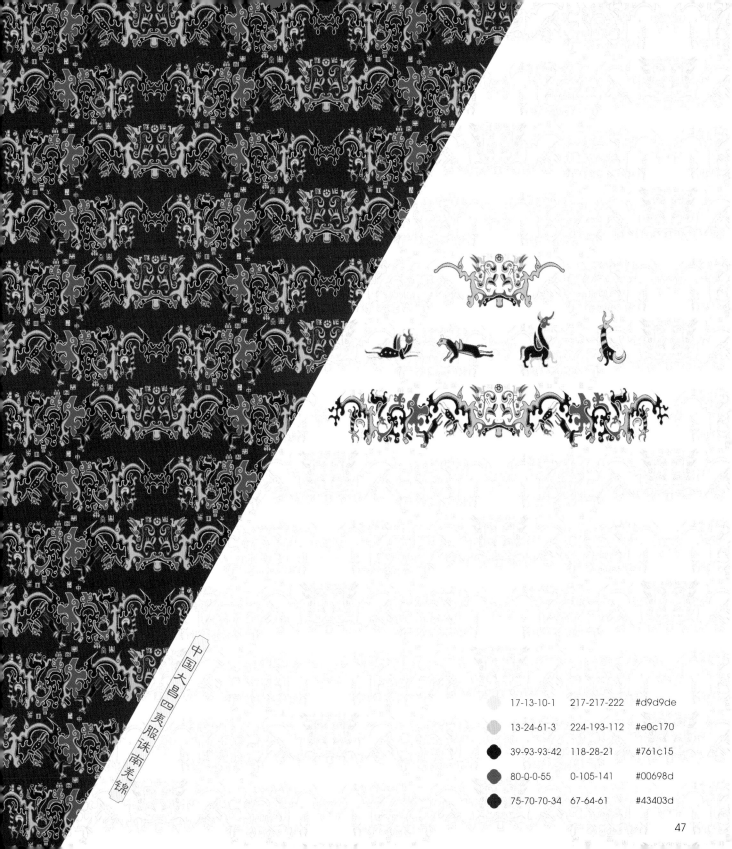

唐

第二章

雍容华贵

风吹仙袂飘飘举，犹似霓裳羽衣舞

唐女子装束流行风向

唐代是中国传统服饰发展达到鼎盛的阶段。

初唐时期，女子服饰继承了隋代风格，主要有窄袖衫襦、长裙、胡服、女着男装等装束。妆容整体风格崇尚轻巧纤丽，发式较为低平，发缕盘绕于头顶，如翻荷髻、坐愁髻等。

盛唐时期，女子着装风格逐渐开放、大胆，衣衫逐渐变得宽松，上衫领口或是为弧形并开得很低，或是直接为直领对襟，有时上衣甚至不系入裙中，而是在胸前松散开来，让人呈现酥胸半露之态。女子妆容亦从初唐的轻巧纤丽演变为浓艳多样，发式也逐渐变得雍容，正式场合常用蓬松的假髻，其中义髻、回鹘髻、单髻、双髻等较为常见。由此可见盛唐女子装束雍容华贵、羽衣霓裳的风采。

中唐以后，女子上衣虽袖根依然宽松，袖口却略有收小，另外还流行一种“绮罗纤缕见肌肤”的服装，即里面不着内衣，仅以轻纱蔽体。妆容逐渐由浓至浅，且慵来髻、偏梳髻、倭堕髻等较为日常、普通的简便发式开始广泛流行。

直至安史之乱使唐王朝由极盛转入衰亡，服饰风格才逐渐转向简练、拘谨，直至五代十国。周昉的《簪花仕女图》就描述了唐朝贵妇赏花游园的情景，图中女子妆容精致，丰腴华贵，服饰细节尤为精美，为我们探索唐代服饰文化与审美提供了珍贵的资料。

唐 周昉《簪花仕女图》局部临摹

服饰色彩

官品服色

- 紫色：三品以上
- 绯色：五品以上
- 绿色：七品以上
- 青碧色：九品以上

唐高宗时，品色服正式形成，对服色有细致规定；同时对腰带的颜色也做了细致的规定：“三品以上并金玉带，五品以上并金带，七品以上并银带，九品以上并鍮石带，庶人并铜铁带。”

流行服色

- 石榴裙
- 青莲色
- 萱草色
- 天水碧

唐代女子服饰以红、紫、黄、青等色最为流行，其中红色尤其受女性的青睐。唐诗中“眉黛夺将萱草色，红裙妒杀石榴花。”就是对这种时尚的描述。

服饰形制

唐代妇女日常大都上身着襦、袄、衫、帔，下身束裙子。其中最为时兴的女子衣着是襦裙，即短上衣加长裙，裙腰以绸带高系，并与旋绕于手臂间的帔帛搭配。

襦

襦为上衣，交领右衽，腰部接裥，一般只长到腰，较短，可分为直领大襟襦和曲领襦等。襦与裙搭配时被称为襦裙。襦可单穿、可叠穿，可塞在裙内，也可外穿。这种多种衣服叠加的穿法，更具风流儒雅之感。

交窬裙

俗称“破裙”，裙子由多片裁片均为梯形的布料拼接而成，裙子一幅称为一“破”，多者达十二破，其中各色布料拼接成的裙叫间色裙。穿着时常与襦搭配，系于胸上或腰间，裙身随走动摇曳。

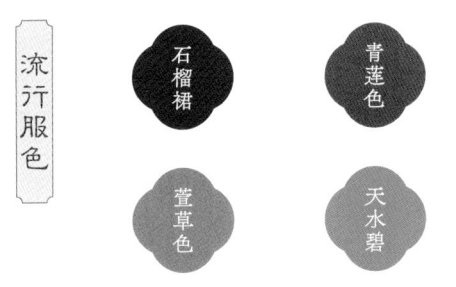

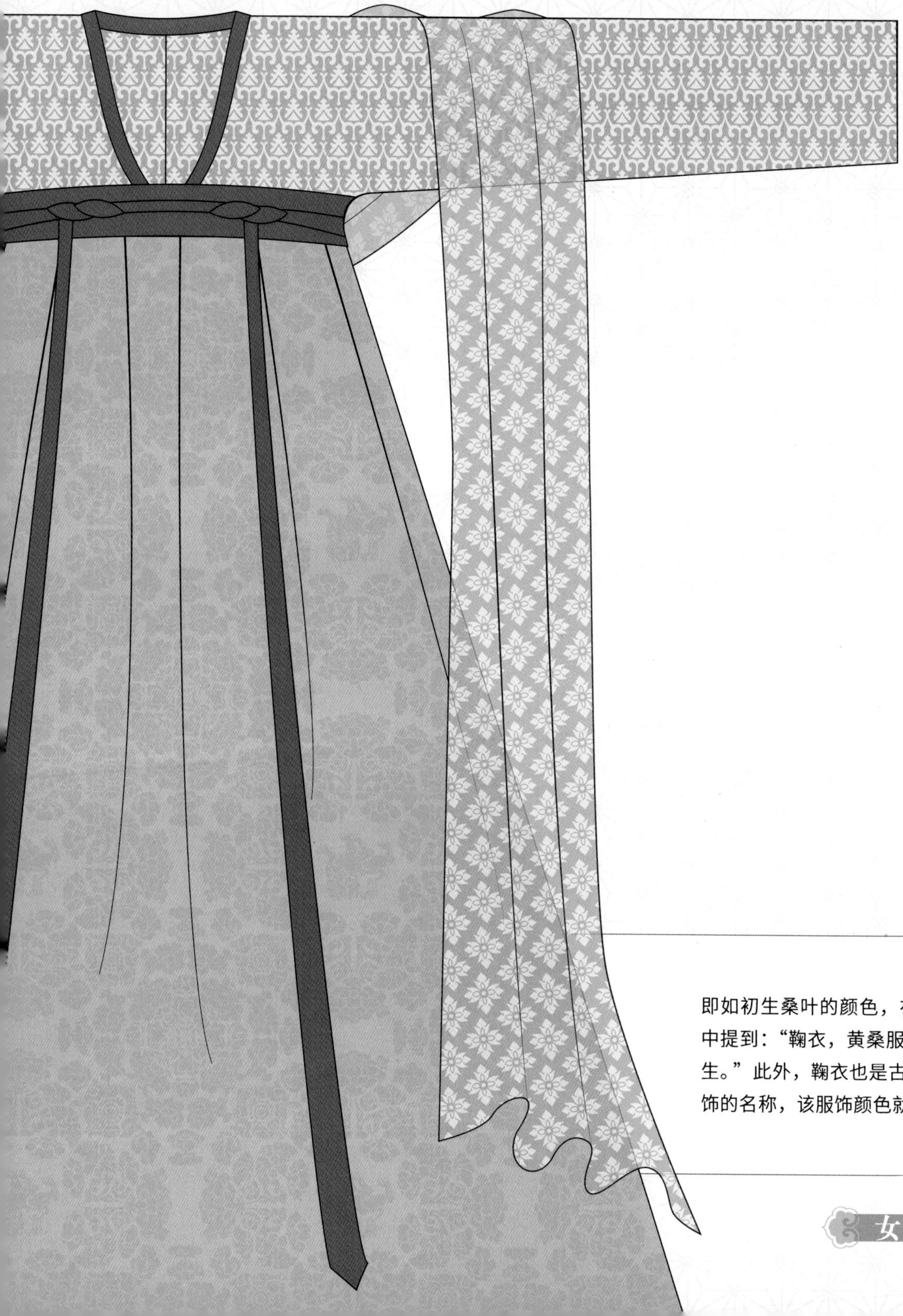

鞠衣色

C 25	R 201
M 40	G 159
Y 85	B 57
K 0	#c99f39

即如初生桑叶的颜色，在《周礼·天官·内司服》中提到："鞠衣，黄桑服也。色如鞠尘，象桑叶始生。"此外，鞠衣也是古代皇后在盛大场合所穿服饰的名称，该服饰颜色就为鞠衣色。

女子齐胸衫裙·唐

相关色

黄鹂留

5-20-65-0
244-209-105
#f4d169

即黄鹂羽毛的颜色，黄鹂在古诗中常与春天相伴出现，比如唐诗中的『两个黄鹂鸣翠柳』就给人春天的生机勃勃的感觉。

松花色

0-5-65-0
255-238-111
#ffee6f

色如松花。在古代松花是食物、是药物，是燃料，更是『轻如松花落金粉』的诗意生活。唐代诗人薛涛因偏爱彩色笺，制出著名的『薛涛笺』，其中就有松花色的笺。

樱草色

15-10-70-0
227-217-98
#e3d962

又称『藏报春』（是报春花科植物中的一种），指樱草花心的黄色。在古时，樱草色代表春季的光线，象征活力与生机。

缃色

7-27-83-0
239-193-55
#efc137

在《说文解字》中，把缃色解读为『帛浅黄色』，是古代女子常用的服饰色。清代以后，文雅轻盈的缃色，又被解读为今天平淡无奇的『浅黄色』。

配色方案

1	2	3	4	5	6	7	8	9
25-40-85-0	62-24-71-0	6-82-68-0	19-23-72-0	0-9-15-0	49-70-79-10	22-29-33-0	35-95-100-0	70-90-100-65
201-159-57	111-158-100	225-79-68	216-193-90	254-238-220	141-89-63	207-184-166	176-46-36	49-16-5
#c99f39	#6f9e64	#e14f44	#d8c15a	#feeedc	#8d593f	#cfb8a6	#b02e24	#3101005

纹样配色·贰色

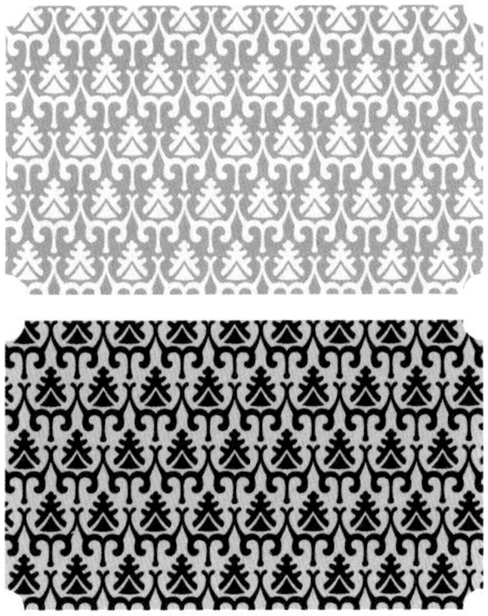

1 5

4 9

几何花卉纹

纹样配色·叁色

1 2 5

4 5 9

杂花龟背纹

纹样配色·肆色

1 2 3 5

4 6 7 9

花叶纹

边饰纹样

几何忍冬纹

1 2 4 5 6 7 8

卷草纹

1 2 3 4 5 6 7 8 9

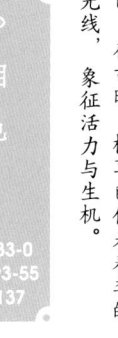

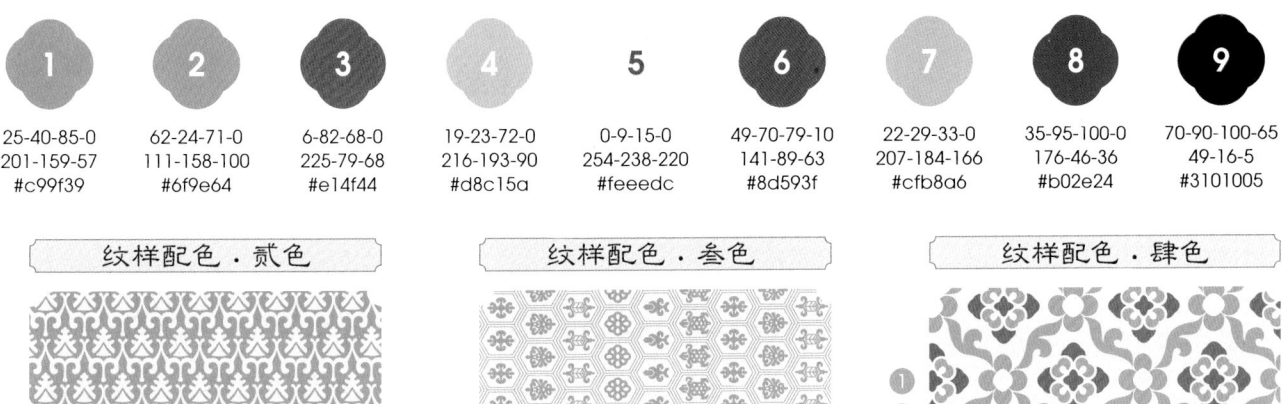

初唐女子齐胸衫裙装束

- 上身着　衫—帔帛
- 下身着　袴—齐胸裙

初唐女子齐胸衫裙配色

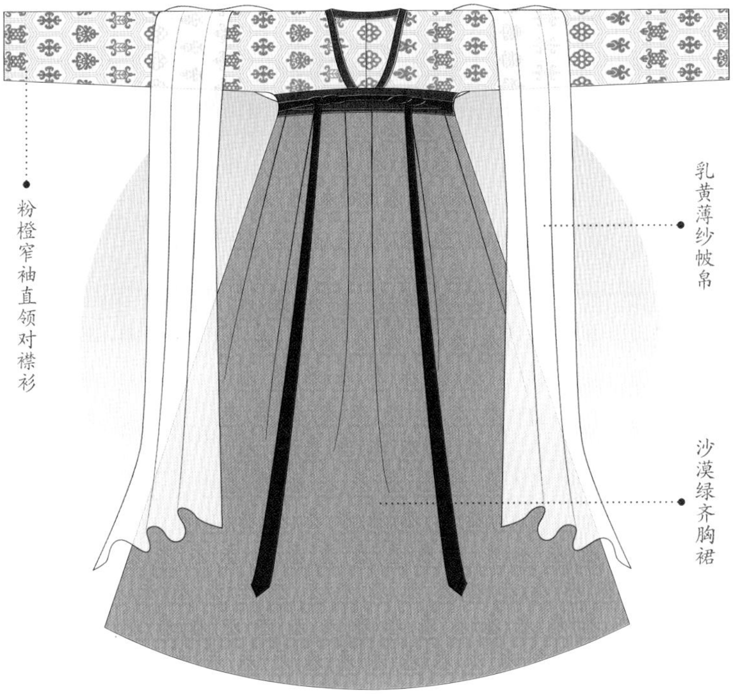

沙漠绿　艳红　乳黄　粉橙

杨桃　栀子　欧曼黄色　粉橙

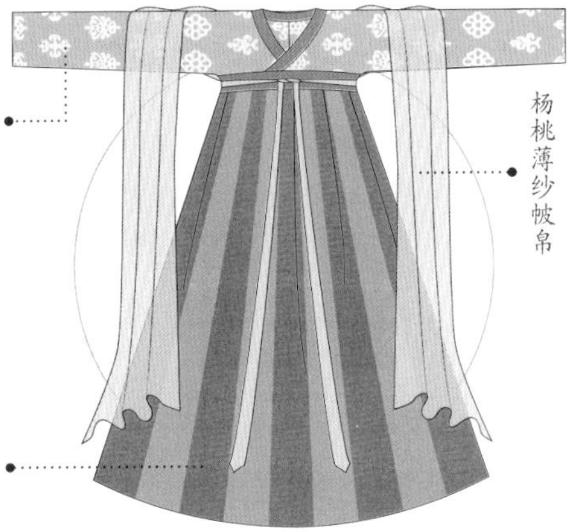

浅蓝光紫　金盏花　勿忘草　春绿

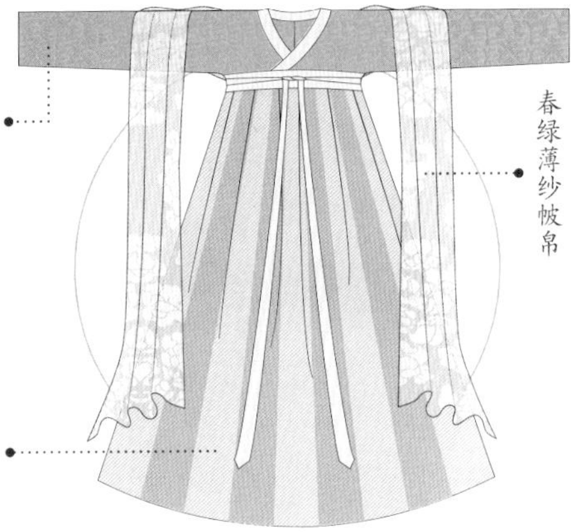

衣香鬟影

发髻

▲ 双鬟望仙髻

将头发分成两股，用丝绦束缚成环形，高耸于头顶或头之两侧，有瞻然望仙之状。

▲ 双垂髻

将头发分成两部分，在头的两侧各盘卷一垂髻，少女或侍女、童仆等都梳此发式。

花钿

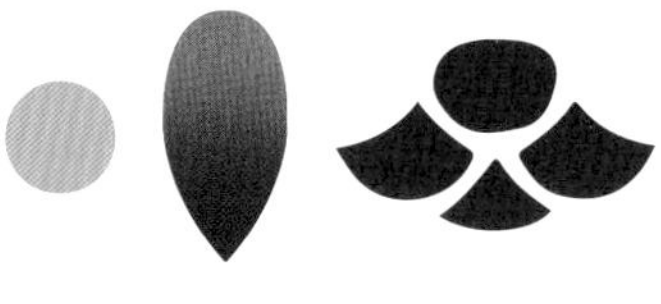

▲ 花钿

唐时花钿样式繁多，不同时期的造型皆不同。初唐时期的样式，多为简易的圆形、滴珠形。

立狮宝花纹

介绍

立狮宝花纹，出自藏于中国丝绸博物馆的“立狮宝花纹锦”，该锦为“陵阳公样”在唐代流行的典型代表。该锦采用辽式斜纹纬锦组织结构，是典型的将西域传入的团窠联珠环内的动物纹样与中国审美的花卉纹样相结合的产物。

结构

立狮宝花纹呈圆形，由中心纹样立狮与外环单层花卉纹样组成。该纹样以大窠牡丹与石榴花为环，宝花团窠环面积占比较大，花卉纹样层次丰富且图案极为华丽。立狮生动立于环之中央，头鬃微卷，双耳直立，狮尾翘起，狮身骨劲肉丰、丰满健硕，线条明确简练，充满生机与力量，更具写实意味。该纹样叶中有花、花中有叶，团窠花环与动物纹样相结合，美轮美奂。

应用

这种图案不仅出现在织物上，而且在金银器、雕刻等唐代艺术品中也时有发现，可见其在唐代的流行之盛。

立狮宝花纹锦

13-22-60-0 228-200-117 #e4c875

24-40-85-0 203-159-57 #cb9f39

天水碧

C 65　R 90
M 20　G 164
Y 30　B 174
K 0　#5aa4ae

南唐时期，宫中染碧色衣料，因晾晒在室外忘记收而被露水打湿，一夜过后颜色反而更鲜亮了，李煜看后十分喜爱，最后宫中相继收集露水染碧。因是以天之露水染出的碧色，故名天水碧。

相关色

青白

白而发青，是孔雀石研磨出的『头绿』的颜色，是古代常用的绘画颜料。

翡翠色

60-0-50-0
102-191-151
#66bf97

指翡翠鸟羽毛的青绿色，也指翡翠玉石的颜色。翡翠玉石于东汉永元年间传入中国，至康熙年间成为身份和地位的象征。

扁青

70-30-40-0
80-146-150
#509296

亦称大青。大青是一种生于山谷间的形扁而色青的石头，可入药，亦可作为绘画的颜料，古时常用于山水绘画之中。

碧色

90-0-55-0
0-164-141
#00a48d

『碧』本身指青绿色的玉石，泛指晶莹剔透的碧绿色。在中国古诗文中，多以『碧』字形容春夏季中芳草或茂盛绿叶之貌。

配色方案

1	2	3	4	5	6	7	8	9
65-20-30-0	35-73-85-1	80-55-0-10	75-20-60-20	35-0-23-0	40-5-45-0	55-0-50-10	50-80-55-70	0-0-15-17
90-164-174	177-93-54	52-99-168	43-134-106	177-220-207	166-205-159	113-184-142	65-20-34	226-225-203
#5aa4ae	#b15d36	#3463a8	#2b866a	#b1dccf	#a6cd9f	#71b88e	#411422	#e2e1cb

纹样配色·贰色

1 9

3 5

宝花纹

纹样配色·叁色

3 4 6

5 8 9

几何小花纹

纹样配色·肆色

1 2 4 5

5 7 8 9

联珠团花纹

团花配色

宝相花纹

1 2 8 9

花叶纹

3 4 5 6

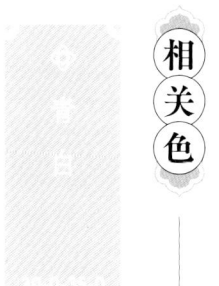

初唐女子胡服装束

- 上身着 翻领窄袖长袍
- 下身着 袴——裙

初唐女子胡服配色

春日牙白 金红 唐茶 驼红

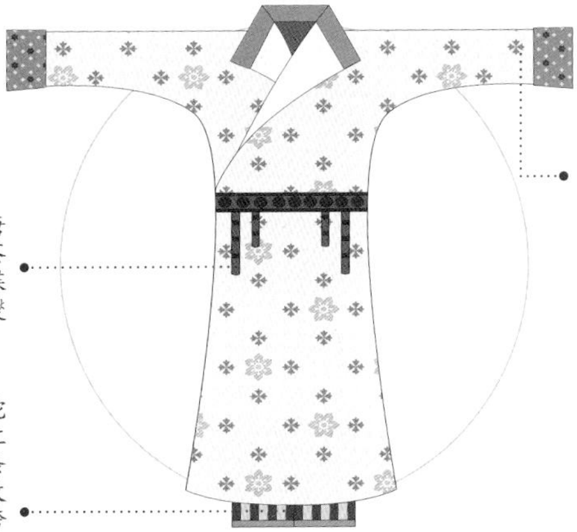

杨桃 奶油杏子 釉红 代赭

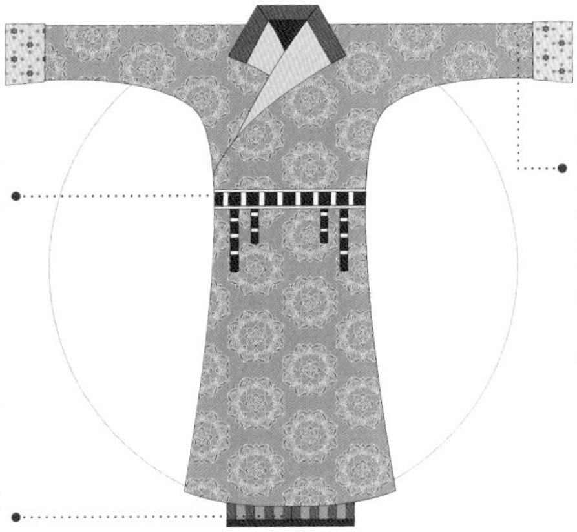

颈饰

金镶珠宝项链

由二十八颗镶宝石的金珠穿成。项链上部有金搭扣，扣上镶有刻鹿纹的蓝宝石；下部为项坠，项坠分为两层，上层由两个镶蓝宝石的四角形饰片紧靠圆形金镶蚌珠环绕红宝石的宝石花作为坠座，下层为坠座下面系挂的滴露形蓝宝石。

帽子

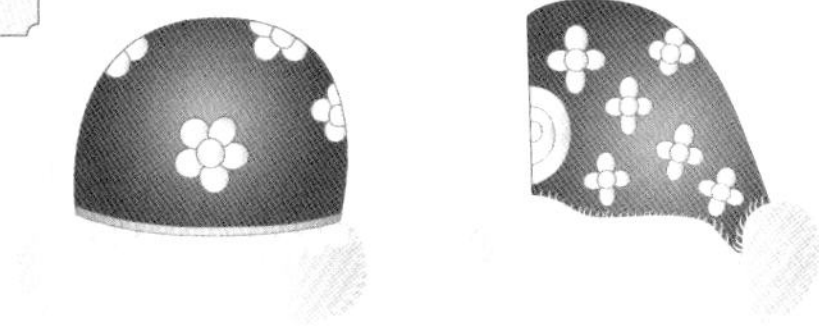

胡帽

唐代妇女骑马外出时所戴不障面之帽，常与翻领窄袖长袍搭配，单独戴胡帽的现象非常少见。

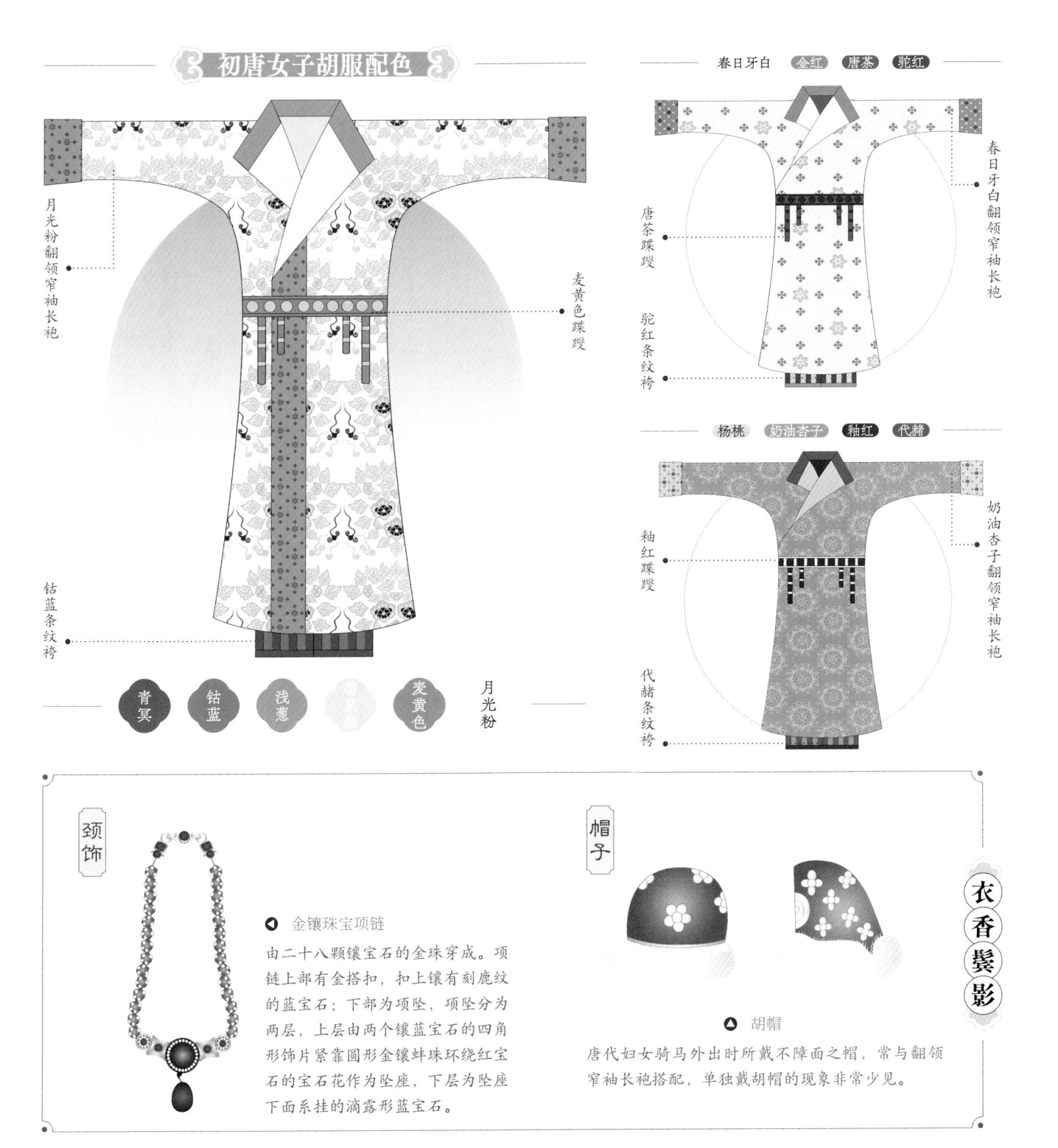

联珠对马纹

介绍

联珠对马纹是唐联珠纹锦中具有代表性的纹样之一。受波斯萨珊王朝纹饰的影响，联珠纹展现形式多样，且极具异域风采。联珠对马纹带有激情、奔放、忠诚、优雅和灵动之意，具有事业有成、财运亨通、学业有成等美好寓意。

结构

该纹样以圆环为主体结构，构成四方连续纹样结构。在圆环上分布着轴对称的十六颗圆珠，圆环轴线上的四个交接区分布了唐花和四方唐草。圆环中有一对马纹，马的肩背长有双翼，意为“天马”。对马一前足腾起，作行走状，双马昂颈相对。马蹄下方是一组花卉图案，由中央一个莲蓬形物、下垂三瓣莲花和两侧蔓生的卷叶组成。

应用

唐锦中，联珠对马纹锦属前期的典型品种，被广泛应用于衣料之中，如锦护臂、锦袍、锦被等都有出土文物的参考，风格华贵。

联珠对马纹锦

0-10-10-0	253-237-228	#fdede4
5-65-90-0	231-119-34	#e77722
0-80-90-0	234-85-32	#ea5520
60-0-50-0	102-191-151	#66bf97
65-20-30-0	90-164-174	#5aa4ae
75-85-0-0	92-58-147	#5c3a93

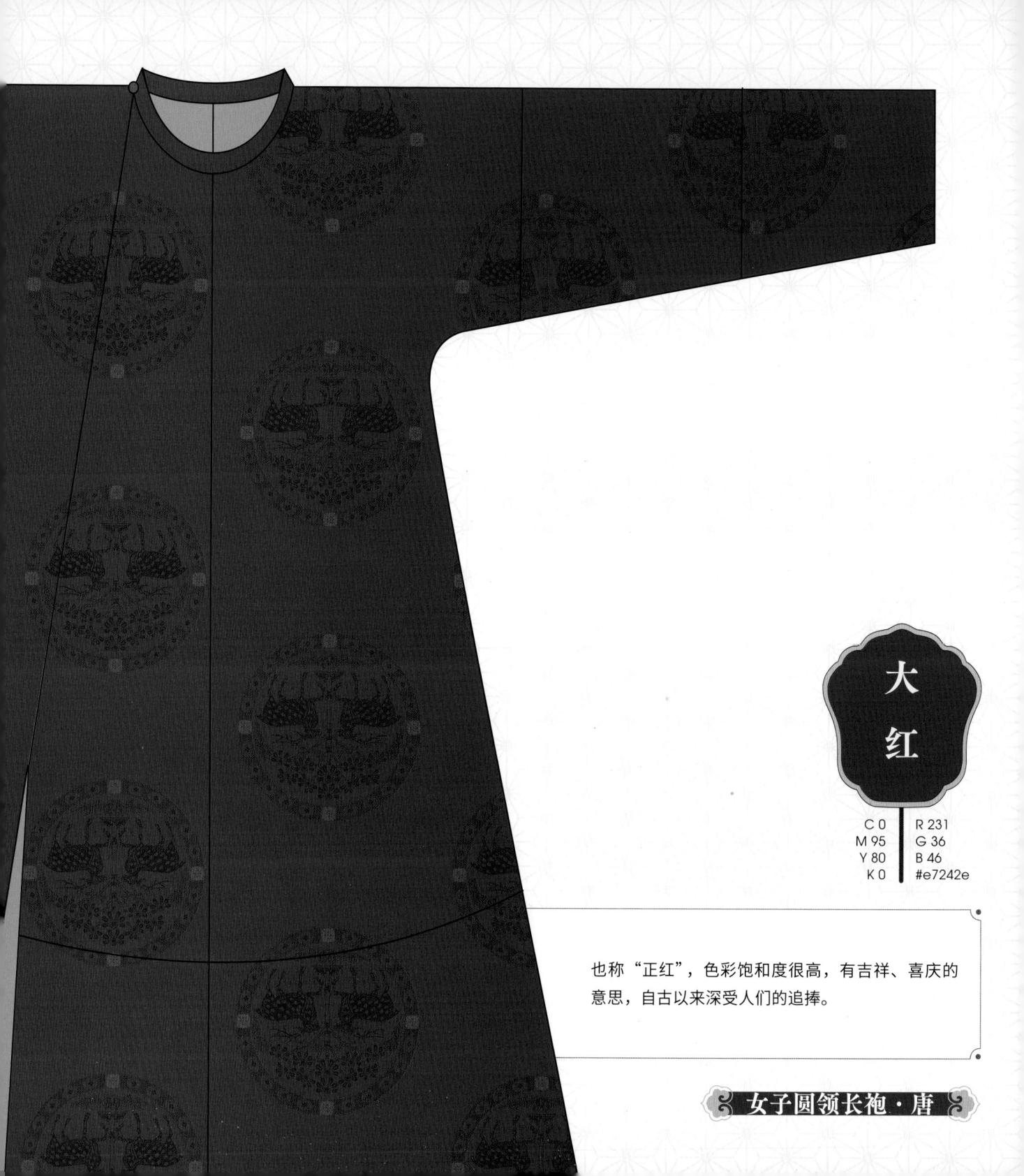

大红

C 0
M 95
Y 80
K 0

R 231
G 36
B 46
#e7242e

也称“正红”，色彩饱和度很高，有吉祥、喜庆的意思，自古以来深受人们的追捧。

女子圆领长袍·唐

相关色

檎丹
0-85-85-0
233-72-41
#e94829

也称擒丹，似红色野苹果的颜色。杨万里《春望》里的『春光放尽百花房，开到林檎与海棠。』描述的就是满地檎丹的景色。

朱草
35-85-80-0
177-70-58
#b1463a

又名朱英、赪茎，是一种天然的植物染料。古人认为朱草为祥瑞之物，常被用于服饰染色当中。

赫赤
15-90-100-0
210-57-24
#d23918

是以红花所制的植物颜料，也称深绛色，类似『火烧的颜色』。古时的账房先生会用赤笔做支出记录，所使用的颜色即此色。

洛神珠
25-95-100-0
193-44-31
#c12c1f

亦称绛珠草。绛珠草果实成熟时玲珑红润、浑圆如珠，故在晋时被长安儿童呼为『洛神珠』。

配色方案

1	2	3	4	5	6	7	8	9
1-95-82-0	10-40-75-0	20-5-35-0	50-5-60-0	50-5-30-0	85-40-60-0	5-20-40-0	80-45-90-5	75-80-65-40
230-36-44	229-168-75	214-225-182	140-194-128	135-197-188	2-123-113	243-212-161	57-115-67	64-48-58
#e6242c	#e5a84b	#d6e1b6	#8cc280	#87c5bc	#027b71	#f3d4a1	#397343	#40303a

纹样配色 · 贰色

1 2 / 6 7

小联珠团花纹

纹样配色 · 叁色

1 2 7 / 3 5 6

联珠对鸟纹

纹样配色 · 肆色

1 2 7 9 / 2 3 4 8

团花对鸟纹

边饰纹样

花卉纹

1 2 6 7 8

四瓣纹

1 3 5 6 7

第二章 唐·雍容华贵

初唐女子圆领长袍装束

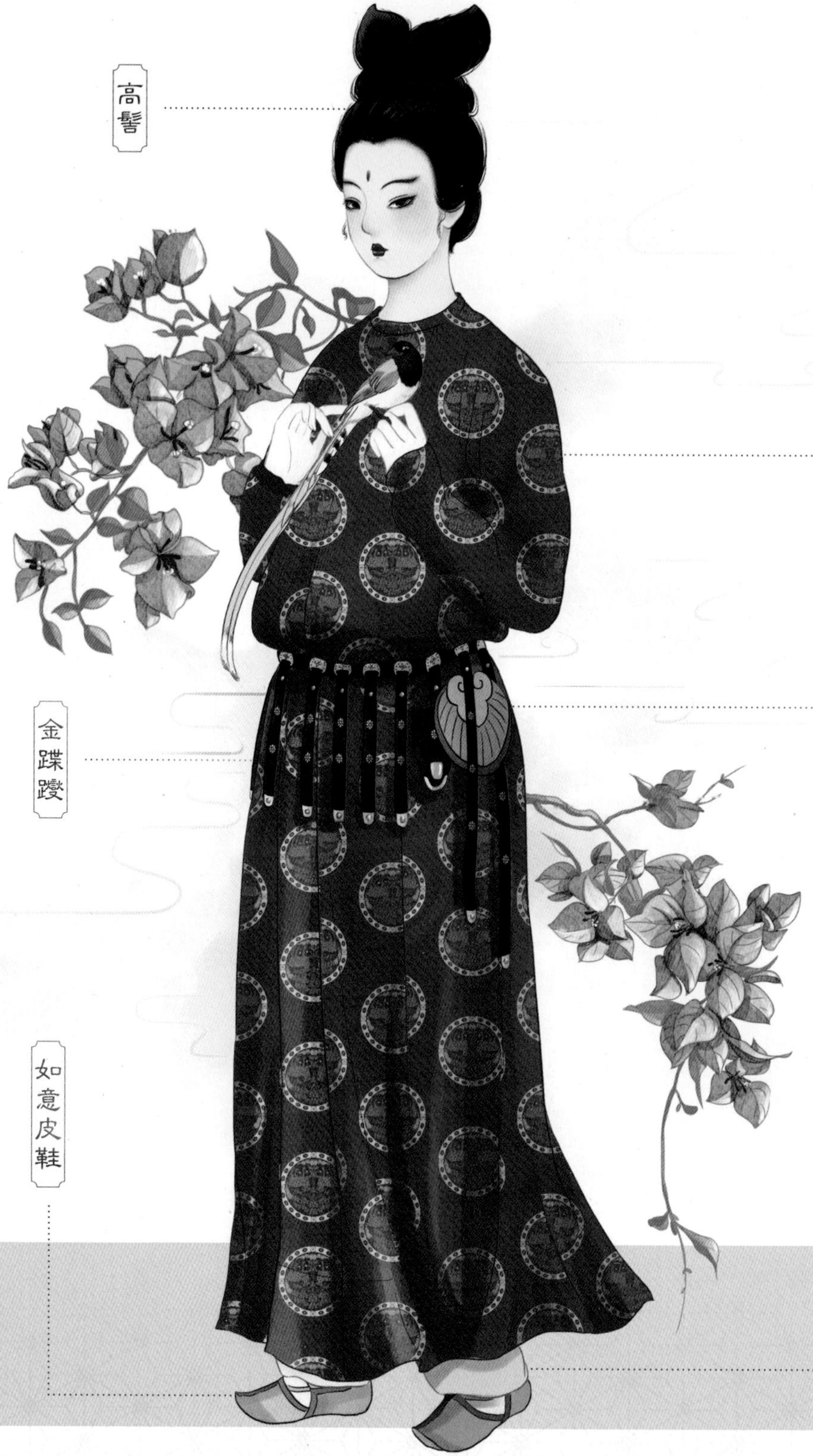

- 上身着 圆领长袍
- 下身着 窄口袴

初唐女子圆领长袍配色

玉米黄　麦芽黄　大红　仪征红

月光白　松粉色　栀子　缃色

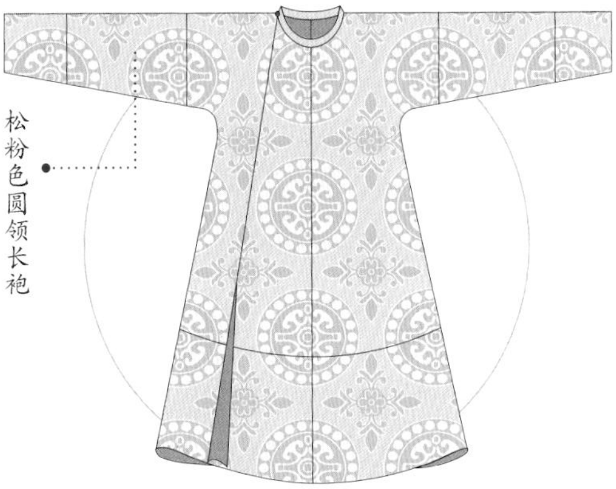

浩月　胡姬彩　竹月　蓝墨茶

衣香鬓影

发髻

单髻

双髻

唐代女子日常发式为将头发束好挽于头顶，可以梳单髻或双髻。整体样式小巧简洁，以便添加其他首饰与假发进行装饰。

鞋履

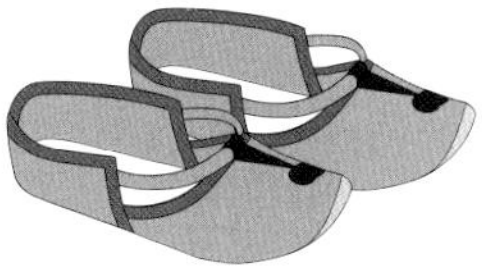

如意皮鞋

出土于吐鲁番古墓，浅口平底，鞋头微翘，鞋面以皮革制作，上面有如意形装饰，鞋底为棉布，两侧有近似三角形镂空，方便透气，适合夏季穿着。

配饰

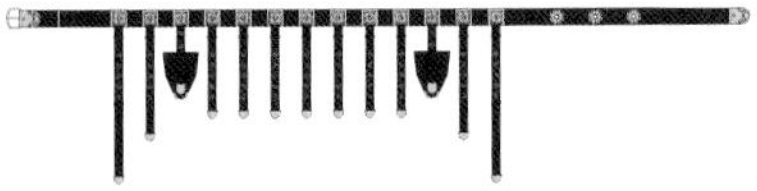

蹀躞

隋唐时期出现的一种功能型腰带，古代革带的一大分类。皮革制成，起束腰作用，是装有挂带或具有明显的悬挂物品功能的腰带。

联珠团窠花树对鹿纹

介绍

出自“朵花团窠对鹿纹夹缬绢幡头”上的纹样，是联珠团窠纹的一种。唐代文化大融合，开始出现具有西亚特征的鹿纹，通常与联珠团窠纹一起运用，有单鹿和对鹿两种，其中对鹿更为常见 ，且有健康长寿、俸禄不断、财运滚滚等吉祥美好的寓意。

结构

联珠团窠纹，窠内填以动物、花卉等图案。以大小基本相同的圆圈或圆珠连接排列，形成圆形骨架，有单圈联珠和双圈联珠等，窠内再填以各种植物或动物等纹样。在联珠团窠花树对鹿纹中，位于正中的“花树”，又称生命树，被看作生命的象征。团窠外为十样花，具有吉祥、美好的寓意。窠内饰有大鹿，身强体壮，是一种马鹿。对鹿纹即两只等量且等形的鹿做镜像对称，左右两边完全相同，给观者视觉感受上以平衡和谐之美。鹿纹不仅仅是一个动物装饰纹样，它所体现的是古人对美好生活的追求和向往。

应用

汉朝开始出现织有鹿纹的丝织品，南北朝时期偶有出现，隋唐时期最为盛行。联珠团窠纹在魏晋时期，整体尺寸稍小，纹样形式简单，到了唐代，尺寸逐渐变大，纹样亦逐渐繁复多样。这种具有异域风情的组合纹样在唐朝十分盛行，被广泛应用于织锦等物品之上。

朵花团窠对鹿纹夹缬绢幡头

	0-10-10-0	253-237-228	#fdede4
	0-40-75-0	246-173-72	#f6ad48
	40-0-40-0	165-212-173	#a5d4ad
	50-0-30-0	133-203-191	#85cbbf
	10-95-85-0	217-39-43	#d9272b

石榴红

C 16 M 96 Y 99 K 0

R 207 G 37 B 28 #cf251c

石榴红属于天然的植物染料，是石榴皮、石榴花的红色。古代妇女所着红裙染色的颜料主要从石榴花中提取，因此也将红裙称为“石榴裙”。

女子襦裙·唐

相关色

朱酡颜
10-40-35-0
228-171-153
#e4ab99

古代诗人常用于形容女子酒后脸红、娇弱无力的样子，如唐朝元稹的《红芍药》中写道：『酡颜醉后泣，小女妆成坐。』

豇豆红
10-80-60-0
219-83-81
#db5351

是高温釉中的一种，为清代康熙晚期出现的铜红釉品种。因其色调为浓淡相同的浅红色，素雅清淡，犹如红豇豆一般而得名。

唇脂
15-85-80-0
211-71-53
#d34735

即口脂，刘熙《释名·释首饰》曰：『唇脂，以丹作之，象唇赤也。』在古时，以红唇为美，以朱砂为原料，加入动物油脂，制成唇脂。

轻红
0-49-26-5
235-154-154
#eb9a9a

像荔枝淡红的颜色，故用以借指荔枝。古时也常用轻红来形容女子脸颊微微泛红的样子。

配色方案

1	2	3	4	5	6	7	8	9
16-96-99-0	7-70-92-0	0-42-28-0	0-35-55-0	5-65-0-20	0-33-55-30	0-10-13-0	40-0-15-0	77-56-80-19
207-37-28	226-107-30	244-173-163	247-185-119	198-104-150	195-149-95	253-237-223	162-215-221	68-92-67
#cf251c	#e26b1e	#f4ada3	#f7b977	#c66896	#c3955f	#fdeddf	#a2d7dd	#445c43

纹样配色·贰色

1 3

7 8

朵花龟背纹

纹样配色·叁色

1 6 7

2 7 8

花卉纹

纹样配色·肆色

1 3 4 6

5 6 7 8

宝相花纹

边饰纹样

串枝花卉纹

1 4 6 9

菱格纹

1 4 5 8 9

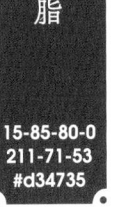

初唐女子襦裙装束

- 上身着 襦—衫—帔帛
- 下身着 裈—袴—裙

初唐女子襦裙配色

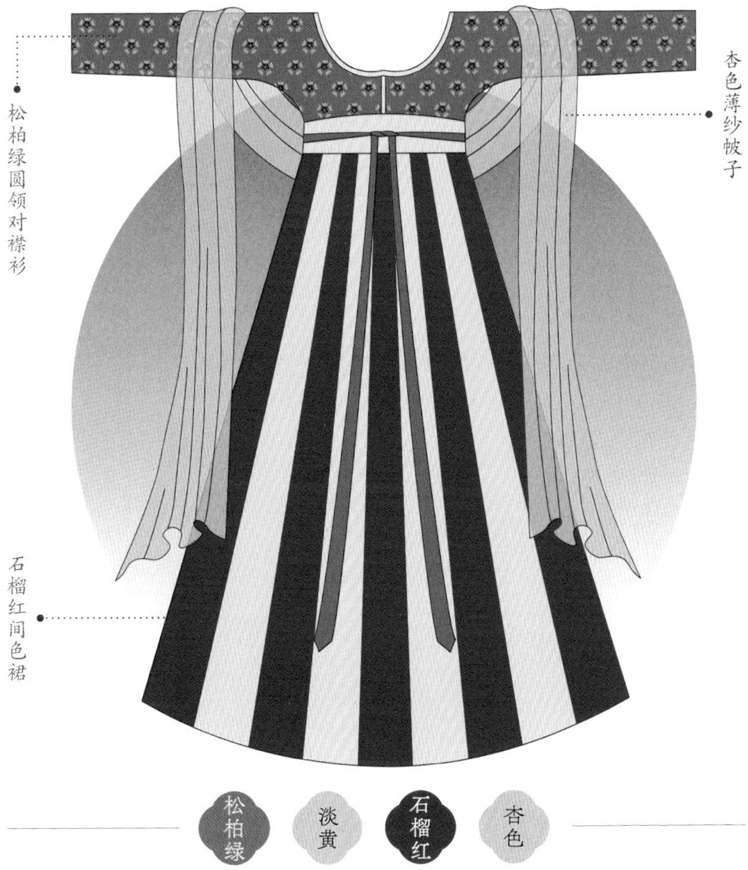

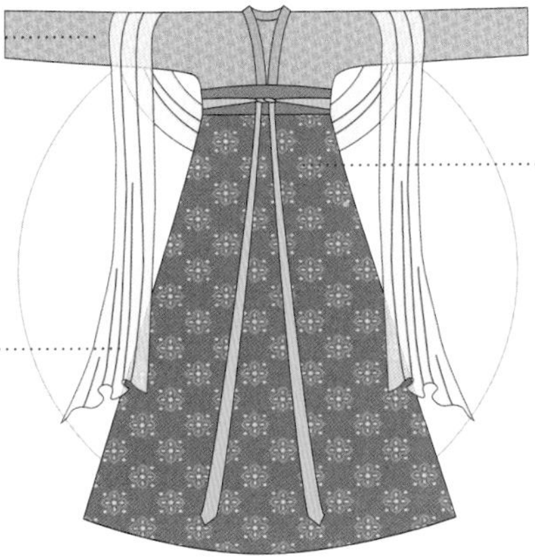

衣香鬓影

发髻

△ 螺髻

头发反复盘叠置于头顶，因形状如螺而得名。

△ 半翻髻

将头发向上梳于头顶再向前或向后翻绾形成的一种高髻，还可细分为单刀半翻髻、双刀半翻髻。

鞋履

△ 笏头履

一种造型为高头的鞋履。履头高翘呈笏板状，顶部为圆弧形，故称笏头履。始于南朝，隋唐时期是妇女常用鞋履。

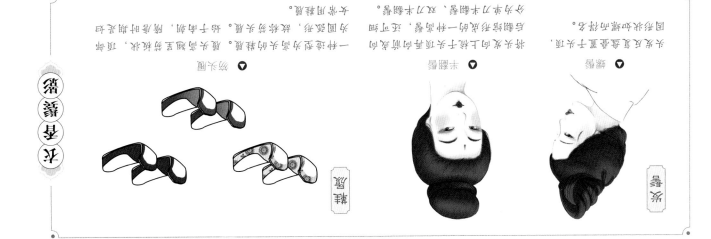

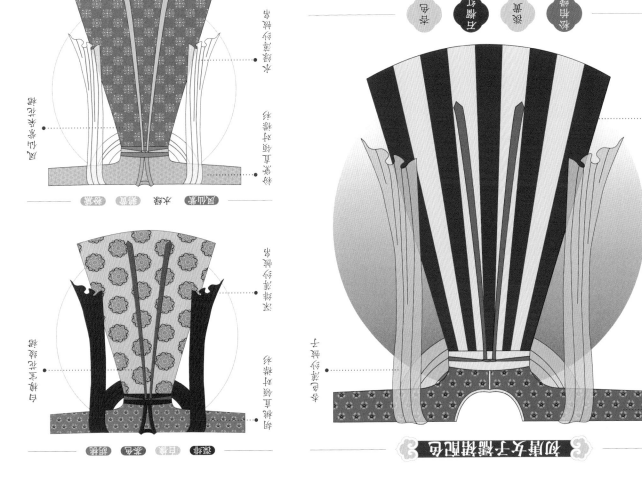

联珠纹

介绍

联珠纹，由一颗颗小圆珠围成圆形、方形或其他多边形的圈带，用以包围主题纹样，成为联珠圈，常作为边饰，是唐朝时期最重要的装饰题材之一。

结构

联珠纹中的珠可以是空心圆、同心圆、实心圆，也可以是类似圆形的多边形。圈带可为圆形、方形或其他多边形，且图案通常以对称的方式呈现。圈带内常填入人物、动物、花卉等主题纹样。联珠团花纹外圈由二十四个空心圆组成，圈带内为一朵花，花瓣两层，内层十六瓣，外层十八瓣。另外在直径较大的联珠圈里，内置的纹样主要是禽、兽等，其构图方式有单独和对称两种。联珠纹常见的构成样式有单独纹样、连续纹样、适合纹样三种。

应用

魏晋南北朝时期，联珠纹已开始出现在丝绸及各类工艺品装饰上。隋唐时期，联珠纹开始广泛盛行，联珠纹成为主要的丝织纹样，且被广泛应用于陶瓷、金银器、壁画等领域。

联珠纹锦

	0-20-50-0	252-214-140	#fcd68c
	10-90-60-0	217-55-75	#d9374b
	30-80-60-0	186-80-84	#ba5054
	75-55-75-15	75-97-75	#4b614b
	85-75-50-15	55-69-95	#37455f

挼蓝

C 50 M 20 Y 0 K 0
R 134 G 179 B 224
#86b3e0

是揉蓝草浸泡以后得到的染料，在唐代是深受女子喜爱的服饰色。周邦彦在《蝶恋花·商调柳》中以“浅浅挼蓝轻蜡透，过尽冰霜，便与春争秀。”来描述挼蓝的轻透。

女子半臂齐胸襦裙·唐

相关色

孔雀蓝

70-30-10-0
73-148-196
#4994c4

是蓝色中最神秘的一种，类似孔雀翎毛的颜色，因此而得名孔雀蓝；也指瓷器的颜色，孔雀蓝釉又称珐琅，是以铜元素为着色剂烧制，呈亮蓝色调的低温彩釉。

霁色

75-0-25-0
0-179-196
#00b3c4

常见于古诗文、绘画中，形容风雪过后晴蓝的天色；也指风清月朗的夜色。《说文解字》中有『霁，雨止也』的说法。

湛蓝

75-30-0-0
41-144-208
#2990d0

是大自然的色彩，形容明亮剔透的阳光下平静深邃的水色。

碧落

35-10-0-0
174-208-238
#aed0ee

道家称东方第一层天『碧霞满空』为『碧落』，后常用于形容颜色青碧高深、清透空灵的天空。

配色方案

1	2	3	4	5	6	7	8	9
50-20-0-0	0-30-5-0	20-30-0-0	65-15-45-0	20-0-50-0	65-70-0-0	10-80-10-0	75-25-10-0	0-35-75-0
134-179-224	247-200-214	209-186-218	91-169-152	216-230-152	112-87-163	218-81-142	35-150-200	248-183-74
#86b3e0	#f7c8d6	#d1bada	#5ba998	#d8e698	#7057a3	#da518e	#2396c8	#f8b74a

纹样配色 · 贰色

1 2

1 6

蝶恋花纹

纹样配色 · 叁色

1 2 5

1 6 9

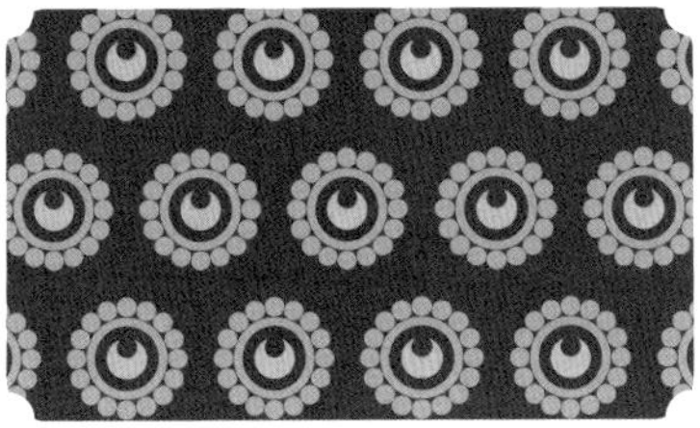

联珠新月纹

纹样配色 · 肆色

1 3 6 9

2 4 5 7

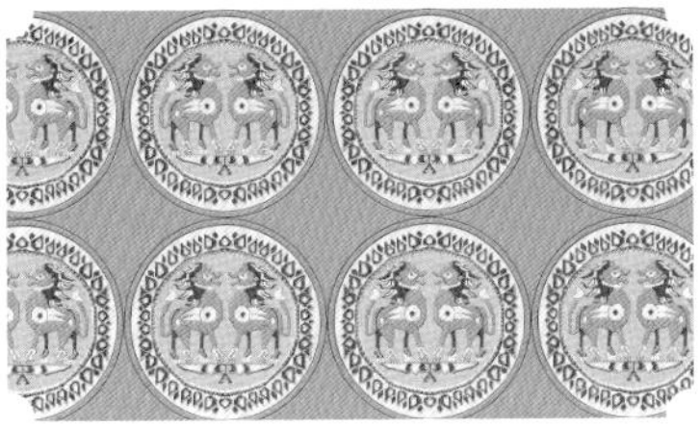

联珠翼马纹

边饰纹样

宝相花边纹

1 2 4 5 7 9

团花纹

1 2 3 4 5 6 7 8 9

盛唐女子半臂齐胸襦裙

- 上身着　衫—背子—帔帛
- 下身着　袴—齐胸裙

盛唐女子半臂齐胸襦裙配色

紫藤粉对襟背子
青空蓝薄纱帔帛
冰露蓝交窬裙
冰露蓝
青空蓝
紫藤粉
海棠灯笼

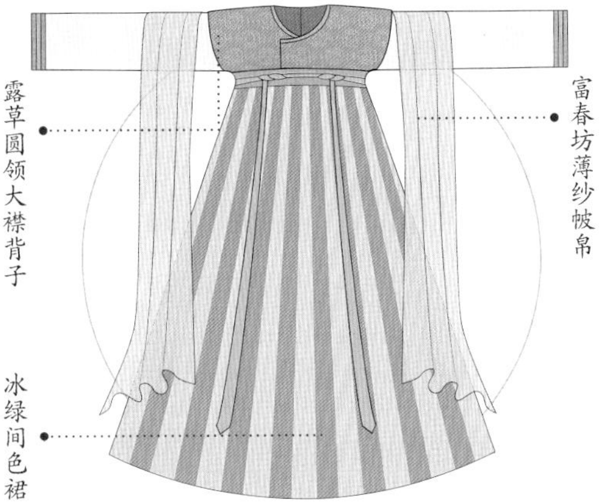
粉茶花
富春坊
冰绿
露草
露草圆领大襟背子
富春坊薄纱帔帛
冰绿间色裙

妃色
琵琶黄
荷茎绿
稻花色
稻花色圆领大襟背子
荷茎绿薄纱帔帛
妃色间色裙

衣香鬓影

配饰

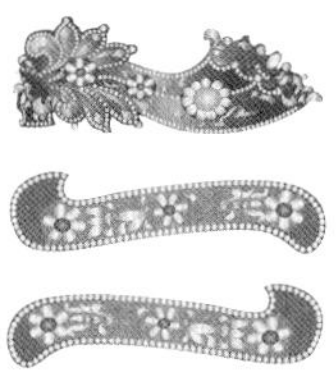

△ 博鬓

古代妇女的一种发饰，在佩戴花冠时，为了将其戴稳，可将两枚有华丽装饰的长簪或长钗分别插在花冠两侧，这类饰物名为“博鬓”。

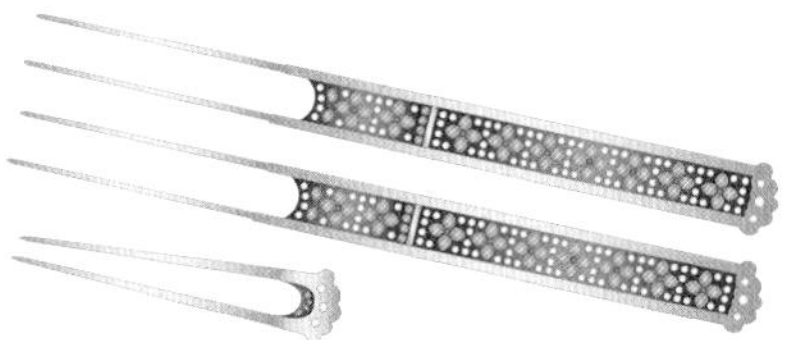

△ 钿头钗

盛唐时期，宫廷女性中流行的头饰样式。金钗的钗梁间以金丝勾勒出繁复的花纹。

面妆

△ 斜红

古代一种特殊的面饰，女子梳妆时，在眼角两旁各画一条竖起的红色花纹。唐代的斜红经历了由初时垂直伤痕状，到盛唐云形、花形等繁复样式，再到开元年间再度简化的演变过程。

朵花团窠对雁纹

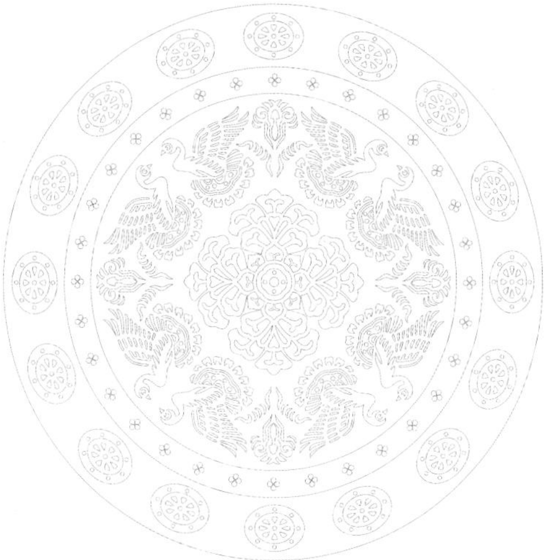

介绍

朵花团窠对雁纹盛行于唐代中期，是唐代团窠纹中典型的纹样之一。其结构形式受波斯萨珊王朝及当时出口贸易的影响，由联珠纹演变而来，是祥瑞富贵的象征。其不仅是在丝绸之路文化大融合背景下形成的极具包容性、时代性的纹样代表，也是唐代政治、经济、文化发展的重要映射。

结构

此纹样分团窠和十字形花两个主体，将纹样联结成圆形，由联珠小团花纹排列组合，内方外圆、主次分明、章彩奇丽，体现了古代“天圆地方”的哲学思想。团窠中间由四瓣花构成，之外围绕着四对大雁，大雁两两相对，形象饱满、雍容华贵。

应用

受丝绸之路的影响，唐代团窠纹形态多变，在丝绸、织锦、刺绣等织物上较为常见。

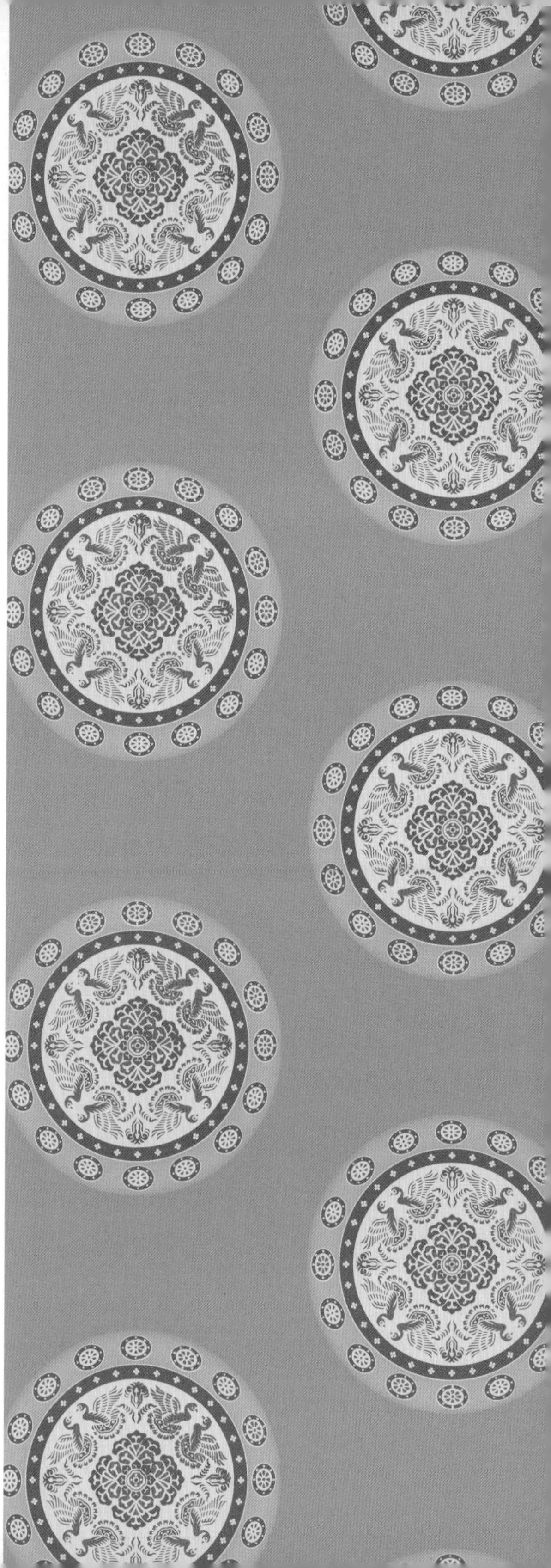

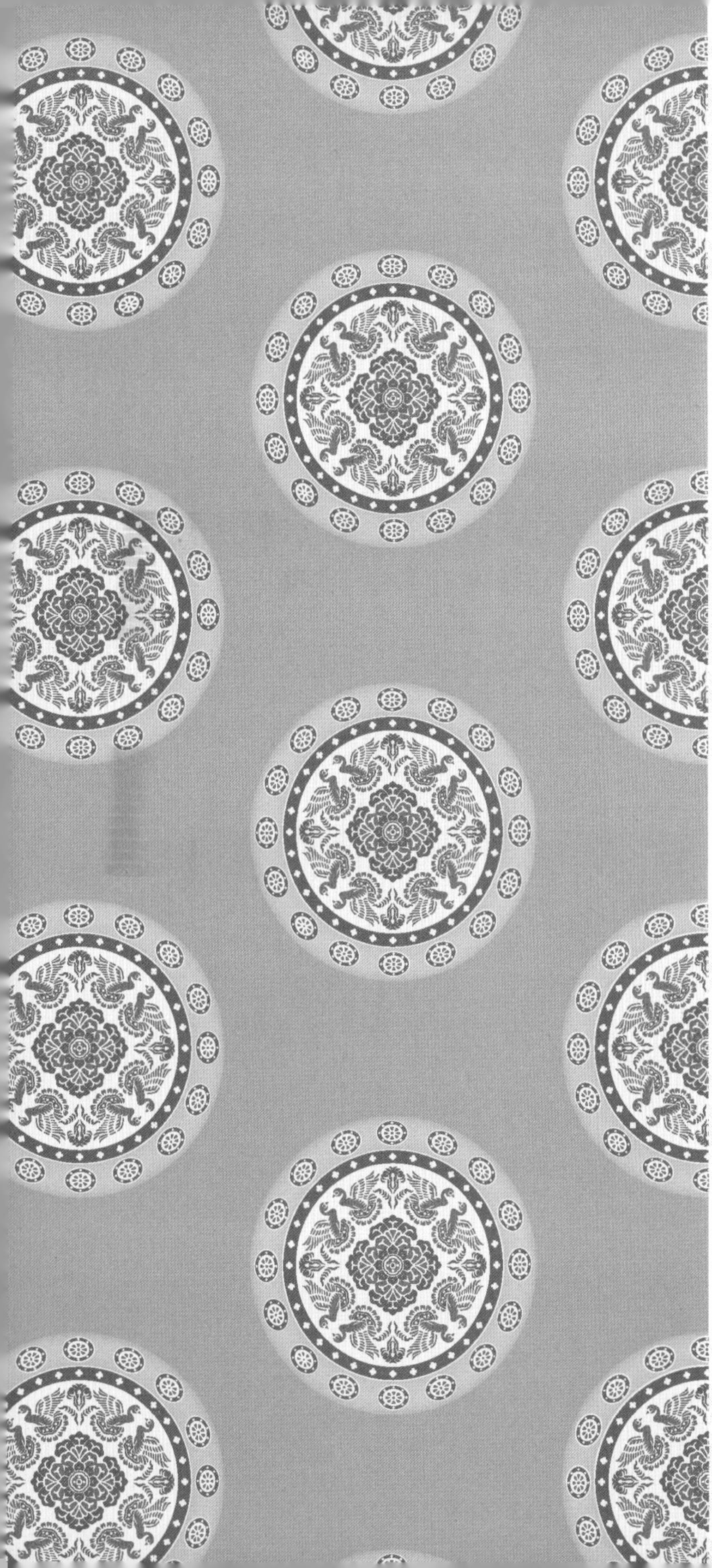

朵花团窠对雁纹夹缬绢幡头

	5-10-25-0	245-232-200	#f5e8c8
	10-60-5-0	222-130-173	#de82ad
	50-20-0-0	134-179-224	#86b3e0
	70-40-0-0	81-133-197	#5185c5

缣缃

C 20　R 213
M 20　G 201
Y 40　B 160
K 0　#d5c9a0

书写用的细绢的颜色，为浅黄色，色调柔和、素雅；也是唐代女子裙子的常用色，并且称缣缃色的裙子为缃裙。

女子陌腹襦裙·唐

相关色

云母

20-20-25-0
212-202-189
#d4cabd

中国画传统颜料色，呈半透明状，在敦煌壁画、法海寺壁画中都有使用。李商隐所说的『云母屏风烛影深，长河渐落晓星沉。』中就有云母的身影。

韶粉

15-10-20-0
224-224-208
#e0e0d0

是古代妇女常用妆色，也是中国画传统颜料色。宋应星《天工开物》载：『此物古因辰、韶诸郡专造，故曰韶粉。』

梅子青

30-20-35-0
191-193-169
#bfc1a9

青中泛白，颜色浅嫩，犹如梅子未熟时表面覆盖的一层泛白绒毛的颜色，因而得名；是带有一种朴素的美学底蕴与空灵静雅的文人气质的颜色。

茶白

10-0-10-0
235-245-236
#ebf5ec

是带绿色调的白色，给人宁静、透亮的感觉。茶是一种野菜和茅草的白花。

配色方案

1	2	3	4	5	6	7	8	9
20-20-40-0	0-10-40-0	50-25-0-20	65-15-65-0	80-80-35-0	50-90-85-20	55-0-20-0	10-45-70-0	30-15-40-0
213-201-160	255-233-169	118-148-189	95-167-115	78-70-118	129-49-46	113-199-209	228-159-84	191-201-164
#d5c9a0	#ffe9a9	#7694bd	#5fa773	#4e4676	#81312e	#71c7d1	#e49f54	#bfc9a4

纹样配色·贰色

1 2

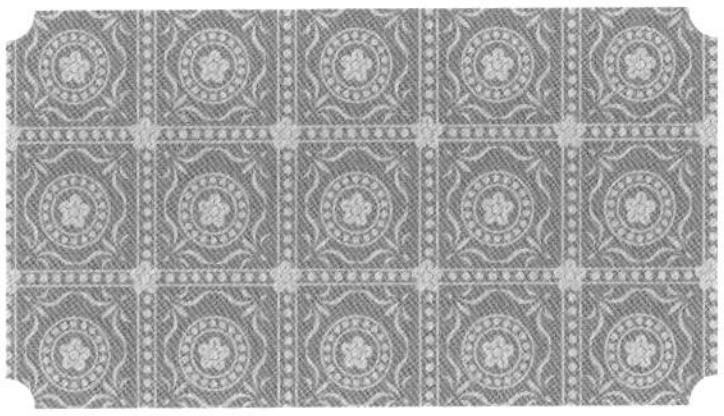

3 9

联珠团花纹

纹样配色·叁色

1 2 7

2 3 8

朵花纹

纹样配色·肆色

1 4 6 8

1 2 5 7

四瓣花纹

团花配色

1 2 3 4 5 6 7 8 9

莲花缠枝花纹

1 2 3 5 6 7 8 9

缠枝花纹

盛唐女子陌腹襦裙装束

- 上身着 襦—帔帛
- 下身着 袴—交窬裙—陌腹

盛唐女子陌腹襦裙配色

梨花香 天云灰 薄荷绿

山樱花 樱织粉 浅觅蓝 竹月

草木芳华 明珠 窃蓝 菘蓝

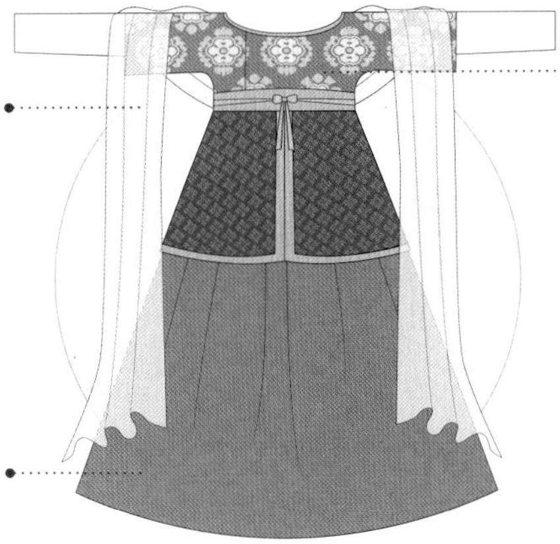

配饰

▲ 金珠水晶项链

唐人常称项链为“项璎”或“珠璎”，即以丝线将各式珠子穿起的珠链。珍珠与水晶在当时常被用作串珠，加以金饰串成珠璎。

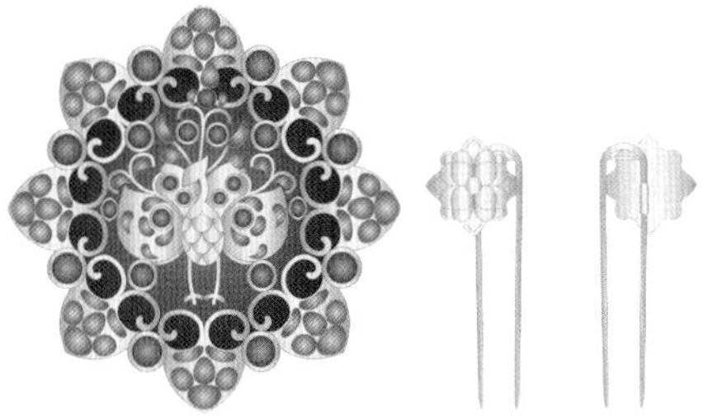

▲ 镶宝金雀钿　▲ 金花钿

宫廷女性中流行的头饰样式。女性在发髻上插小金花钿作为装饰。花钿与钗结合是盛唐时期最具特色的首饰之一。

花钿

花钿是眉额中间的一种装饰，分为直接用颜料绘图形于额上，和用胶水将预先制好的花钿贴于额上两种。不同时期流行不同的花钿形状，盛唐时期花钿的形状逐渐变得夸张繁复。

衣香鬟影

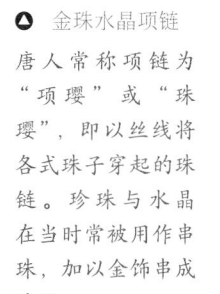

卷草纹

介绍

卷草纹是唐朝时期具有时代特征的标志性纹样。这种纹样又称为“唐草纹”，象征着绵延不断、步步高升，在唐代备受喜爱。卷草纹多以牡丹、石榴、荷花、菊花、兰花等的枝叶作为纹样主体。直至明清时期，卷草纹风格趋向繁复、纤弱，失去了唐代的生气。

结构

该纹样风格简练朴实，节奏感强，形似波浪，弯曲成“S”形。在构图上，分布均匀且绵延起伏，构成了带有节奏韵律的纹样的花面。采用曲卷多变的线条来展现花朵的繁复、华丽。叶片旋转翻卷，富有动感。整体给人舒展而流畅、生机勃勃之感。

应用

这种纹样在隋唐时期特别流行，成为这一时期富有时代特色的装饰性纹样，应用广泛。从唐代的铜器、织物等，再到明清的织锦和镂空门窗等均可见到卷草纹。其也常作为边饰纹和地纹使用，并演化出各式的图案纹样。

0-5-30-0 255-243-195 #fff3c3

26-4-0-34 149-172-187 #95acbb

卷草纹绫枕

郁金

C 20　R 208
M 55　G 134
Y 85　B 53
K 0　#d08635

是从姜科植物的块根中提取的染料。自汉代起，郁金作为黄色染料已经被广泛应用。在唐代，郁金似乎成了年轻女性的专属颜色，诗人笔下的“碧罗衫子郁金裙”更是给这种明丽的黄色染上了几分旖旎的气息。

女子半臂襦裙·唐

相关色

茧色

35-40-65-0
180-154-100
#b49a64

即蚕茧的黄色，为古代常用服饰色。清代《苏州织造局志》中记录有茧色。颜色深浅跟染料、工艺有关系，颜色越深，染色用料和工艺越复杂。

乌金

40-40-80-0
170-150-73
#aa9649

源自乌金木的颜色，呈暗淡的黄褐色；也指金属氧化后的颜色。

姜黄

2-30-59-0
246-193-114
#f6c172

是取自姜科植物姜黄根茎的天然植物色素，也是我国古代黄色染料来源之一。用姜黄染色的服饰和织物通常色泽自然、优雅，色调别致。

芸黄

20-30-60-0
212-181-114
#d4b572

古时芸黄常被用于形容衰黄枯草的颜色，诗句中可找到很多印证：『朱华先零落，绿草就芸黄。』

配色方案

1	2	3	4	5	6	7	8	9
20-55-85-0	0-90-85-0	60-0-55-0	75-25-40-0	5-40-90-0	0-15-25-0	0-60-50-0	0-25-50-60	40-100-100-5
208-134-53	232-56-40	103-190-141	51-149-153	238-170-30	252-226-196	239-133-109	134-108-70	163-31-36
#d08635	#e83828	#67be8d	#339599	#eeaa1e	#fce2c4	#ef856d	#866c46	#a31f24

纹样配色·贰色

1 8

7 9

宝相花纹

纹样配色·叁色

1 6 8

4 5 6

花卉纹

纹样配色·肆色

1 4 6 9

3 4 5 8

菊花纹

边饰纹样

联珠花边纹

1 4 5 6 7 8 9

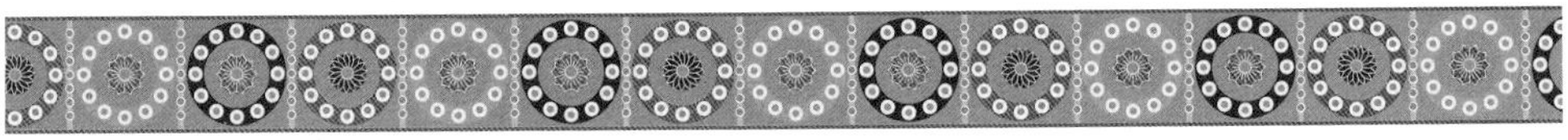

几何忍冬纹

1 2 3 4 5 6 8 9

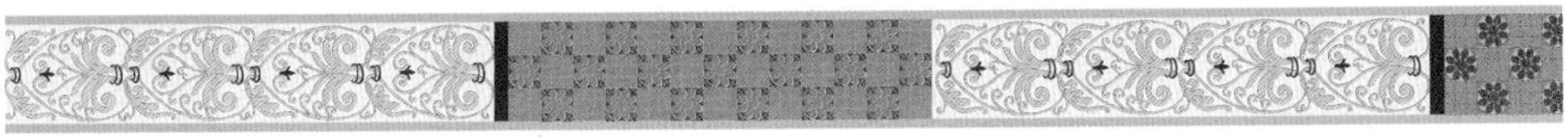

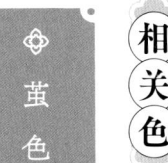

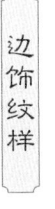

第二章 唐·雍容华贵

盛唐女子半臂襦裙装束

- 上身着　衫—半臂—帔帛
- 下身着　袴—裙

盛唐女子半臂襦裙配色

女郎花直领对襟半臂
蛋壳色薄纱帔帛
沙漠绿交窬裙
蛋壳色
女郎花
桑茶
沙漠绿

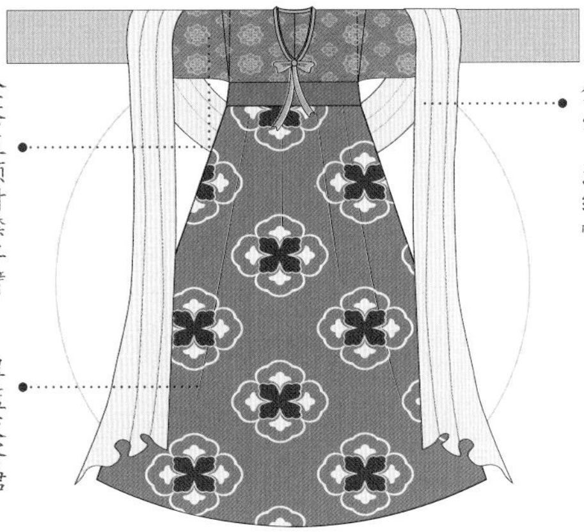
蛋壳色
金茶
罗汉果
翠蓝
金茶直领对襟半臂
翠蓝交窬裙
蛋壳色薄纱帔帛

蛋壳色
茉莉红
殷红
翠蓝
殷红直领对襟半臂
茉莉红交窬裙
蛋壳色薄纱帔帛

衣香鬓影

配饰

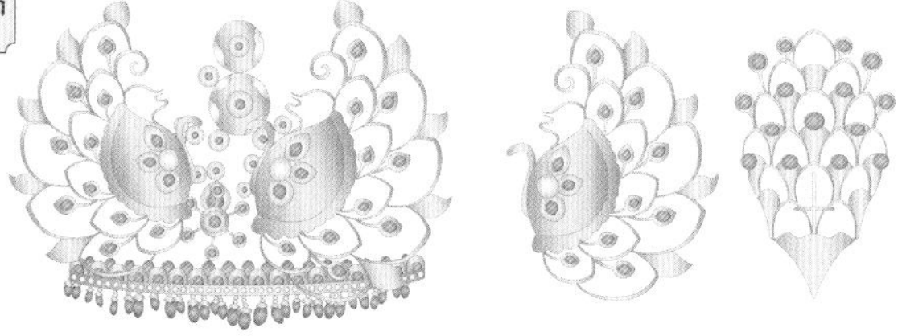

对孔雀衔花冠子

主体是一双以金丝编结的、相对而立的孔雀翅羽与尾羽，中央为一金丝缠绕的宝石花环，最下方的长条基座为莲台形，用垂坠的宝石珠装饰而成。

面妆

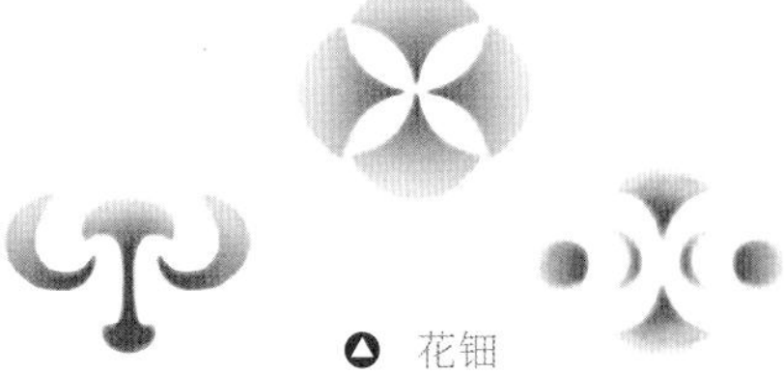

花钿

唐代是花钿使用的鼎盛时期，在这一时期，女子面部的妆饰也增加了多种颜色和形状。初唐时，唇形以纤小、秀美为风尚。画唇妆时以指尖挑起一点唇脂，点于唇上匀出唇形。

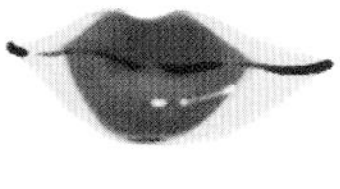

唇妆

联珠鸾凤纹

介绍

唐代的凤鸟纹常以成对的方式出现，被称为“鸾凤”，盛行于中唐时期。自古以来，凤凰在人们心中的地位逐渐从远古时期的神鸟、仙鸟转变为瑞鸟、祥鸟，是华贵、进取、太平的象征。

结构

该纹样以花树作为中轴线，左右对称分布凤纹，具有很强的装饰效果。纹样中央饰有两只相对的立凤，凤双足踏地，展翅姿态呈现强烈的运动感，身形矫健，“S”形曲线明显。凤的身子用线条来装饰，与联珠形成点线面的对比，具有强烈的形式美感。凤的上方和下方均有一植物纹。联珠环上排列四串联珠，五个一串，由四个回字纹隔开。联珠环之间的辅花为十字形花叶纹。整个纹样可二方连续或四方连续用于装饰。

应用

唐代的凤鸟纹，常应用于丝绸、织锦等织物之上，除此之外在日常器物之上也常有出现，如铜镜、金钗、花冠等。

联珠鸾凤纹锦

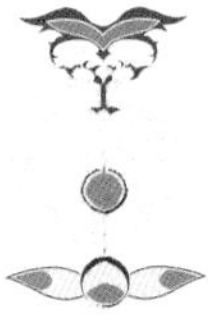

	0-15-25-0	252-226-196	#fce2c4
	20-30-60-0	212-181-114	#d4b572
	25-55-85-0	199-131-55	#c78337
	50-70-100-20	130-81-33	#825121
	65-75-95-45	77-52-28	#4d341c
	65-85-85-50	72-36-31	#48241f

苏枋色

CMYK	RGB
C 0	R 170
M 60	G 92
Y 60	B 63
K 40	#aa5c3f

是由苏枋木染出的红色。苏枋木，也称苏木，是古代中国主要的红色植物染料来源。早在魏晋时期，妇女就常把苏枋木作为制作胭脂的原料，唐代又常用于服饰染色中。

女子半臂襦裙·唐

相关色

棕红

45-70-75-10
149-90-66
#955a42

指棕榈叶枯萎后的颜色，常用于中国明代家具当中，给人古朴、端庄的印象。

霁红

50-85-85-20
129-58-47
#813a2f

又名祭红、积红，绝品之釉色。色如大红宝石，浑厚而浓郁。《南窑笔记》中记载，霁红属于三种上品釉色之一。

沉香

45-50-55-5
153-128-108
#99806c

因颜色近似沉香木的颜色而得名，呈浅褐色，是用栗壳煎煮再经加工后得到的颜色。

暮色

0-65-70-20
206-104-61
#ce683d

即落日时的天色，微带橘红。暮色晚景在古代文人笔下，总带有惋惜、无奈的情感色彩。唐人李嘉祐有『暮色催人别，秋风待雨寒』之句。

配色方案

1	2	3	4	5	6	7	8	9
0-60-60-37	18-30-70-0	0-15-40-20	50-100-100-25	0-10-25-5	40-85-85-10	57-46-77-1	45-10-35-0	5-60-80-0
176-95-66	217-182-92	218-194-144	124-25-30	246-228-195	158-64-50	130-130-80	152-195-176	232-130-56
#b05f42	#d9b65c	#dac290	#7c191e	#f6e4c3	#9e4032	#828250	#98c3b0	#e88238

纹样配色 · 贰色

1 3

7 8

几何朵花纹

纹样配色 · 叁色

1 2 4

3 7 9

菱格花卉纹

纹样配色 · 肆色

1 2 4 7

5 6 8 9

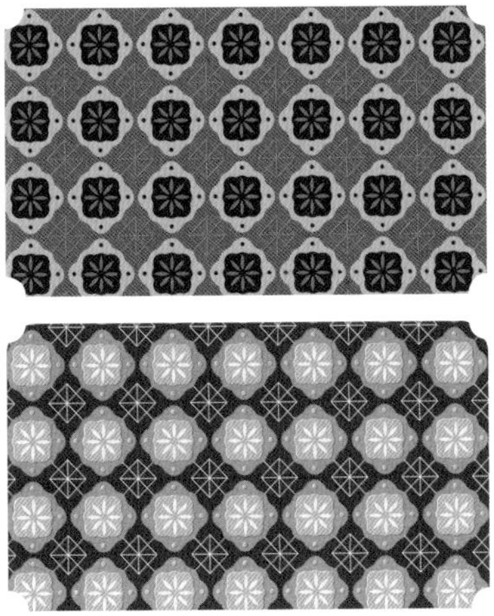

菱格菊花纹

边饰纹样

半团花边纹

2 3 4 5 7 8 9

菱格朵花边纹

1 4 5 6 7 8 9

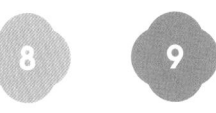

中唐女子帷帽装束

- 上身着 襦—帔帛
- 下身着 袴—裙

中唐女子半臂襦裙配色

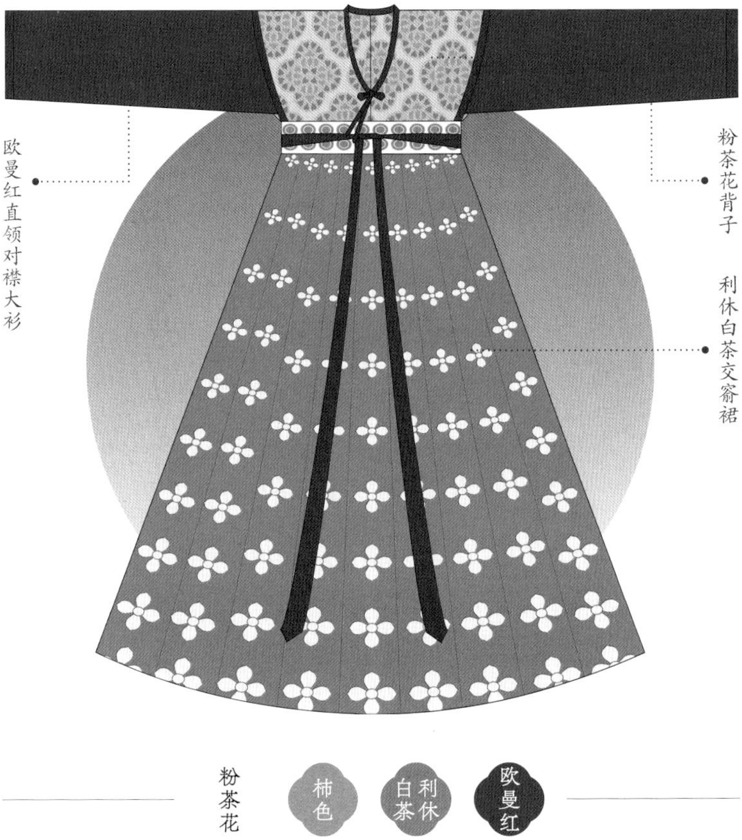

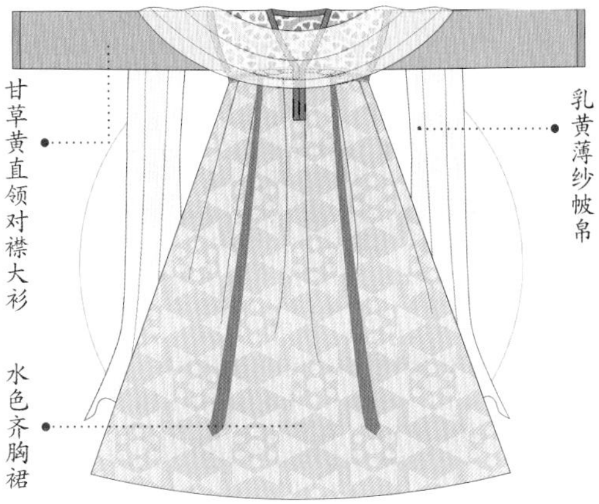

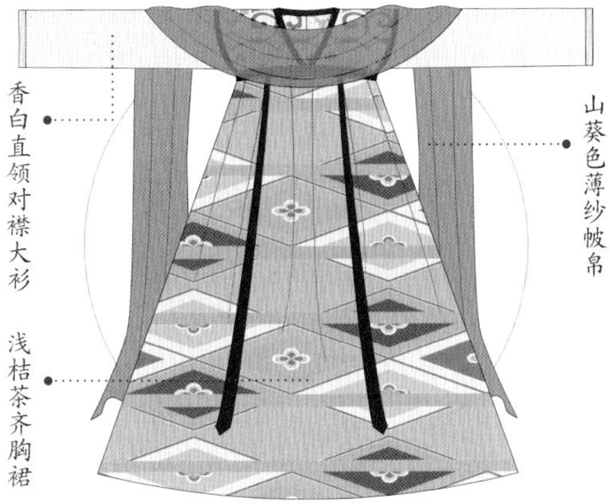

配饰

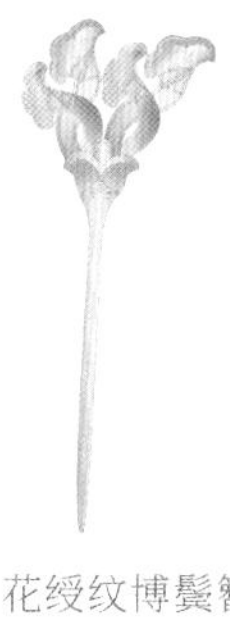

花绶纹博鬓簪

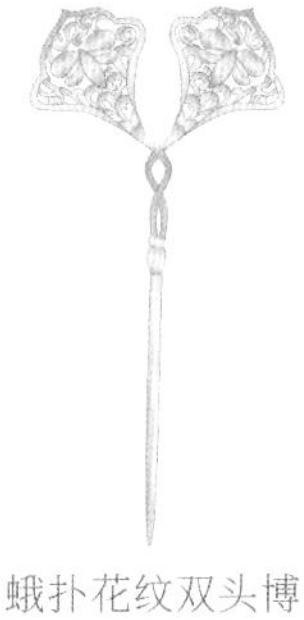

蛾扑花纹双头博鬓簪

中唐时期，贵妇间流行的一种扇头型簪钗。常用金丝缠绕而成，附有飞蛾等动物形态或镶嵌宝石，佩戴时，将其插于发髻之间，左右对称，极为精美，彰显华丽。

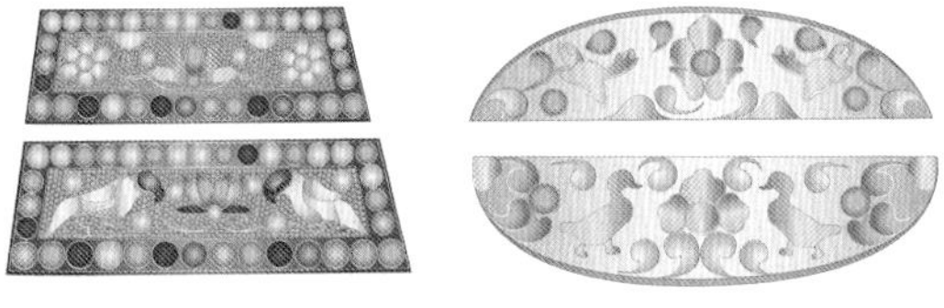

金梳背

梳除了梳发之外，也可插在发上做装饰。中唐以来，女子头上所插梳的装饰愈加繁复。梳多为一对，可上下对插于发髻上，也可插在两鬓，露出的梳背成为装饰的重点。

瓣式宝相花纹

介绍

宝相花纹，又被称为“宝仙花纹”，它出现于魏晋，盛行于唐代，是一种寓意吉祥如意的植物纹样。事实上并不存在宝相花这种植物，它是在莲、牡丹的图案造型基础上，饰以石榴、忍冬等花卉纹样，最终形成的一种图案化的抽象纹样。在唐代，宝相花纹受各种文化的影响经历了复杂的演变，通过与不同花卉纹样的嫁接，由简化繁的结构变化，最终形成了“四方八位”的圆形放射状花型，风格也日趋华丽。丰满圆润的宝相花纹造型正体现了大气磅礴、朝气蓬勃的大唐气韵，同时美好的寓意也满足了人们日常生活中的精神需要。

结构

该纹样呈辐射状，以花卉为主体，中间镶嵌着十字形花纹，四周以8瓣花瓣构成米字形花纹。花瓣重叠繁复，富丽而优美，体现盛唐风采。8瓣的四方造型象征“四方八位”观念，十字、米字形花纹，蕴涵了中国古代原始哲学观、时空方位观，代表了太阳、天穹及光芒。

	0-10-15-0	253-237-219	#fdeddb
	20-30-70-0	213-180-92	#d5b45c
	60-45-80-0	123-130-77	#7b824d
	0-60-60-40	170-92-63	#aa5c3f
	50-80-70-20	129-65-64	#814140

应用

唐代墓葬出土了大量宝相花纹锦，如唐代变体宝相花纹云头锦鞋。除了锦鞋，唐人还以锦做袜子，上饰有各类宝相花纹。同时宝相花纹还被广泛应用于建筑装饰、铜镜、织锦、唐三彩、金银器中，敦煌壁画里也有大量的宝相花纹图案。

忍冬宝相花纹锦

青莲色

C 40 M 70 Y 15 K 0

R 167 G 98 B 148 #a76294

是指偏蓝的紫莲花色。青莲色在唐代是女子裙装的流行色，也是清代建筑装饰彩绘的常用色彩。

女子直袖衫裙·唐

相关色

齐紫

70-100-30-0
108-33-109
#6c216d

代指齐恒公的帝王紫。《韩非子·外储说左上》记载：『齐恒公好服紫，一国尽服紫。』随后汉武帝又以此色为御用服色，当作皇权的象征。

魏红

40-90-40-0
167-55-102
#a73766

是牡丹花后魏花的颜色。魏花出自五代时期洛阳魏仁博家，具有极致的重瓣之美，是名贵的牡丹花品种之一。

紫藤色

10-20-0-20
200-184-201
#c8b8c9

因像紫藤花的颜色而得名，粉中偏紫，高贵而淡雅，自古就受众人喜爱，是古代女子裙装的常用色。

丁香色

30-40-0-0
187-161-203
#bba1cb

丁香花紫中透粉，香气浓烈，未开之时，花蕾宛如绳结，被称为丁香结。丁香常被诗人用以比喻愁结不解、离愁别恨，故此色有淡淡的忧愁之意。

配色方案

1	2	3	4	5	6	7	8	9
40-70-15-0	55-64-16-0	0-33-0-0	0-3-8-7	0-60-40-0	40-95-40-0	0-10-50-20	29-0-28-0	50-75-45-40
167-98-148	134-103-153	246-195-217	244-239-229	239-133-125	167-40-99	220-200-128	192-225-198	105-57-76
#a76294	#866799	#f6c3d9	#f4efe5	#ef857d	#a72863	#dcc880	#c0e1c6	#69394c

纹样配色·贰色

1 3

2 7

菱格朵花纹

纹样配色·叁色

1 5 7

2 5 4

卷草花纹

纹样配色·肆色

1 4 6 7

1 2 3 4

宝相花纹

边饰纹样

菱格小花纹

1 2 7 4

葡萄花果纹

2 3 5 7 4 9

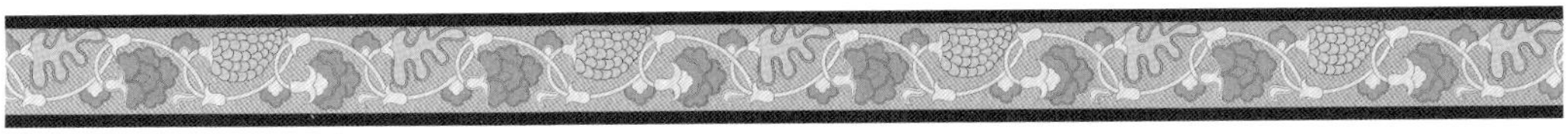

中唐女子直袖衫裙

- 上身着　衫—帔帛
- 下身着　袴—裙

中唐女子直袖衫裙配色

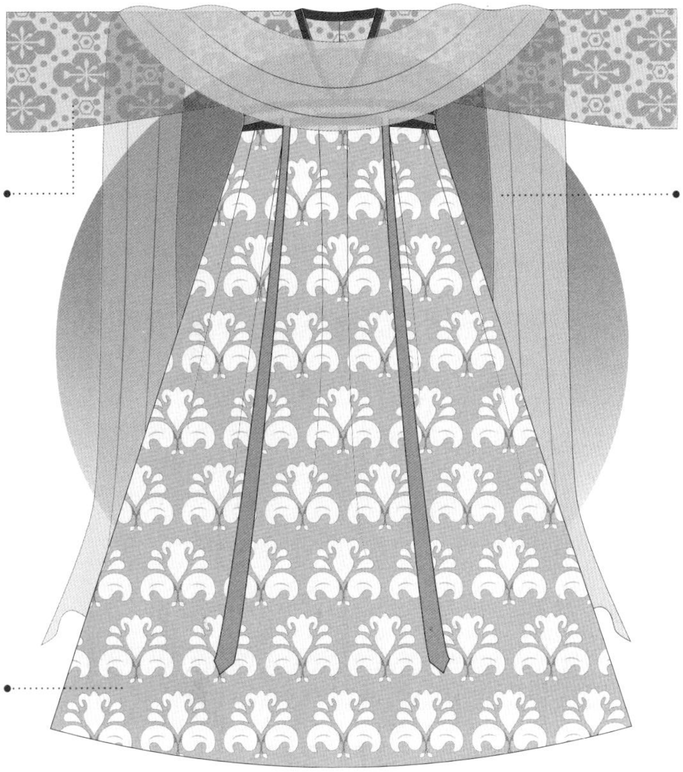

粉茶花 荠色 奶灰绿 含笑紫

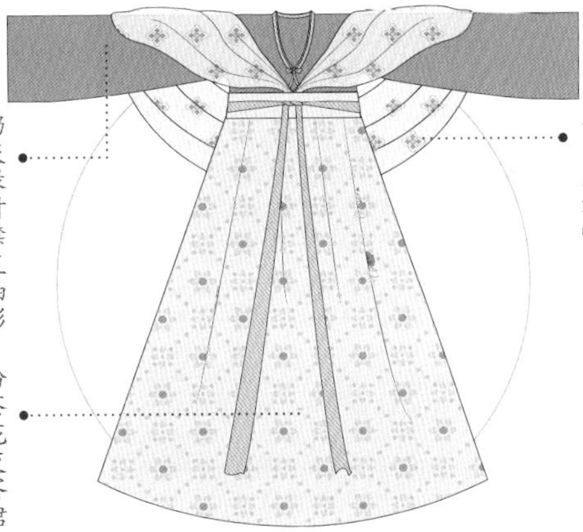

蕙心兰 淡雅蔷薇 褪色玫瑰 红枣茶

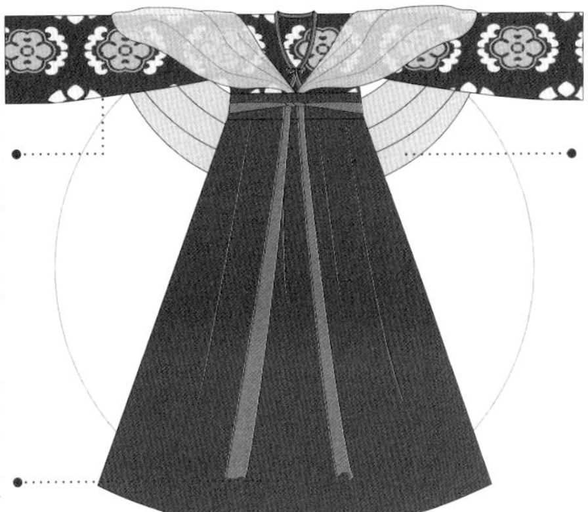

发髻

▲ 云髻

发型宽广如云，便于插各类精美的发簪、钗梳，在中晚唐颇为流行。

▲ 偏梳髻

传说由杨贵妃创制，两鬓蓬松隆起，后发垂颈再上挽。

配饰

▲ 孔雀双飞小山钗

此头饰为小鸟、小山形饰物组合，簪头只在中心花朵、飞鸟、蜂蝶和边缘轮廓等处鎏金，金银相间，颇为细致。工艺也比插梳更加轻薄，可以直接以簪钗挂在发髻中间。

蝶绕繁花团窠纹

介绍

蝶绕繁花团窠纹属于团窠纹的一种。团窠纹又称团花纹，是一种纹样骨架结构。窠，意为鸟、兽、昆虫的窝。因而团窠纹就是纹样元素聚拢起来形成似鸟巢的纹样。蝴蝶意为“福迭”，繁花意为“富贵”，该纹样不仅体现了花蝶纹的传统题材，更体现了富贵纳福、吉祥幸福的美好寓意。

结构

蝶绕繁花团窠纹一共分为三层：正中心是置于联珠纹之内的正视莲花，花瓣层层分明、相互连接；第二层由八个蕾式莲花围成一圈；最外一层是八朵侧视花，花间穿插着展翅的蝴蝶；团窠之间还穿插着十字形花叶纹作为辅助图案，给人繁花似锦、花团锦簇的感觉。

应用

团窠纹在唐代织物中初现，是一种丝织品的新纹样。唐朝织锦上的团窠纹有四种常见类型。其中，初唐、盛唐时联珠团窠纹较为常见，花卉植物团窠纹多见于中晚唐，动物团窠纹多见于晚唐。宋代至明代时期，团窠纹仍被大量应用在织锦、刺绣上。

蝶绕繁花团窠纹绫

5-10-20-0	244-232-209	#f4e8d1
45-35-50-0	157-157-130	#9d9d82
5-40-80-0	238-170-61	#eeaa3d
5-35-20-0	238-185-184	#eeb9b8
30-40-0-0	187-161-203	#bba1cb
20-70-0-10	190-96-154	#be609a
30-80-65-0	186-80-77	#ba504d

萱草色

C 5　R 234
M 55　G 140
Y 90　B 33
K 0　#ea8c21

即萱草花的颜色，黄中含红，近似橘色。在古代曾是时尚流行的服饰色，亦是含有思念母亲寓意的颜色。

贵族妇女大袖衫裙·唐

相关色

藤黄

10-25-90-0
234-194-29
#eac21d

也称『月黄』，是一种天然的植物颜料。藤即海藤树，树皮凿孔，流出的黄色液体，就是制作绘画颜料藤黄的原料。多用于中国画和工艺品的装饰。

石黄

20-35-90-0
212-170-41
#d4aa29

雄黄是一种黄色的药材，取自一种黄色的矿物。除药用外，在古代还常被用于绘画当中，颜色称作石黄。

橘黄

10-60-80-0
224-128-58
#e0803a

因颜色类似于柑橘，而得名，在中国古代的服饰中，偶尔作为配色或在局部少量使用。

蛾黄

25-50-90-0
200-140-45
#c88c2d

清代戏曲作家李斗提到：『蛾黄如蚕欲老』，指的是飞蛾破茧而出之前蚕蛹的颜色。

配色方案

1	2	3	4	5	6	7	8	9
7-53-93-0	0-15-30-0	0-30-60-0	0-55-70-0	0-70-55-0	45-0-20-0	65-45-10-0	40-95-85-5	75-25-85-0
231-143-23	253-226-186	249-194-112	241-143-77	236-109-94	147-210-211	102-129-181	163-44-50	64-146-79
#e78f17	#fde2ba	#f9c270	#f18f4d	#ec6d5e	#93d2d3	#6681b5	#a32c32	#40924f

纹样配色·贰色

1 2

3 5

菱格菱角叶纹

纹样配色·叁色

1 2 5

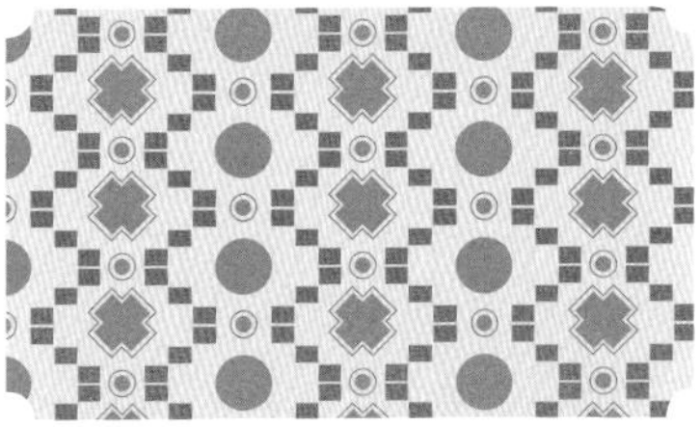

3 4 9

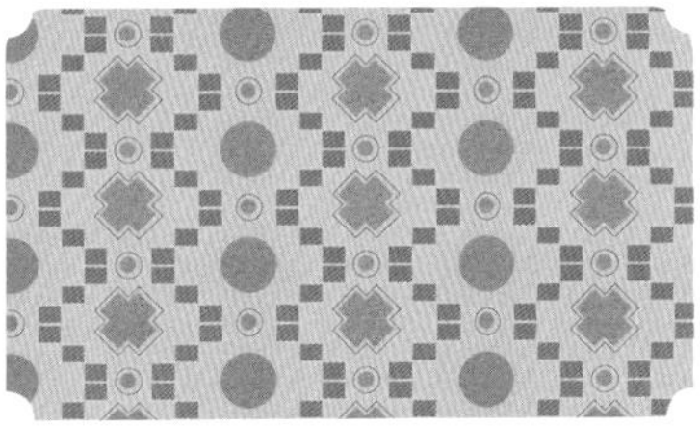

唐锦棋纹

纹样配色·肆色

1 2 4 6

3 5 7 8

人物鸟兽纹

边饰纹样

对鸟对羊灯树边纹

1 2 4 5 6 8 9

对鸟边纹

1 3 5 6 7 9

晚唐贵族妇女大袖衫裙装束

- 上身着 襦—衫—帔帛
- 下身着 袴—裙

晚唐贵族妇女大袖衫裙配色

小鸠黄 木槿紫 瓜绿 柿色

枝黄 栀子 粉葵彩 鸢红

瓷白 莲灰 桔梗 深毛月

配饰

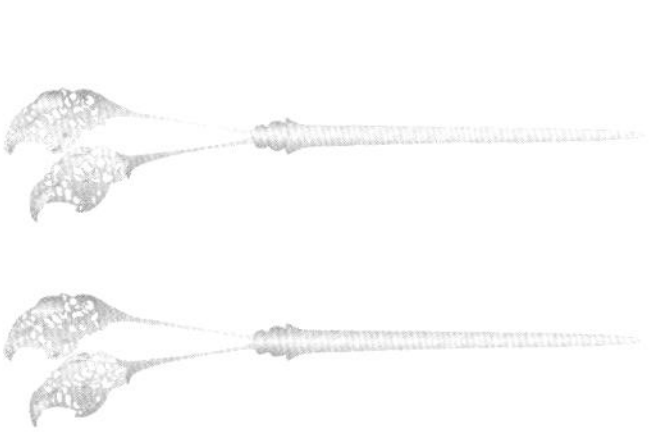

△ 花钗

晚唐时期，由于国力衰颓，贵妇们无力置办华丽的花树式花钗，便将金银头钗作为礼服装饰的替代品。这一时期，民间女性的首饰出现了仿制花钗的现象。

△ 小山形饰件

这种恰似小山形的饰件，流行于晚唐时期，是从插梳发展而来的，省略梳齿，仅起装饰作用。

鞋履

△ 云头履

从笏头履演化而来，式样肥阔端庄、美观大方。

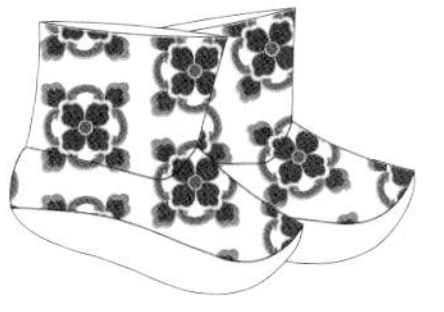

△ 宝花绢袜

古代人把袜子称为“足衣”，用皮革、丝帛、麻布等面料制作，样式十分简单，而这种饰有宝相花纹的绢袜是唐代特有的样式。

衣香鬓影

花树纹

介绍

出自“花树纹锦”上的纹样，由联珠纹演变而来，是唐代重要的装饰性题材，整体给人以庄重稳定之感，也是生命恒久、永不枯萎的精神体现，又被赋予了吉祥、长寿的含义。

结构

该纹样的骨架类似建筑上的供券结构：上面是半圆形的拱梁，搭配联珠纹；下面是直柱，内饰一串心形，柱头上也配有联珠纹，与拱梁连接。中心分别饰有两种不同的纹样：一种为生命树，另一种为蕾花形。上行的柱础在下行的拱券顶上，上下交错排列，常以二方连续或四方连续的形式呈现。

应用

唐朝时期，花树纹种类繁多，兴盛于织锦之上，常见的有花树纹、花树动物纹两种。现藏于苏州丝绸博物馆的“绿地花树纹锦”残片上的纹样就以花树纹为单独元素呈现，“唐花树对鹿纹锦”上则为花树动物纹。

花树纹锦

0-15-30-0	253-226-186	#fde2ba
5-55-90-0	234-140-33	#ea8c21
75-25-80-0	63-146-87	#3f9257

姚黄

C 15 R 226
M 15 G 209
Y 70 B 97
K 0 #e2d161

因颜色像牡丹名品“姚黄”而得名，是一种介于黄色和绿色之间的微妙色彩，有着青苹果的清新，又带着鹅黄的淡雅。

女子大袖纱罗衫裙·唐

相关色

土黄

25-50-90-0
200-140-45
#c88c2d

是大地和黄土的颜色，色呈黄褐。在古代，土黄源于赭石最外层的黄色物质，经过精制后可用于画中国画。

谷黄

10-35-90-0
231-176-33
#e7b021

即谷子成熟后的颜色，黄色中略微泛红，是古代常用的服饰色。古人还经常用谷黄染制白色的库绢，用来托裱字画。

雅梨黄

0-30-90-0
250-191-19
#fabf13

鸭梨原名雅梨，即如鸭梨表皮一样浅黄、水灵的颜色，古人常用于染制清透的黄色纱衫裙，是常用的服饰色。

草黄

26-30-88-0
201-175-51
#c9af33

即像枯草那样黄而微绿的颜色。这种颜色古典、自然、低调，常常在诗中出现，以承托秋风萧瑟的意境。

配色方案

1	2	3	4	5	6	7	8	9
15-15-70-0	0-20-70-0	0-30-65-20	0-0-25-15	0-35-45-75	97-100-50-22	57-14-42-0	15-0-0-90	40-80-100-5
226-209-97	253-211-92	215-167-87	231-227-189	100-70-48	32-34-78	118-178-158	52-55-58	164-76-35
#e2d161	#fdd35c	#d7a757	#e7e3bd	#644630	#20224e	#76b29e	#34373a	#a44c23

纹样配色 · 贰色

1 9

1 6

对波葡萄纹

纹样配色 · 叁色

1 4 5

2 4 6

联珠花卉纹

纹样配色 · 肆色

1 4 7 8

4 5 7 9

花卉纹

边饰纹样

联珠龙纹

1 2 7 9

忍冬纹

1 2 3 4 5 6 7 9

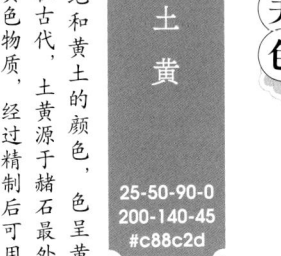

晚唐女子大袖纱罗衫裙装束

- 上身着 衫—帔帛
- 下身着 袴—裙

晚唐女子大袖纱罗衫裙配色

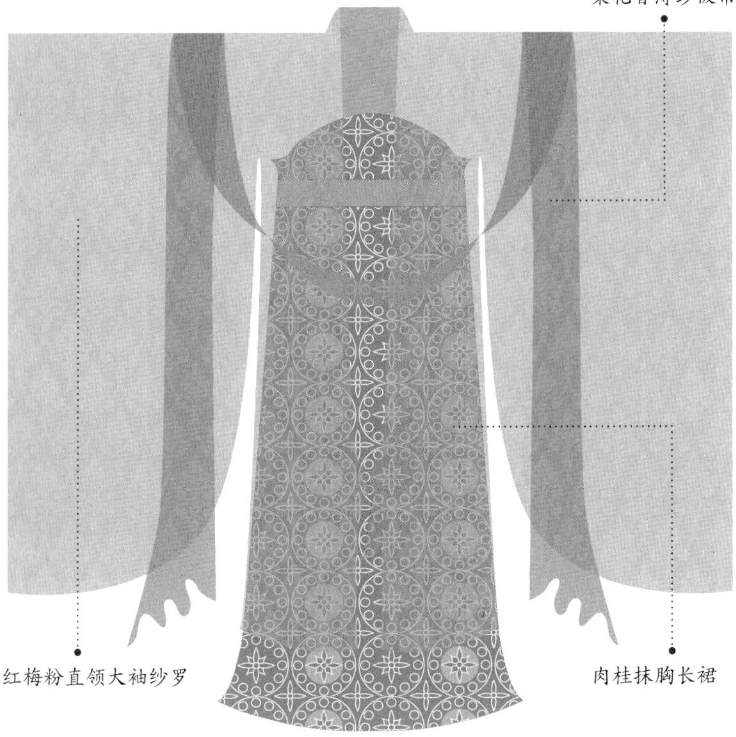

梨花香　红梅粉　肉桂　柳茶

瓷白　蛋壳色　浅麦色　紫水晶

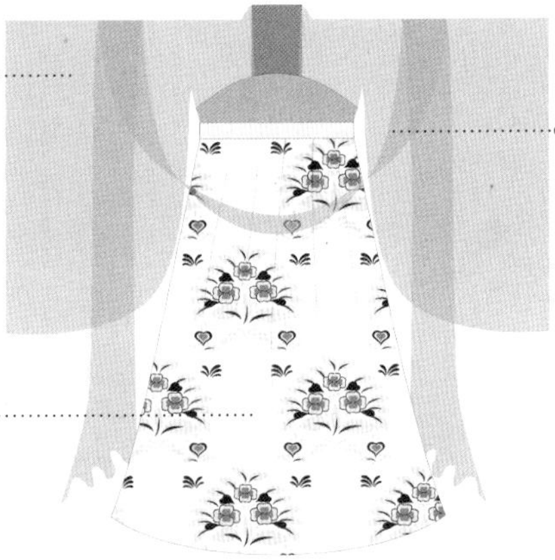

新粉　蜜糖红　小豆　枣红

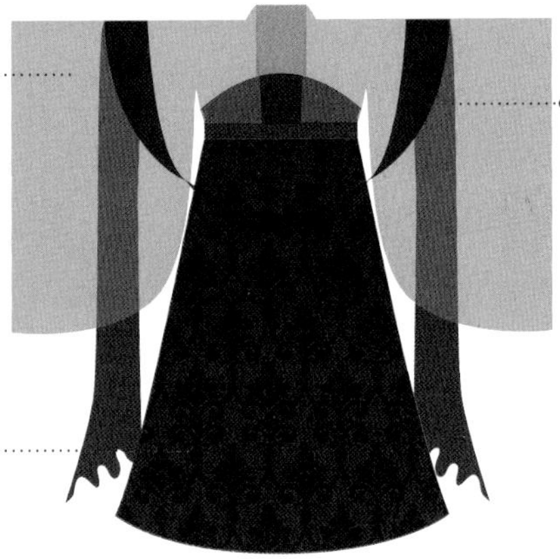

发髻

慵来髻

唐昭宗至五代，中原地区流行的发式，是鬓发蓬松、头顶轻拢起小髻的颓唐样式。

百合髻

长发分成数股，用黑毛线或黑带束缚成环，盘叠在头顶。先前后分梳，再掩藏发尾。

配饰

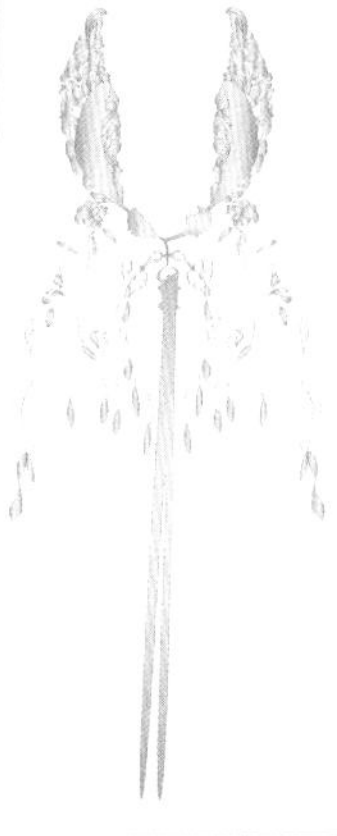

银鎏金镶玉步摇钗

钗体为银鎏金，以银片雕镂出花叶，中心镶嵌雕花玉片。花钗下以银丝悬挂镂空银花片与菱形银片小坠构成步摇饰。钗头各饰件可拆卸。

衣香鬟影

缠枝宝相花纹

介绍

这件斜纹纬锦的图案为唐代典型的宝相花纹代表，与缠枝纹相结合在一起，构成缠枝宝相花纹。唐朝时期的宝相花纹样是一种模式化图案，是一种多层次、表现花朵整体平面的纹样。宝相花纹外层多由对卷的忍冬叶或勾卷组成花瓣，采用了中国传统的云朵、勾卷纹样，又融汇了西方传入的忍冬叶、莲花的部分造型，是中外文化融合的产物之一。而随着朝代的变迁，宝相花纹也在不断演变，至明清时期的建筑中也偶见身影，但与唐代盛行时期的宝相花纹已无法相比。

结构

该纹样整体呈对称状，主体为团窠宝相花，团窠之间为十字形花叶纹做辅花。宝相花的花心为有四瓣心形花瓣的朵花，外环由藤蔓环绕而成。藤蔓向内伸出四朵侧视花，间以四组卷叶；藤蔓向外伸出八个花蕾。纹样首尾连续，无穷无尽，找不到起点，也看不到终点，绵延不断。

应用

宝相花纹是唐代使用最广泛的一种装饰纹样，广泛应用在建筑石刻、织锦服饰、金银器皿、陶瓷等装饰工艺中，具有独特的审美和深厚的文化意蕴。如现藏于中国丝绸博物馆的“唐代大窠宝花纹绫”、故宫博物馆的“宝相花纹镜”等文物之上都可见其身影。

缠枝宝相花纹锦

0-15-25-0	252-226-196	#fce2c4
25-15-70-0	204-201-99	#ccc963
20-55-75-0	208-134-72	#d08648
5-85-100-0	226-71-14	#e2470e
30-100-100-0	184-28-34	#b81c22
60-80-100-35	96-54-28	#60361c
75-85-100-70	37-17-1	#251101

宋

第三章

俏裳风雅

吴刀剪彩缝舞衣，明妆丽服夺春晖

宋 俏窄风雅的女子装束

宋代的服饰整体延续了晚唐五代的风格。由于受“程朱理学”思想的禁锢，宋代女子服饰呈现出拘谨保守、淡雅秀美的特点。

宋代服饰中，最具时代特色的是背子，其是最常见的服饰，男女均可穿着。女子穿着时，一般穿在抹胸、袄衫的外面，根据场合，外可穿大袖衫。背子长度一般过膝，袖口与衣服各片的边都有缘，下摆十分窄细，有的甚至成楔子形，这种独特的风格与当时的审美密切相关。明代著名画作《歌乐图》中，女子皆披红色背子，展现出宋代女子以瘦为美的流行风尚。除背子之外，襦、袄、衫亦是当时较为流行的服饰，且都比较短小，用锦或罗制成，再加上刺绣，与裙搭配，显得清秀自然。还有一种系在腰上的围腰，在当时尤为盛行，又因围腰多为鹅黄色，所以又称“腰上黄”。宋代的女装，总体上有一个形状逐渐“收敛”的过程，衣身和袖子都呈现逐渐变窄的倾向。

宋代在发髻上尤为讲究，以高髻为尚，梳成高髻通常需在头发中间加上假发或戴假髻，朝天髻、包髻、三丫髻等在当时尤为盛行。女子戴冠、男女簪花在宋代亦风靡一时，从皇家的九龙花钗冠，到自宫中而出的白角冠、元宝冠、“一年景”花冠等发饰，可见宋人对其的喜爱。

宋 佚名《歌乐图》局部临摹

服饰色彩

官品朝服

紫色 — 四品以上

绯色 — 六品至五品

绿色 — 九品至七品

宋代初时沿用唐代的品色服制，北宋神宗元丰年间，改为四品以上着紫，六品以上着绯，九品以上着绿，凡穿紫衣者戴金鱼，穿绯衣者戴银鱼。

流行服色

鹅黄　藕荷色　缥色　空青

宋代服饰色彩强调本色，以淡雅为尚，有空青、碧、缥、浅蓝、鹅黄、藕荷、白及粉紫等色彩。其中由郁金香根染的黄色较为尊贵，红色则是歌舞乐伎常用服色。

服饰形制

宋代的女子一般上穿襦、衫、袄、背子、半臂等，下着百迭裙、旋裙、裤等。其中背子常与抹胸、裙搭配，是宋代女子最常见的穿着方式。

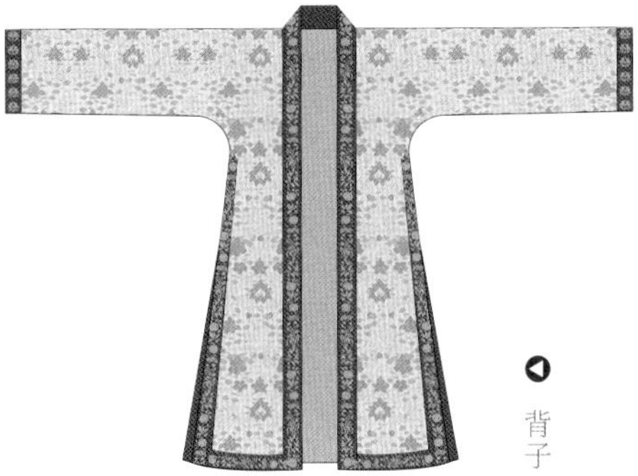

背子

背子，男女皆可穿用。式样多为长袖、长衣身、腋下开胯，有直领对襟式、斜领交襟式、盘领交襟式等，其中直领对襟式背子在女子服饰中较为常见。行走时背子随风飘动，美丽动人。

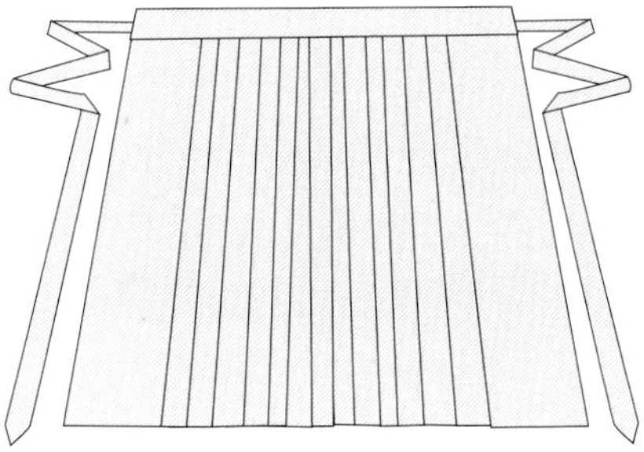

百迭裙

又称百裥裙，常与衫、襦搭配。裙上是褶裥，但通常裙门处无褶，随着时代的发展，裙褶逐渐增多。因为裙子打满细褶，上身后袅袅娜娜，显得人风姿绰约。

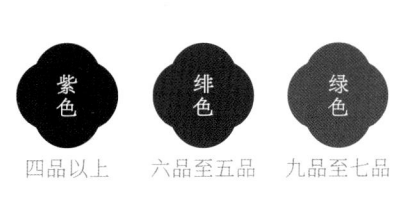

鹅黄

C 0 R 252
M 25 G 200
Y 100 B 0
K 0 #fcc800

因与雏鹅绒毛的颜色接近而得名，给人亲切讨喜、轻松愉悦之感；在古代，亦是一种妇女使用的妆容，装扮时将黄色颜料涂在额间，因此又名“额黄”。

女子襦裙·宋

相关色

蛾黄

30-50-90-0
190-138-47
#be8a2f

清代戏曲作家李斗提到『蛾黄如蚕欲老』，指的就是飞蛾破茧而出之前，蚕蛹的颜色。

杏黄

15-50-85-0
218-146-51
#da9233

因像成熟的杏子的颜色而得名。《本草纲目》中记载，此颜色可以用柘木汁染成。在古代此颜色代表高贵，曾为皇帝的服色。

明黄

0-5-80-0
255-236-63
#ffec3f

正午的太阳的颜色。明黄在清代是皇权的象征，按清朝《大清会典》的规定，皇帝的朝服一般用明黄。

缃叶

10-15-75-0
236-212-82
#ecd452

形容秋季枯黄的荷叶的颜色。『缃』来自浅黄色的丝织品，这种丝织品常用于制作书画卷轴和套袋，被称为『缃帙』。

配色方案

1	2	3	4	5	6	7	8	9
0-25-100-2	15-15-65-0	5-0-65-0	15-50-85-0	0-35-50-0	45-10-60-15	0-0-30-5	0-60-70-5	0-35-60-50
249-198-0	225-209-109	249-241-114	218-146-51	247-185-129	140-174-114	249-243-193	232-128-72	154-114-65
#f9c600	#e1d16d	#f9f172	#da9233	#f7b981	#8cae72	#f9f3c1	#e88048	#9a7241

纹样配色・贰色

1 7

3 4

菱形菊花纹

纹样配色・叁色

1 6 7

4 6 7

雏菊花卉纹

纹样配色・肆色

1 5 7 8

5 6 7 8

团窠花卉纹

边饰纹样

大丽花纹

2 3 4 6 7 8 9

青龙白虎纹

2 4 6 7

宋代女子衫裙装束

- 上身着 衫—帔帛
- 下身着 袴—裙

宋代女子衫裙配色

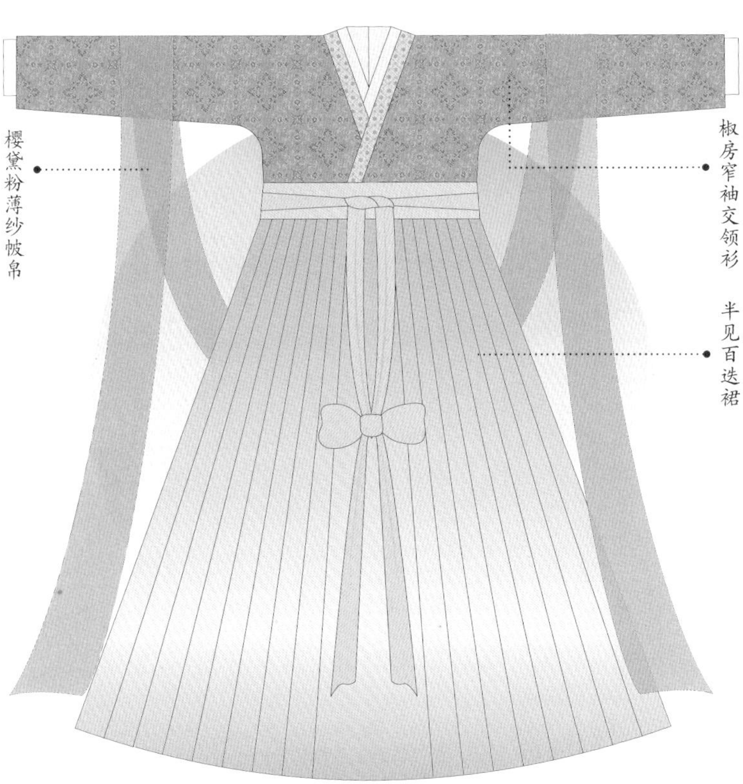

半见 樱黛粉 椒房 少艾

樱黛粉 椒房 凝脂 铃鹿灰

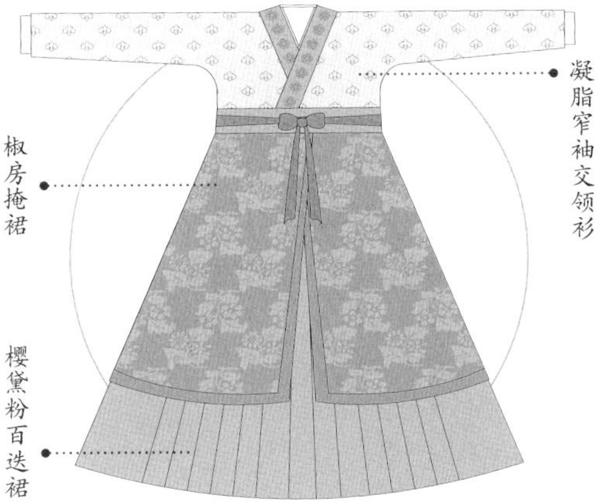

朱雀白 麦芽黄 裹叶柳 椒房

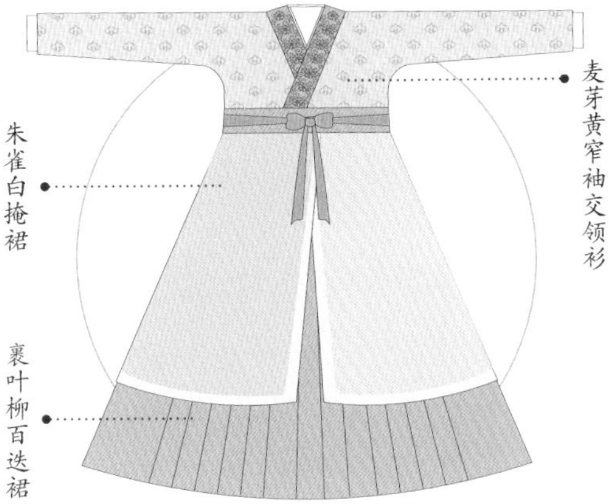

衣香鬟影

发髻

▲ 双丫髻　▲ 双垂髻

“双丫髻”和“双垂髻”都是宋代尚未出嫁的少女常梳的发式，用丝绦束缚成形，高耸于头顶或头两侧结成双髻，展现出少女的可爱与青涩。

鞋履

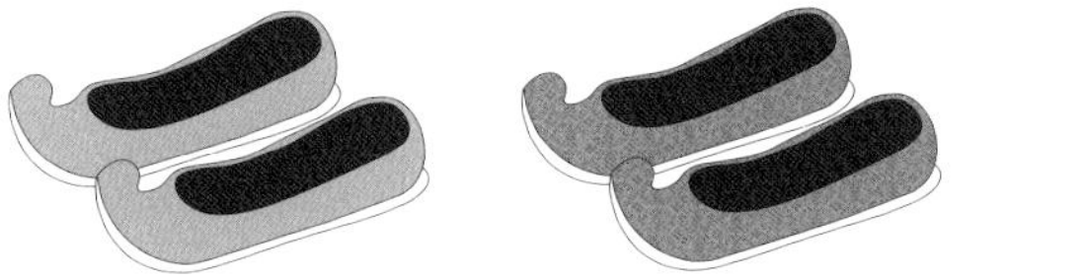

▲ 翘尖平底弓鞋

是古代汉族女鞋最常见的一种造型，因其鞋尖向上弯如弓而得名。自宋代汉族女性普遍缠足后，成为具有时代特色的一种女鞋。它以“瘦、尖、小”为主要造型特点，符合当时女性追求文弱、细瘦的审美观。

龟背球路纹

介绍

龟背球路纹，是宋代球路纹中的典型代表之一，是唐代联珠纹、团花纹的发展，底纹的六边形纹样与龟背相似，因而得名，在中国古代被视为长寿的象征。

结构

该纹样结构如下。中心大圆的上、下、左、右各有四个小圆与其相交，左上、左下、右上、右下的四个小圆与大圆相离，圆中饰有团花纹等装饰性纹样。整体以四方连续结构排列，形成圆圆相连的球路纹。底纹以六边形为单位，有规律地无缝拼接，构成龟背纹。将球路纹填充并镶嵌于龟背纹骨架之上，构成内容繁复、饱满大气的装饰性图案。这样的图案不仅有六边形的严谨大方，又有内容纹样的生动灵气，极具层次感。

应用

球路纹是宋、辽时期常见的织物纹样之一，从“粉红地双狮球路纹宋锦”等织锦文物中，我们可看到其精美之处。到了明清时期，在装裱书画的包首中亦能看到其踪迹。

龟背球路纹锦

0-0-30-5	249-243-193	#f9f3c1
5-0-65-0	249-241-114	#f9f172
0-25-100-0	252-200-0	#fcc800
15-50-85-0	218-146-51	#da9233
0-60-70-10	224-123-70	#e07b46
0-35-60-50	154-114-65	#9a7241

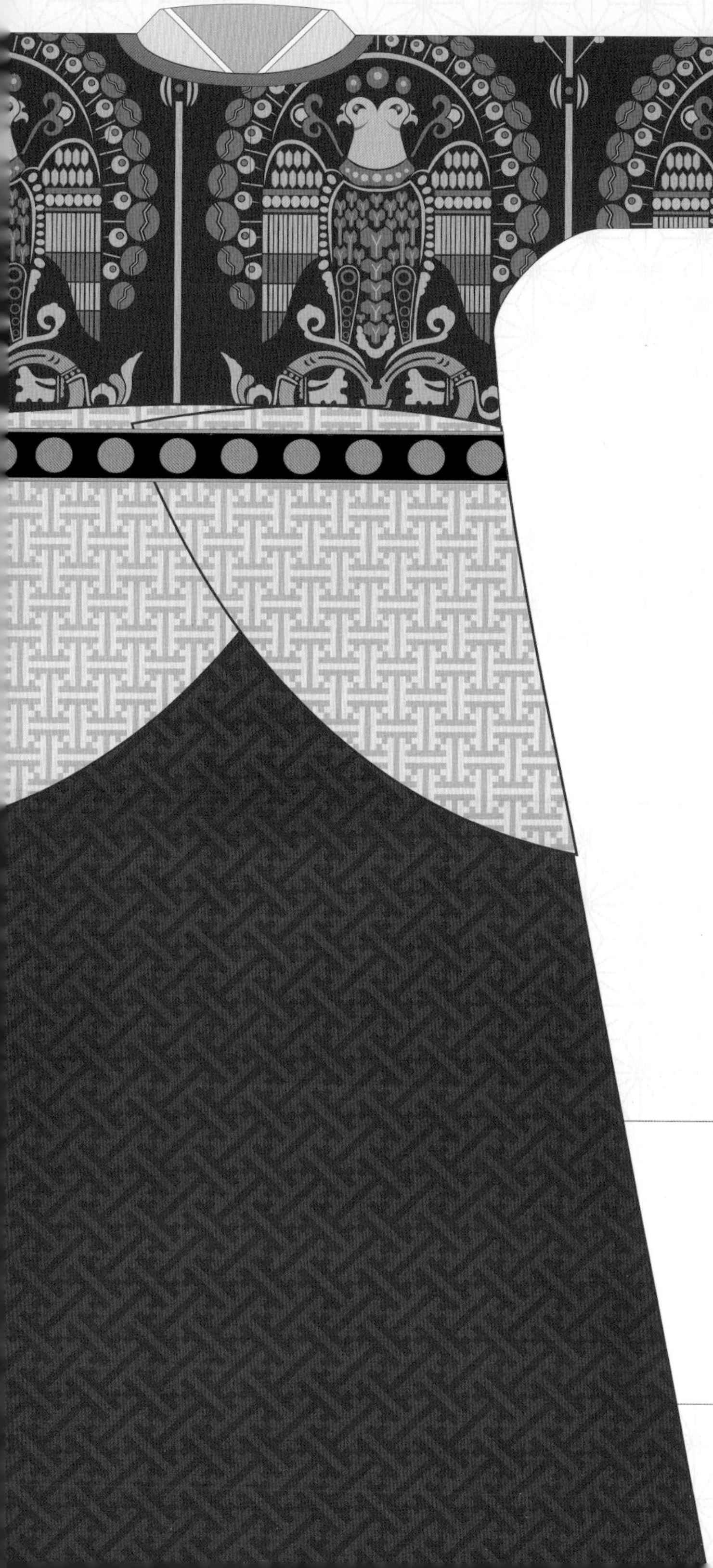

绯红

C 10
M 90
Y 100
K 0

R 218
G 57
B 21
#da3915

为艳丽的深红色，传统上将其认为是血液的颜色，用红兰草等植物可染出。古时因有红布染色需求而种植红兰草，以四川产量最大，蜀红锦驰名天下，有“蜀中绯色天下重”之称。

女子圆领长袍·宋

相关色

殷红
35-100-85-0
176-30-50
#b01e32

也称『暗红』，多用于形容流出后变暗的血色，出自薛福成《观巴黎油画记》中的『血流殷地』。

苏方
55-95-70-20
120-38-59
#78263b

亦称苏木色、芳草色。苏木切成细碎木条，浸泡煮水就可以成为染料，多次反复染出来的深红色沉静而艳美。

海棠红
20-70-45-10
191-97-103
#bf6167

即海棠花的颜色，是非常妩媚娇艳的颜色。宋词《虞美人·梳楼》中用『海棠红近绿阑干。才卷朱帘却又、晚风寒。』来描写海棠花的红。

丹色
10-80-85-0
219-84-45
#db542d

指古代巴越地区出产的赤石的颜色。丹色在古代象征高尚的情操与爱国的情怀，例如『丹心』与『丹城』通常指对国家的忠贞。

配色方案

1	2	3	4	5	6	7	8	9
10-90-100-0	0-65-75-0	30-100-100-25	0-35-25-0	5-75-0-30	0-25-50-20	5-10-30-0	25-15-25-0	70-40-90-5
218-57-21	238-121-63	154-17-23	246-188-176	180-73-126	216-177-119	245-231-190	201-207-193	91-127-65
#da3915	#ee793f	#9a1117	#f6bcb0	#b4497e	#d8b177	#f5e7be	#c9cfc1	#5b7f41

纹样配色·贰色

1 7

2 4

亚字纹

纹样配色·叁色

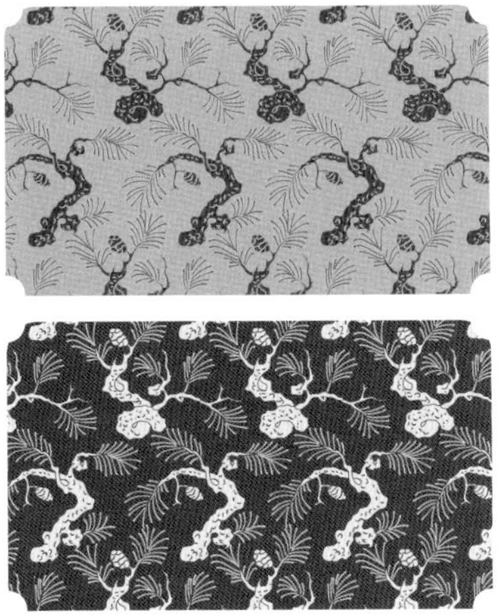

1 4 9

5 7 8

松树纹

纹样配色·肆色

1 4 6 7

2 3 4 7

梅花方胜卍字纹

边饰纹样

荷莲纹

1 4

蝶恋花纹

1 2 4 5 6 9

宋代女子圆领长袍装束

- 上身着　衫—圆领长袍
- 下身着　裤

宋代女子圆领长袍配色

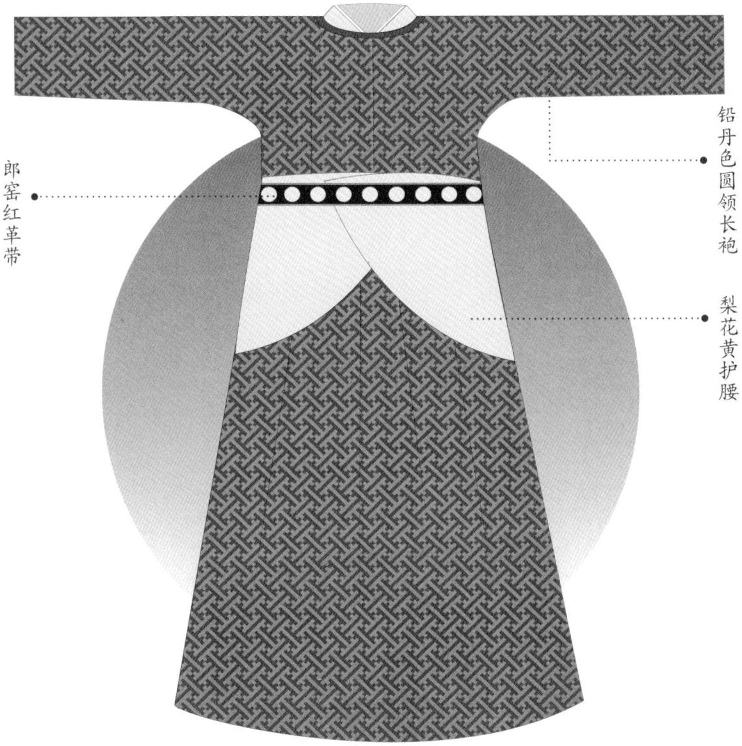

梨花黄 葡萄柚粉 铅丹色 郎窑红

樱花粉 冰露粉 玉兰紫 黛米茉莉

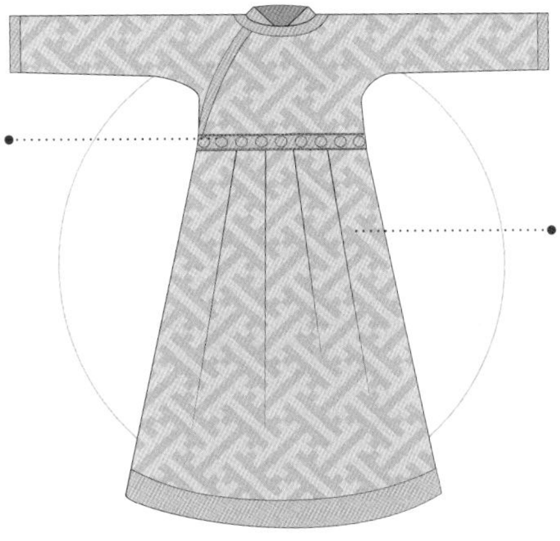

南瓜瓢 樱花粉 云水谣 霜露

配饰

◀ 装饰性玉佩

两宋时期是中国玉文化发展的第二个高峰时期。玉佩纹饰主要有龙纹、螭纹、乌纹、云纹，以及各种植物花果纹饰等。

▲ 环式香囊

在宋代，佩戴香囊已成为一种礼仪风尚。香囊形制多样，在传统香囊的基础上可演变制作出造型精美的金银香囊。

▲ 金枝叶瓜果耳环

宋代多以花卉、瓜果为题材制作耳饰，紫茄纹耳饰居多，有紫袍加身、高官得中、多子多福之意。

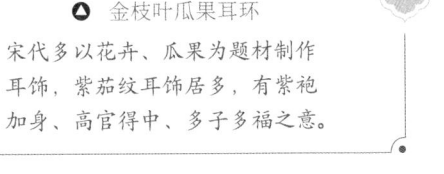

孔雀对羊纹

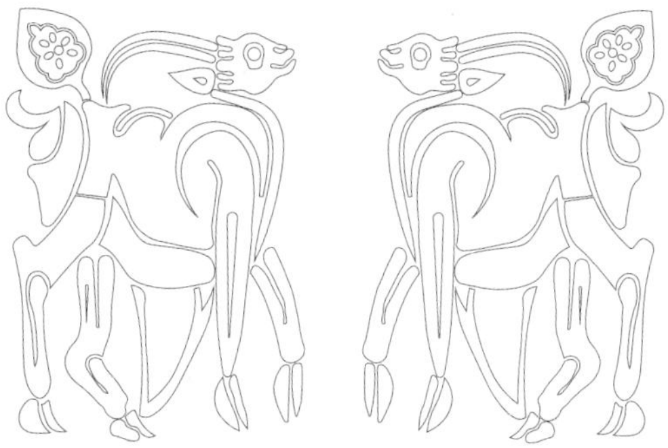

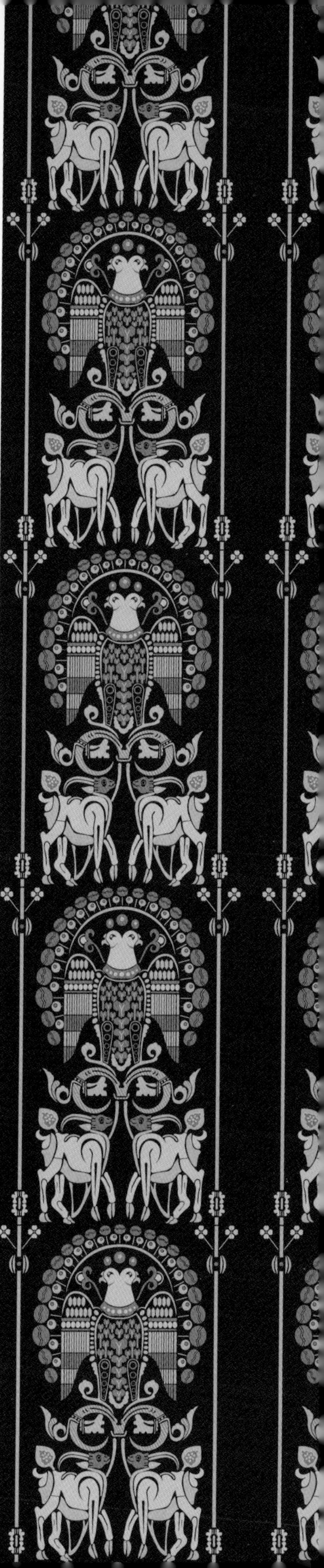

介绍

孔雀对羊纹，属于吉祥羊纹的一种。羊纹亦作吉羊纹，《说文解字》中有“羊，祥也”的记载，在古人心中羊有着善良、幸福、吉利、祥瑞等吉祥寓意。

结构

孔雀对羊纹的主要元素为双头孔雀、对羊。位于图案上方的孔雀呈开屏状，身体由变形锁子纹构成，展开的翅膀由四边形和六边形等几何图形构成。孔雀颈部和翅膀上都装饰有联珠纹。对羊羊蹄旁朝孔雀头部伸展的藤蔓以及孔雀爪处的羊角状装饰将图案的上下部分连接起来，具有强烈的10—12世纪波斯和拜占庭的图案风格。

应用

孔雀对羊纹是羊纹的一种，羊纹历史悠久，且应用广泛。原始岩画上就绘有猎羊、牧羊画面。商代青铜四羊方尊、汉代铜洗、明清时期三阳开泰的瓷器以及历朝各类织锦之上，都有羊纹的身影。

孔雀对羊纹锦

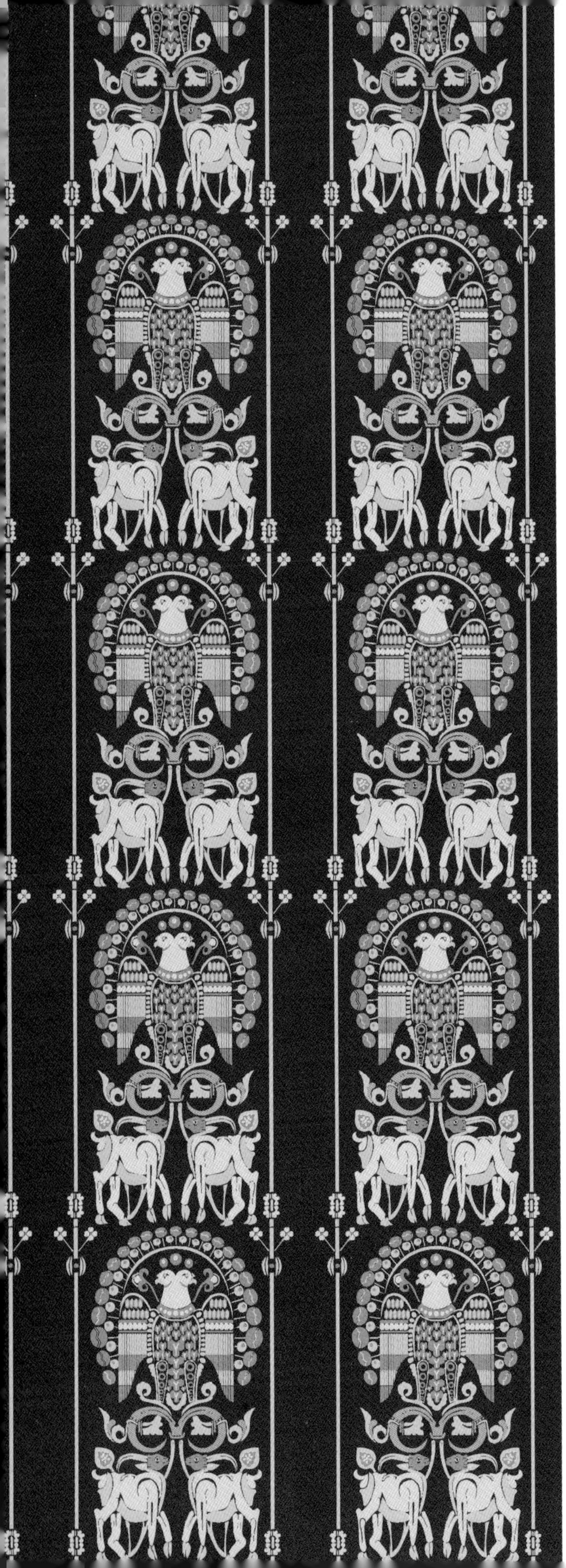

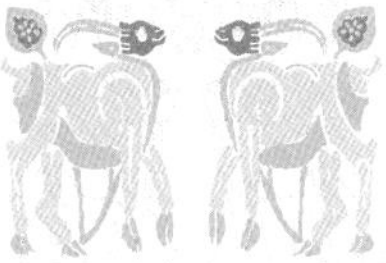

25-15-25-0	201-207-193	#c9cfc1
0-35-25-0	246-188-176	#f6bcb0
0-25-50-20	216-177-119	#d8b177
0-65-75-0	238-121-63	#ee793f
35-100-85-0	176-30-50	#b01e32

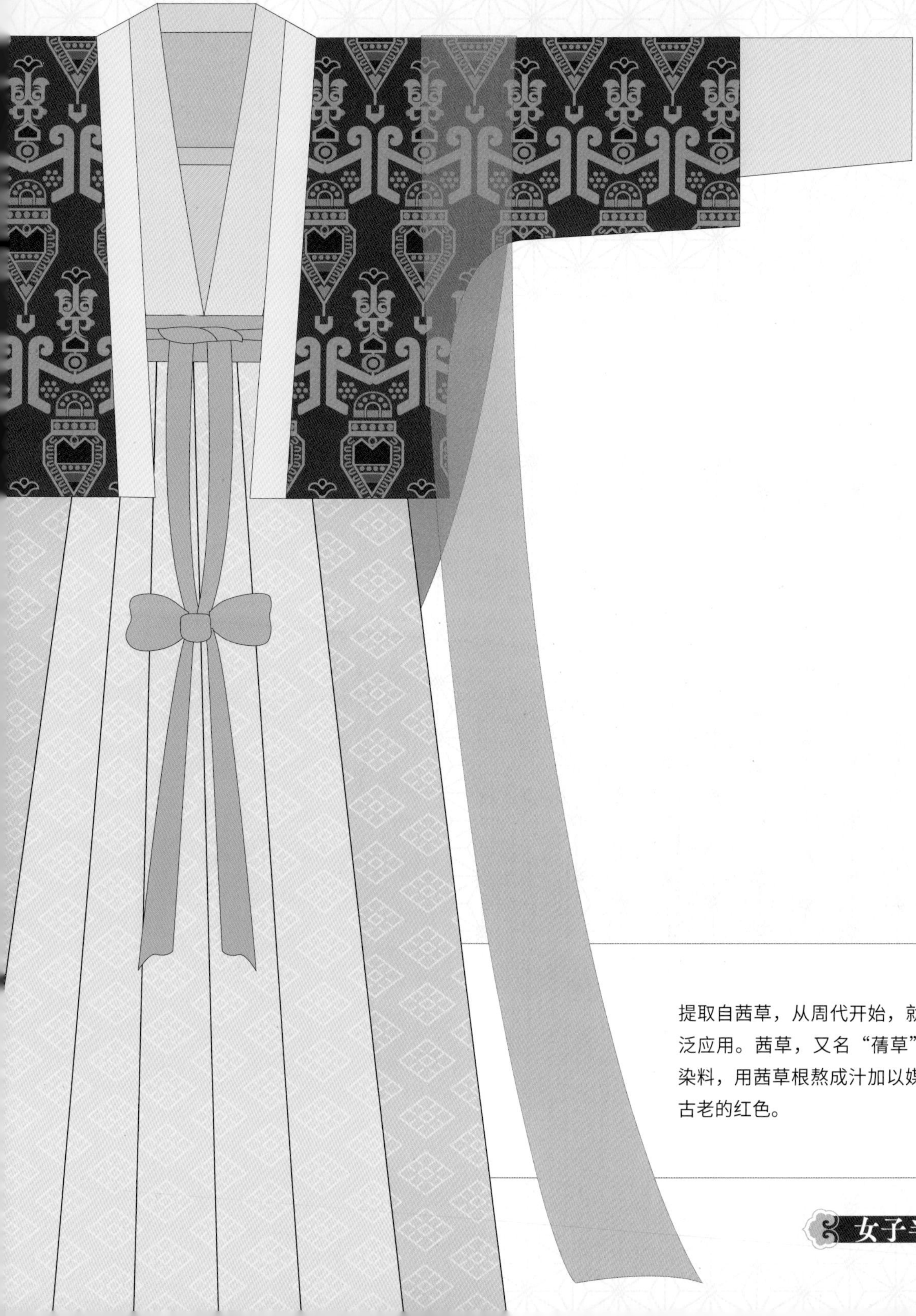

茜色

C 0　R 185
M 80　G 65
Y 75　B 42
K 30　#b9412a

提取自茜草，从周代开始，就被人们作为服饰色广泛应用。茜草，又名“蒨草”，是一种天然的植物染料，用茜草根熬成汁加以媒染剂，便能染出这种古老的红色。

女子半臂襦裙·宋

相关色

退红

5-40-10-0
236-176-193
#ecb0c1

别名『不肯红』，指代浅粉色，是古代女子常用服色。在冒襄的《影梅庵忆语》里记录的董小宛穿过的衣服的颜色即为退红。

菡萏

10-70-30-0
220-107-130
#dc6b82

即荷花花苞将开未开时的颜色，是古代女子常用的服饰色，颜色娇嫩柔美。

朱樱

45-100-100-15
143-29-34
#8f1d22

是指樱桃成熟时的深红色。苏颂的《本草图经》曰：『樱桃，其实熟时深红色者，谓之朱樱』。

鞓红

35-85-60-0
176-69-82
#b04552

是指宋代官员皮革腰带上包裹腰带的布帛的颜色，四品以上或受恩赐的官员的腰带都能用鞓红，是宋代官员标志物品的颜色。

配色方案

1	2	3	4	5	6	7	8	9
0-80-75-30	0-50-50-0	20-70-40-0	0-50-30-0	0-60-70-0	25-20-65-0	0-5-10-0	45-35-0-0	75-40-80-0
185-65-42	242-155-118	204-104-117	242-156-151	240-132-74	204-194-108	255-246-233	152-159-207	75-128-83
#b9412a	#f29b76	#cc6875	#f29c97	#f0844a	#ccc26c	#fff6e9	#989fcf	#4b8053

纹样配色 · 贰色

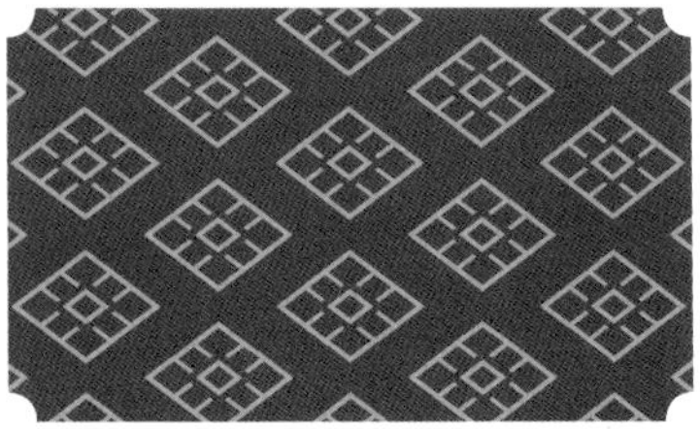
1 4

2 7

菱格小花纹

纹样配色 · 叁色

1 4 6

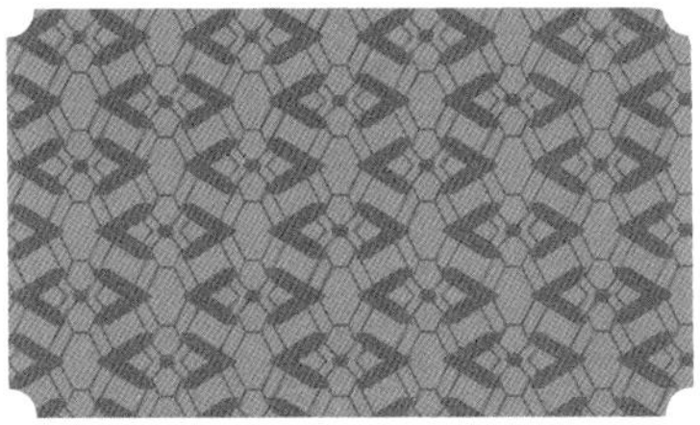
3 8 9

几何菱纹

纹样配色 · 肆色

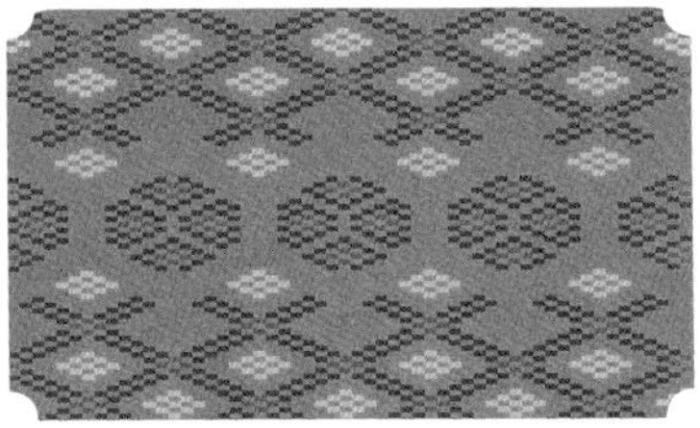
1 3 5 6

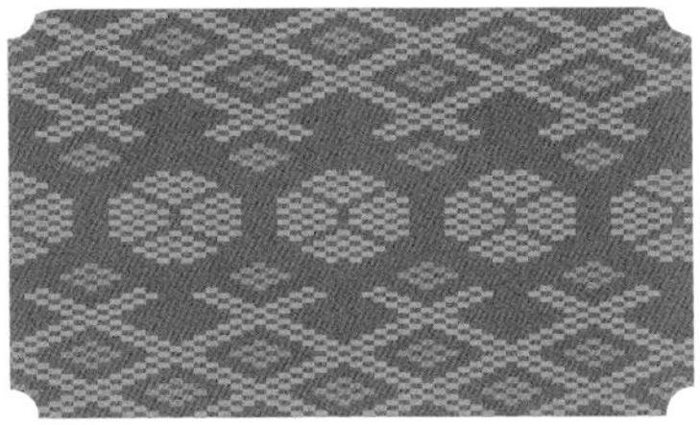
2 3 4 8

几何花纹

边饰纹样

云头纹
1 2 4 6 7 9

几何形花纹
1 3 7

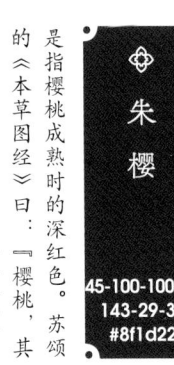

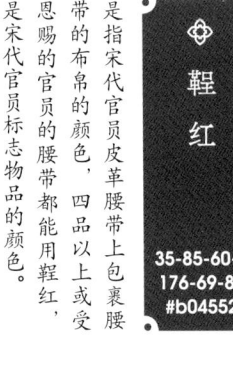

第三章

宋·俏窄风雅

宋代女子半臂襦裙装束

- 上身着　衫—半臂—帔帛
- 下身着　袴—裙

宋代女子半臂襦裙配色

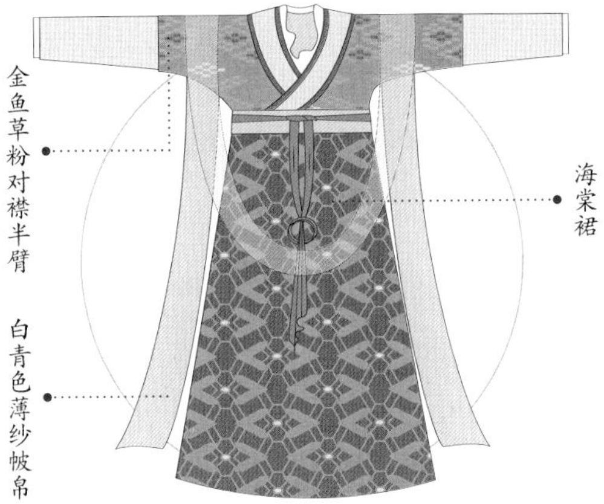

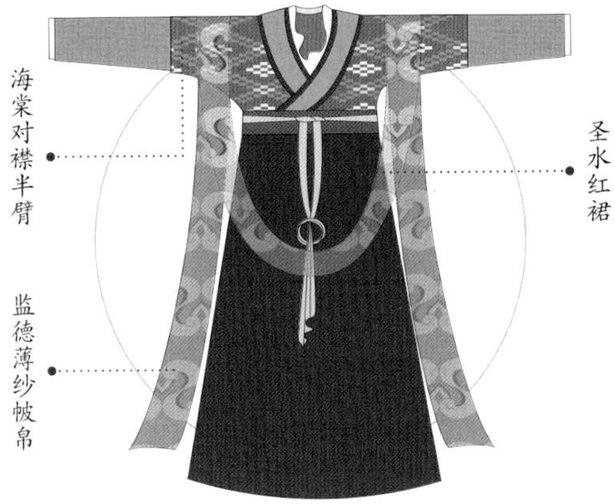

衣香鬓影

鞋履

配饰

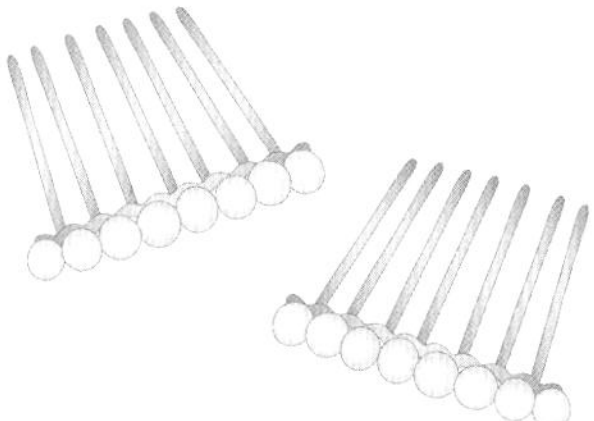

△ 翘首弓鞋

弓鞋为妇女穿着的弯底鞋，因鞋底弯曲、外形如弓而得名。宋代后，因女子缠足的脚被称为“弓足”，因此弯底鞋被称为“弓鞋”。

△ 珍珠排簪

是宋代新型发饰之一，成对，以若干珍珠相连形成排簪，佩戴时，从鬓角插戴在发髻上。

△ 花钿式簪钗

花钿式簪钗，是宋代新样之一。以若干花钿相连形成一道十几厘米长的弯弧，花钿多为牡丹、菊花、花叶等的组合。佩戴时，从正面插戴在发髻上。

复合菱格几何纹

介绍

辽宋时期是几何纹样大发展时期，宋代的几何纹层层套叠、穿插，充满格律之美。该纹样简洁而不单调、规矩而不刻板，是复合纹样的典型代表。

结构

宋代时，由于受到丝织技术的影响，当时丝绸中的几何纹样整体规整，有菱形、条纹和复合图案等类型。该纹样是由多种折线、几何形状构成的复合纹样，内饰有联珠，并以花树纹为中心，对称分布，呈四方连续排列，构成内容繁复、饱满大气的菱格形图案，给人以端正庄重之感。

应用

宋代的几何纹样种类繁多，被广泛应用于丝织品之中，该纹样即为新疆和田布扎克彩棺墓出土的鞋面纹锦上的纹样，除此之外，在各类漆器、瓷器、建筑之上亦广泛应用。

●	0-45-35-0	243-166-148	#f3a694
●	0-35-5-0	246-190-208	#f6bed0
●	0-60-65-0	239-132-84	#ef8454
●	0-80-75-30	185-65-42	#b9412a
●	45-100-100-15	143-29-34	#8f1d22

栀子

C 0
M 30
Y 80
K 0

R 250
G 192
B 61
#fac03d

是用栀子花果实里的黄色汁液染出的颜色。栀子花洁白无瑕，果实却为黄色，是中国最早使用的天然黄色植物染料之一，常被用于服饰染色。

相关色

黄封

10-35-85-0
231-177-50
#e7b132

即宋代官酿，因用黄罗帕或黄纸封口，得此酒名，后指代颜色。王文诰辑注：『京师官法酒，以黄纸或黄罗绢羃瓶口，名黄封酒』。

硫华黄

25-30-60-0
202-178-114
#cab272

是硫黄晶体在温泉区的沉积物所呈现的颜色。因沉积的硫具有花纹般的形状而有『硫华』的美称。

檗黄

5-0-65-0
249-241-114
#f9f172

来自黄檗树皮的黄色汁液中的色素，是中国古代制纸时的染纸颜料，色感庄重、斯文典雅。

女贞黄

5-5-40-0
247-238-173
#f7eead

是一种牡丹花的颜色，呈淡黄色。通过牛膝菊煎水提取出染料，加以媒染剂可染制出此色，色泽淡雅清新。

配色方案

1	2	3	4	5	6	7	8	9
0-30-80-0	10-10-70-0	10-45-90-0	10-60-90-0	5-5-5-0	55-5-10-30	20-30-45-0	65-40-95-30	60-65-75-20
250-192-61	237-221-97	228-157-35	224-128-36	245-243-242	88-155-177	211-183-143	85-106-42	109-86-65
#fac03d	#eddd61	#e49d23	#e08024	#f5f3f2	#589bb1	#d3b78f	#556a2a	#6d5641

纹样配色 · 贰色

1 5

2 3

莲花纹

纹样配色 · 叁色

1 5 6

2 5 8

卷云四出纹

纹样配色 · 肆色

1 3 7 9

3 5 6 8

如意云纹

边饰纹样

蝶恋芍药纹

1 4 5 7 8

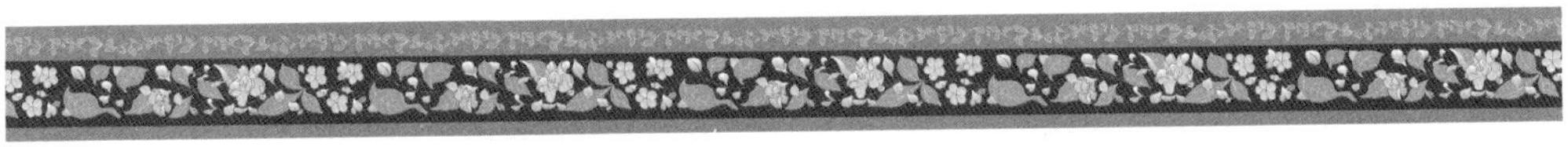

凌霄花纹

1 3 4 5 6 7 8 9

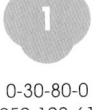

宋代女子短背子装束

- 上身着 抹胸—背子
- 下身着 袴—裙—旋裙

宋代女子短背子配色

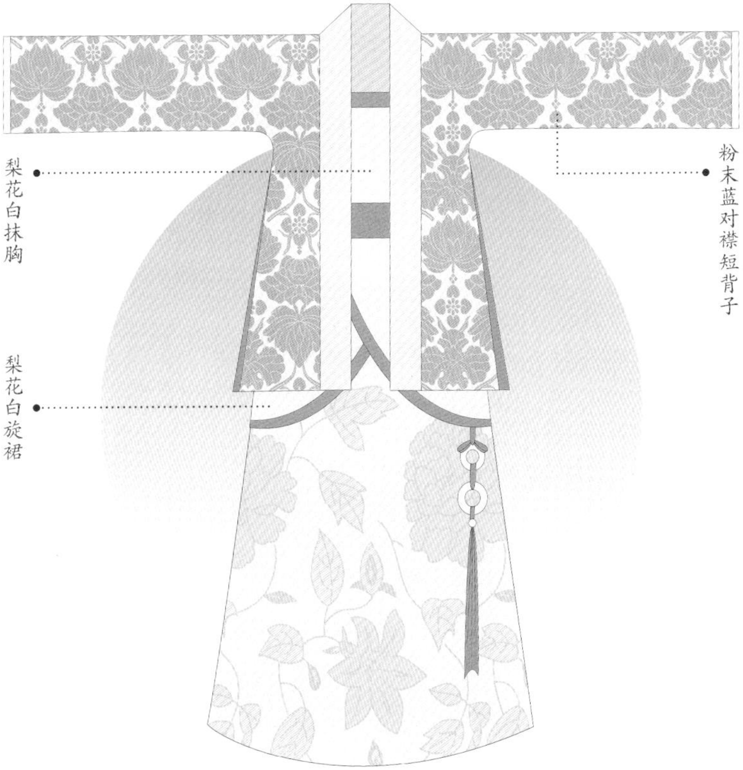

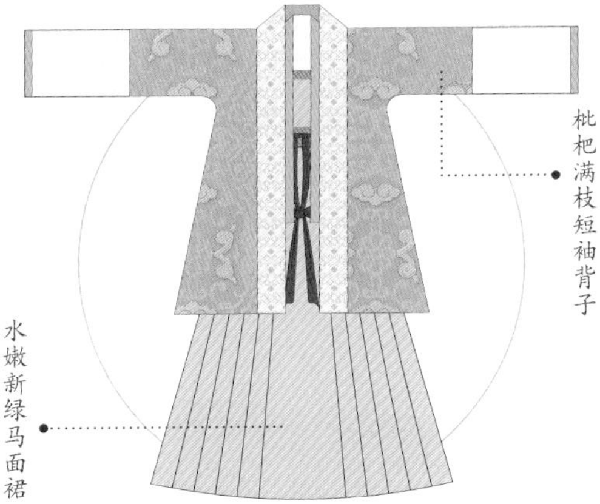

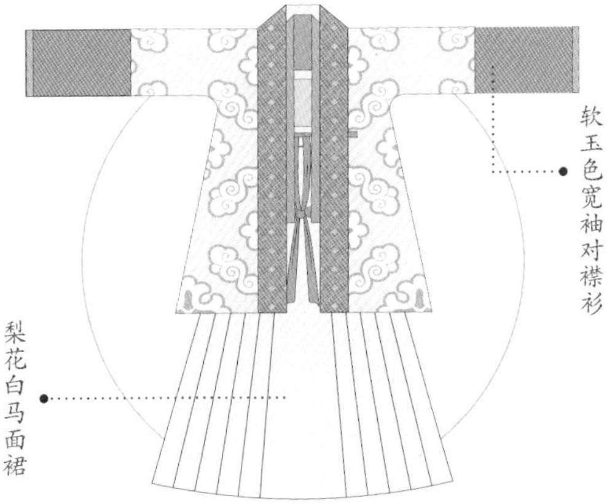

配饰

步摇

宋代步摇多为金、银、玉石等质地，饰以玉、珍珠、宝石等花式，形制逐渐多样化，且形制与质地是等级与身份的象征。

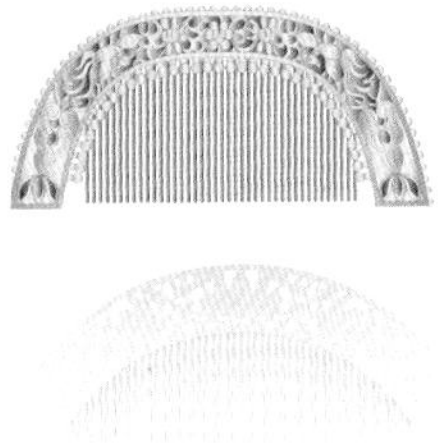

梳篦

简称“栉”，与簪、笄、钗、步摇等并称为中国古代八大发饰。插梳风尚在宋代达到鼎盛，人手必备梳篦。

三首桥梁簪

宋制金簪常以一对出现，形制相同。此簪簪头为三个葵花花头，呈桥梁式排列，花头可为两只到多只，是宋元时期桥梁簪的一种样式。

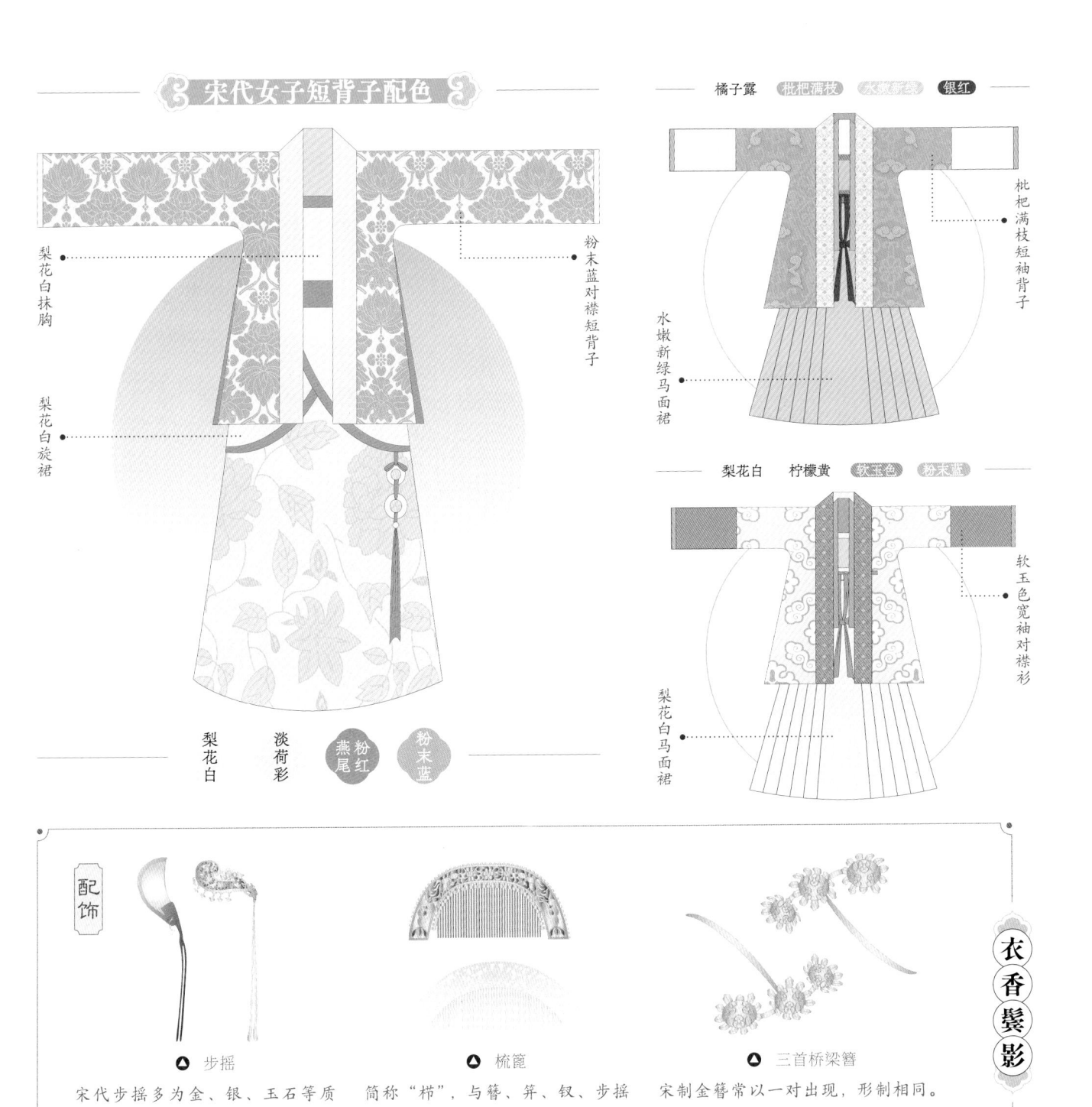

茶花牡丹凌霄芙蓉纹

介绍

该纹样属于缠枝纹的一种。缠枝纹是宋代织锦纹样的典型代表之一，又称“穿枝纹”“串枝纹”“蔓藤纹”，日本习惯称之为“唐草”。缠枝纹是在中国古代传统云气纹的基础上，糅合外来纹样的特质形成的。茶花牡丹凌霄芙蓉纹上下交错排列，组成两两相对的四方连续纹饰，寓意万寿无疆、绵延不断、生生不息。

结构

缠枝纹以茎叶、花朵或果实为题材，由涡旋形、“S”形、波形等构成，再由曲线或正或反相切，呈连续性纹样、单独纹样。该纹样中，花的颈枝为“S”形，以穿枝式布满全幅。纹样以复瓣牡丹为主体，以茶花、凌霄、芙蓉配合，花形写实、丰盈饱满，枝叶线条流畅，使花的气势得到极好的发挥。花的大小、主次分明，两两相对，一朵上扬，一朵低垂，相互呼应，具有很强的装饰效果。

应用

该纹样常用于织锦、陶瓷、建筑、壁画等之上。自唐代开始，缠枝纹日益成熟，宋代开始广泛流行，在元、明、清各代，缠枝纹都得到了进一步发展。

茶花牡丹凌霄芙蓉纹锦

	5-5-40-0	247-238-173	#f7eead
	0-30-80-0	250-192-61	#fac03d
	25-30-60-0	202-178-114	#cab272
	60-65-75-20	109-86-65	#6d5641
	65-40-95-30	85-106-42	#556a2a

艾绿

C 35
M 30
Y 85
K 0

R 182
G 169
B 63
#b6a93f

指类似艾草（艾草为一种草本植物，其绿色的叶子背面密生白色绒毛）的颜色，在古代是丝染布帛的常用色。

女子短袖背子·宋

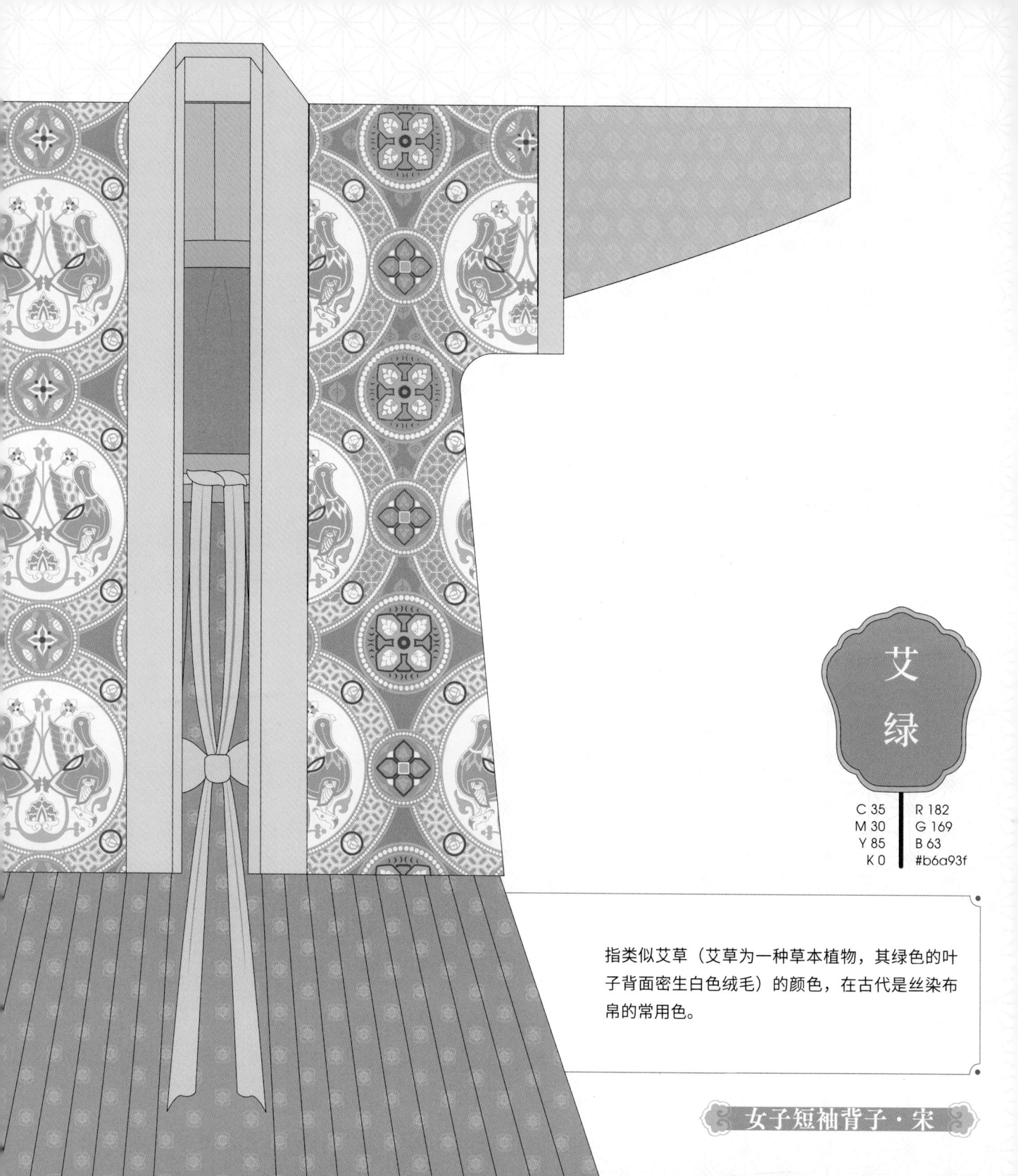

相关色

松花绿
35-0-66-0
181-214-115
#b5d673

也叫『松绿色』，指松果边缘的颜色，在古代深受女子喜爱，是常用的服饰色。

葱绿
45-0-95-5
152-195-40
#98c328

古时年轻女子的抹胸或裙子多用此色。此色还常在钧窑瓷器中出现，其色泽极其绚丽，是很珍贵的窑变颜色。

苍葭
40-16-50-0
168-189-143
#a8bd8f

像初生芦苇的一种绿色。葛长庚在《贺新郎·游西湖》里提到的『望弥漫、苍葭绿苇，翠芜青草』即是这种颜色。

棕绿
50-40-90-0
147-143-58
#938f3a

是绿色加棕色调和后的结果，多作为底色来用。另外，这种颜色也经常出现在唐三彩中，作为两色过渡的中间色。

配色方案

1	2	3	4	5	6	7	8	9
35-30-85-0	55-5-70-0	20-30-85-0	0-0-60-0	15-40-30-0	15-20-40-0	10-0-0-0	30-70-80-0	65-60-80-25
182-169-63	126-188-108	213-179-56	255-246-127	218-169-161	223-204-161	234-246-253	187-101-61	94-87-59
#b6a93f	#7ebc6c	#d5b338	#fff67f	#daa9a1	#dfcca1	#eaf6fd	#bb653d	#5e573b

纹样配色·贰色

1 7

2 4
盘条纹

纹样配色·叁色

1 4 5

1 4 9
牡丹纹

纹样配色·肆色

1 2 3 7

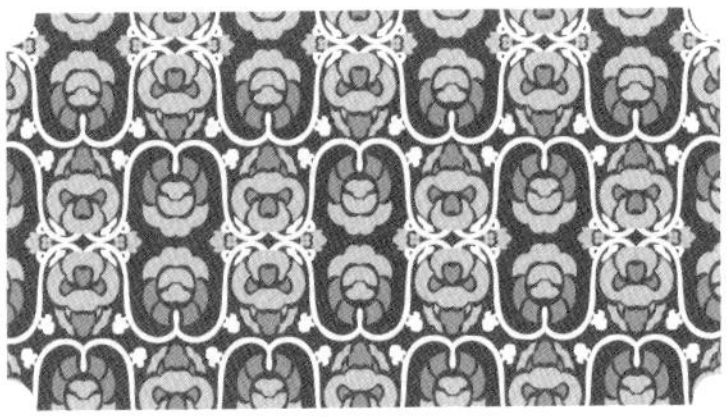
1 4 6 8
串枝花卉纹

团花配色

喜字并蒂莲纹
2 3 4 5

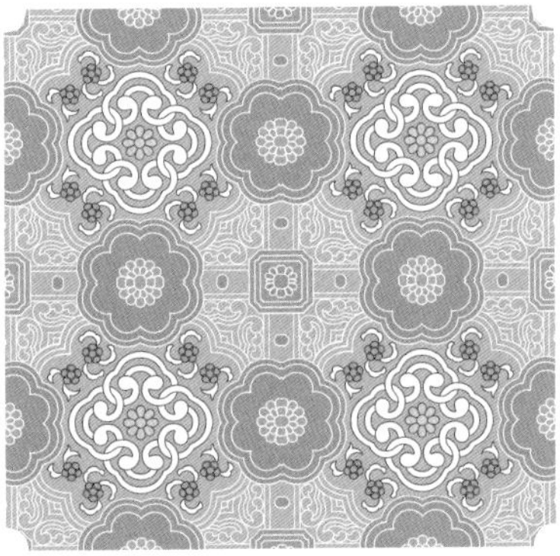
八达晕纹
1 2 3 4 5 8 9

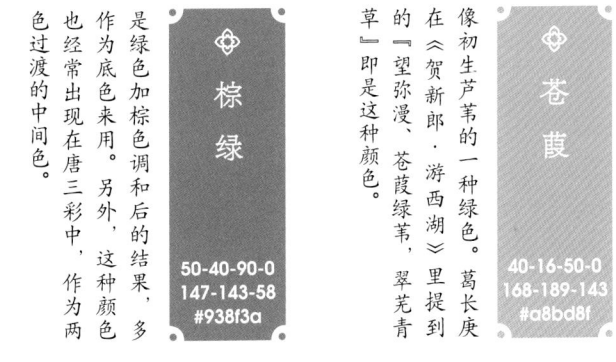

宋代女子短袖背子装束

- 上身着　衫—背子
- 下身着　袴—裙

宋代女子短袖背子配色

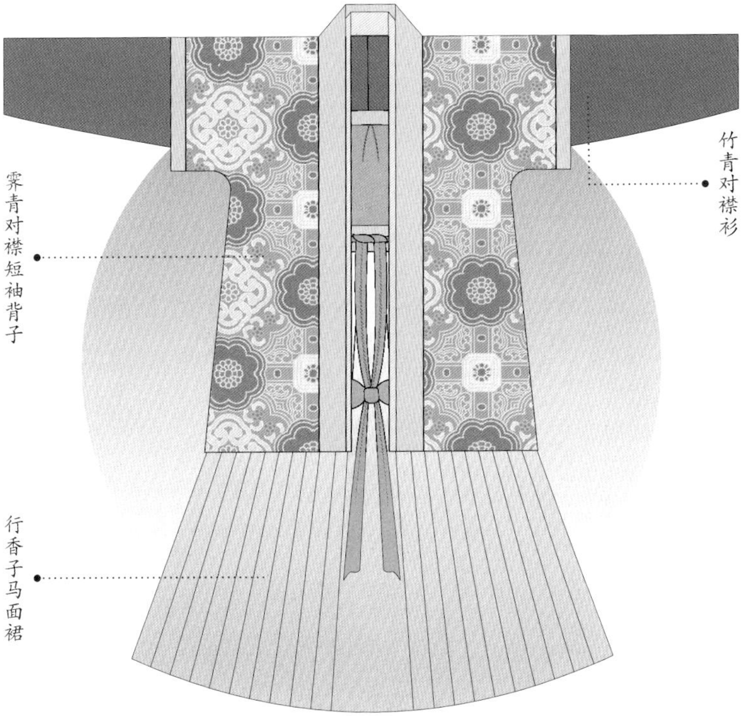

黄白游 芸黄 黛米茉莉 天青浅蓝

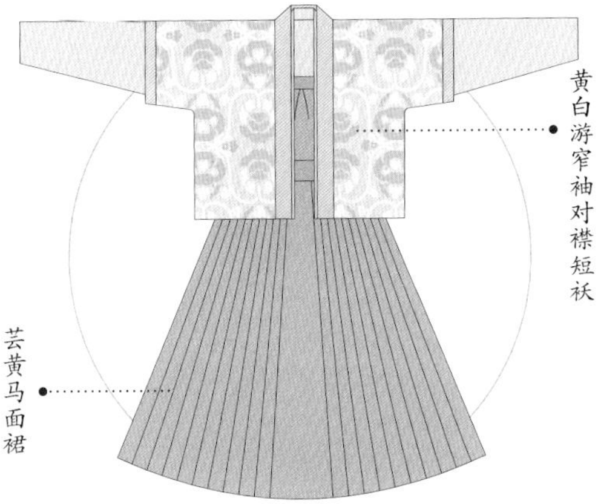

炒米黄 黄鹂留 天青浅蓝 雪青

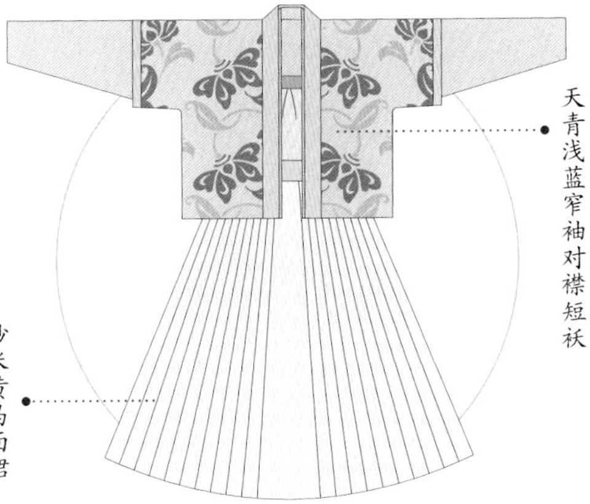

配饰

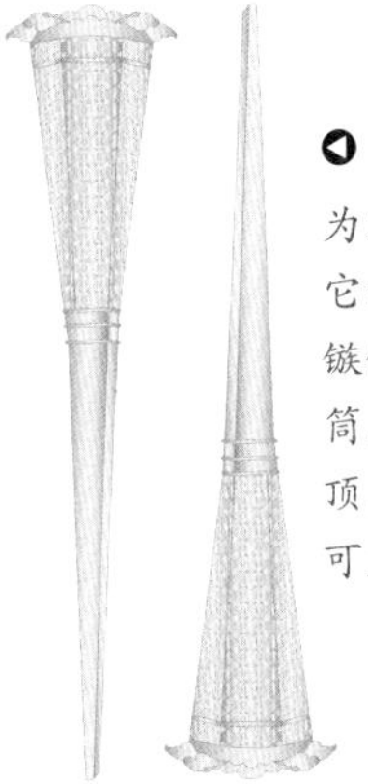

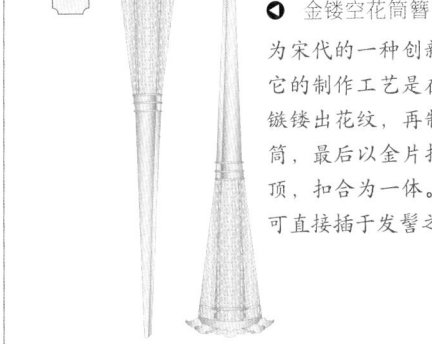

金镂空花筒簪

为宋代的一种创新首饰，它的制作工艺是在金片上錾镂出花纹，再制成锥形筒，最后以金片打制成簪顶，扣合为一体。佩戴时可直接插于发髻之上。

金茄形耳环

主体框架为茄形，金丝盘出朵花与卷草图案，由细密的金珠组成，脊部则焊有较大的金珠。

金镂百事吉结子

宋朝时期，百事吉结子是用于相互馈赠的节令物品，式样及制作材料不一，既可以用五色线编结，还能用珠翠或镂银仿样制成。

灵鹫球路纹

介绍

球路纹又称“毬路纹”，是从唐代联珠纹发展演变而来的样式。灵鹫球路纹是宋代球路纹中的代表纹样之一，融合了中西方装饰艺术特点，具有波斯风格。图案中的龟背纹、方胜纹、联珠纹等几何纹，以及生命树、灵鹫等元素在创意上都追求着生生不息、健康长寿、八路相通等祥瑞之意。

结构

该纹样主体是复式小联珠环组成的大团窠纹，内部以象征着不朽和永生的生命树为中轴，根部饰以葡萄纹。树的两侧为相背引颈而立守护灵魂的灵鹫。该纹样以龟背纹、方棋纹、联珠纹、小团花装饰球路纹相连的四角，以四方连续的形式呈现，规整整洁 ，具有很强的装饰性。

应用

球路纹在宋朝时期十分流行，明清亦有沿用，被广泛应用于丝绸、织锦等领域。北宋“灵鹫球路纹锦袍”之上的纹样即为该纹样，除此之外明代“浅绿色地莲花夔龙球路纹双层锦”上的纹样也属于球路纹。

灵鹫球路纹锦袍

	10-0-0-0	234-246-253	#eaf6fd
	20-30-85-0	213-179-56	#d5b338
	35-30-85-0	182-169-63	#b6a93f
	60-55-100-5	122-111-44	#7a6f2c
	45-0-95-5	152-195-40	#98c328

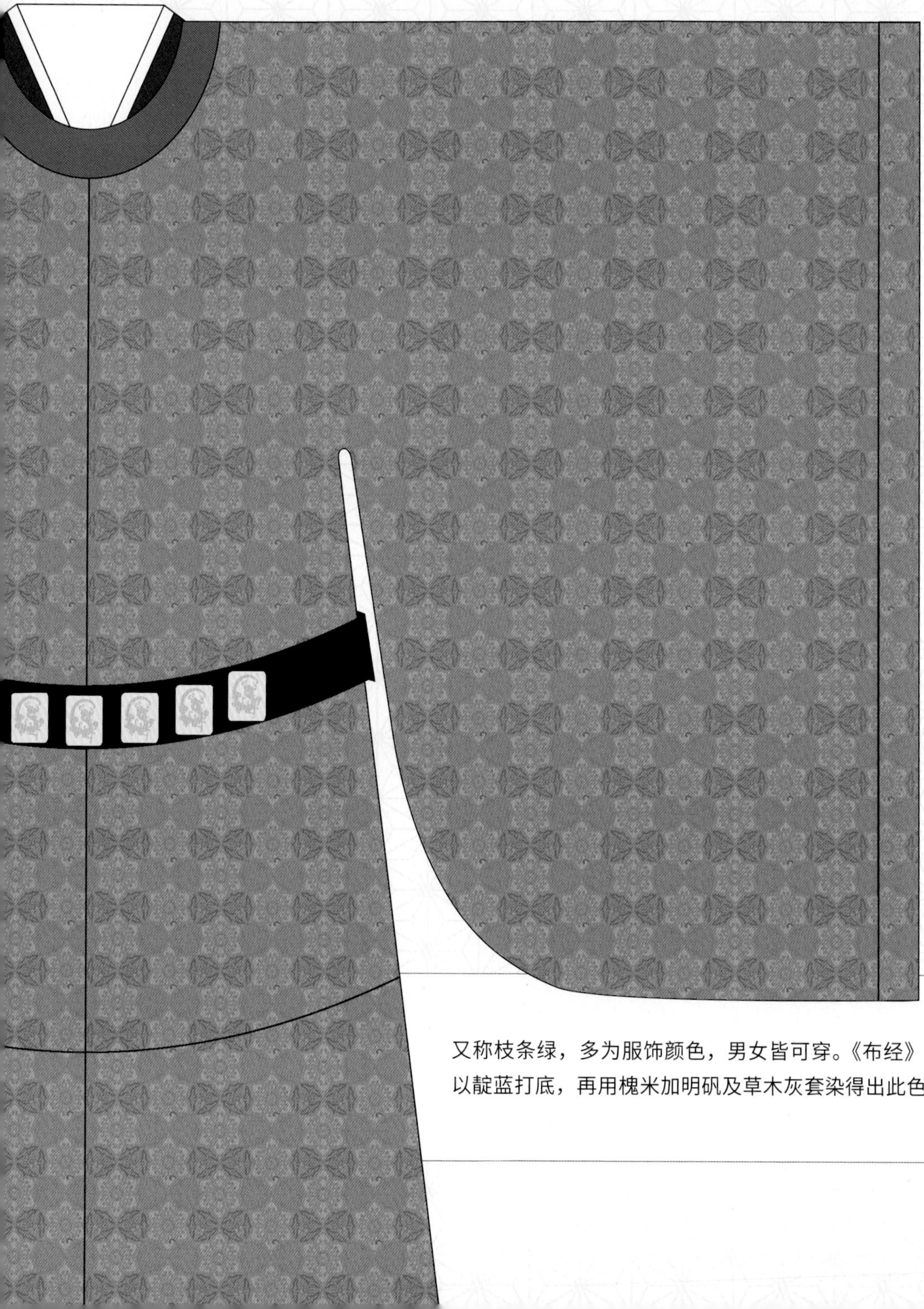

官绿

C 95
M 25
Y 65
K 10

R 0
G 127
B 106
#007f6a

又称枝条绿，多为服饰颜色，男女皆可穿。《布经》记载官绿是蓝黄套染而成的，以靛蓝打底，再用槐米加明矾及草木灰套染得出此色。

官吏公服·宋

相关色

柳绿
40-0-80-0
170-207-82
#aacf52

如其名称一样，柳绿是像春天柳叶的颜色，此色给人以洁净鲜嫩、充满生气的感觉。古人常以『桃红柳绿』来形容春天。

葱倩
65-40-80-0
108-134-80
#6c8650

常用于形容草木青翠茂盛，亦是柴窑瓷器色之一，清代《两般秋雨庵随笔》记载了柴窑瓷片『色亦葱倩可爱』。

草绿
75-10-70-0
40-164-109
#28a46d

是国画工笔画中很常用的颜色。在古代，草绿常用植物染料藤黄加花青调和而成。

祖母绿
70-0-55-50
21-115-89
#157359

指绿宝石带有莹亮光泽的深绿色，也是一种绿宝石的名称。辽金时期，祖母绿深受皇室贵族的喜爱，佩戴祖母绿的饰品成了当时的潮流。

配色方案

1	2	3	4	5	6	7	8	9
95-25-65-10	65-10-60-0	55-25-45-0	50-10-30-0	70-35-20-10	40-60-55-45	20-40-60-5	5-10-30-0	25-85-75-10
0-127-106	91-174-127	128-164-146	136-191-184	75-132-166	113-76-68	204-159-104	245-231-190	182-65-57
#007f6a	#5bae7f	#80a492	#88bfb8	#4b84a6	#714c44	#cc9f68	#f5e7be	#b64139

纹样配色·贰色

1 8

1 4

菊花纹

纹样配色·叁色

1 2 8

4 5 7

牡丹团花纹

纹样配色·肆色

1 2 8 9

4 6 8 9

松竹梅纹

边饰纹样

云头十字纹
1 2 4 5 8

四瓣花纹
1 3 8

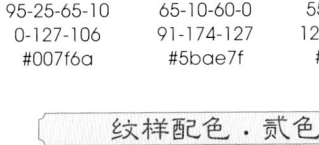

宋代官吏公服装束

- 上身着 衫—圆领大袖袍
- 下身着 袴

宋代官吏公服配色

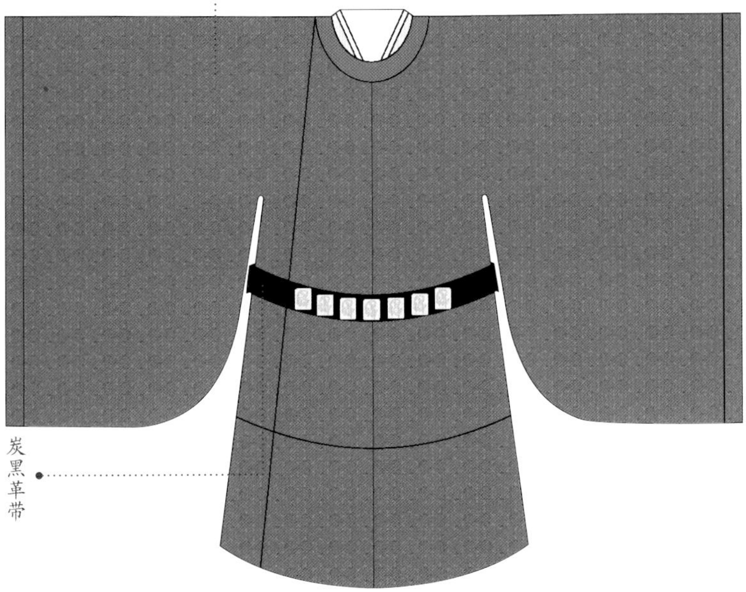

骨缥 浅靛蓝 黄昏蓝 炭黑

云母白 鱼肚白 朱瑾色

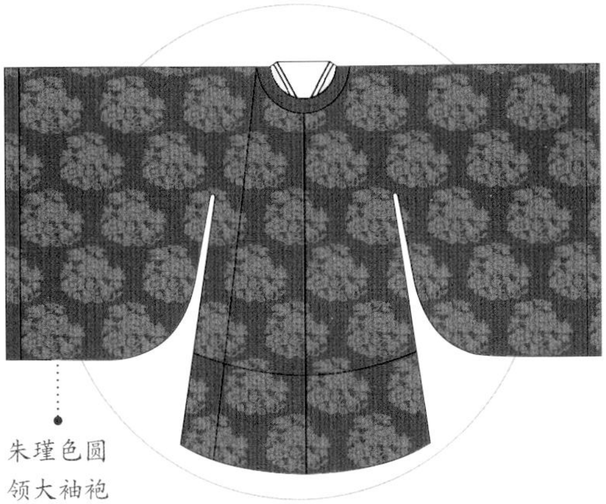

云母白 水华朱 紫罗兰

冠帽

交脚幞头

仆从、公差或身份低下的乐人，多用交脚或局(曲)脚幞头。

高装巾子

造型高而方正的巾帽，是宋代文人平时喜爱佩戴的帽子。

展脚幞头

是宋朝朝服的首服，内衬木骨，外罩漆纱。

配饰

革带

穿公服时所戴的革带，是区别官职的重要标志之一。使用时根据官品等级戴不同颜色的革带。

衣香鬓影

八达晕纹

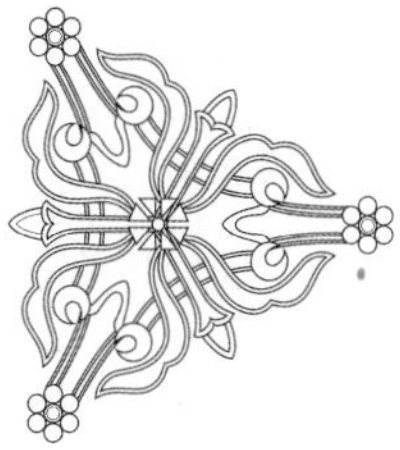

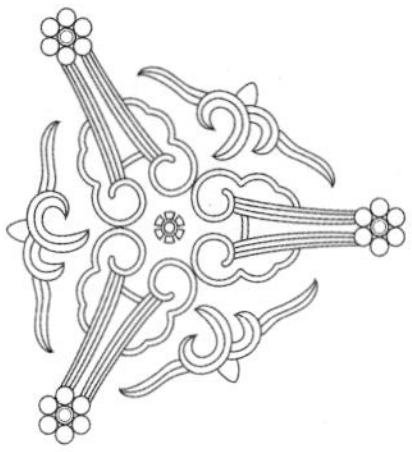

介绍

八达晕，又写作“八答晕”或“八达韵”，此类纹锦唐代已开始生产，发展盛行于宋、明、清三代。这类图案源于我国宫殿和寺庙建筑中的彩绘装饰，是中华民族装饰图案在锦缎上的艺术体现，有八路相通、飞黄腾达等吉祥之意。

结构

八达晕纹是在圆形、菱形、方形或其他多边形（多为六边或八边形）等几何骨架上搭配出的一种组合纹样，在团窠中配置如意、莲花、鸟兽等视觉中心纹样，并在骨架上布以万字、回字、连线、龟背、鱼肠、锁子、盘绦等细密的几何辅助纹样，结构纵横交错，呈现出庄严雄浑的气势，有极佳的艺术效果。

应用

敦煌莫高窟的藻井图案中可以看到不少类似的纹样。两宋时这种纹饰进一步发展，变化较多，在建筑彩绘、壁画、织锦等领域广泛应用，并发展成宋锦的主要纹样之一。到了明代，八达晕纹在书画装裱中亦甚为流行。

八达晕纹锦

5-10-30-0	245-231-190	#f5e7be	65-10-60-0	91-174-127	#5bae7f
20-40-60-5	204-159-104	#cc9f68	65-40-80-0	108-134-80	#6c8650
25-85-75-10	182-65-57	#b64139	70-35-20-10	75-132-166	#4b84a6

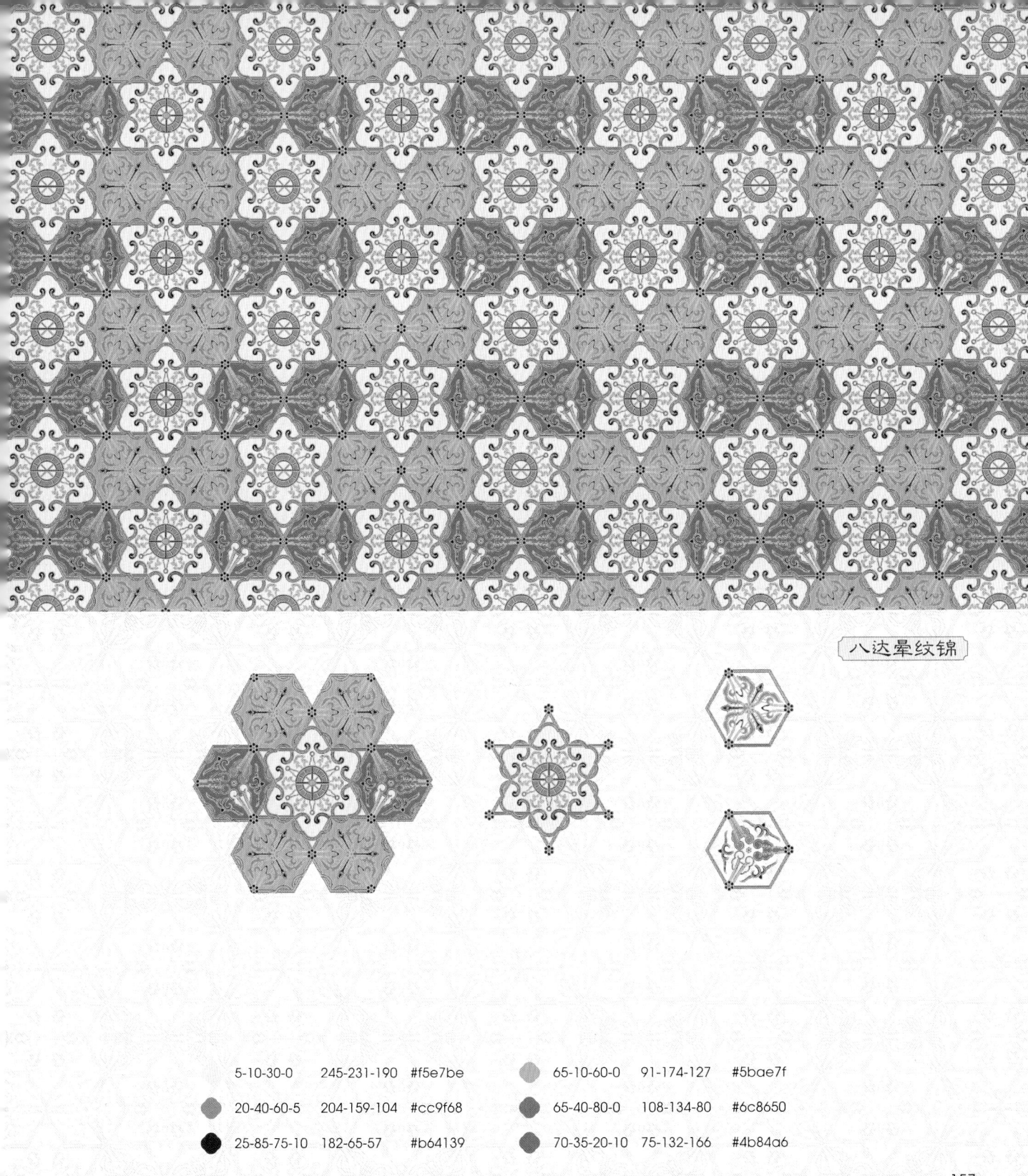

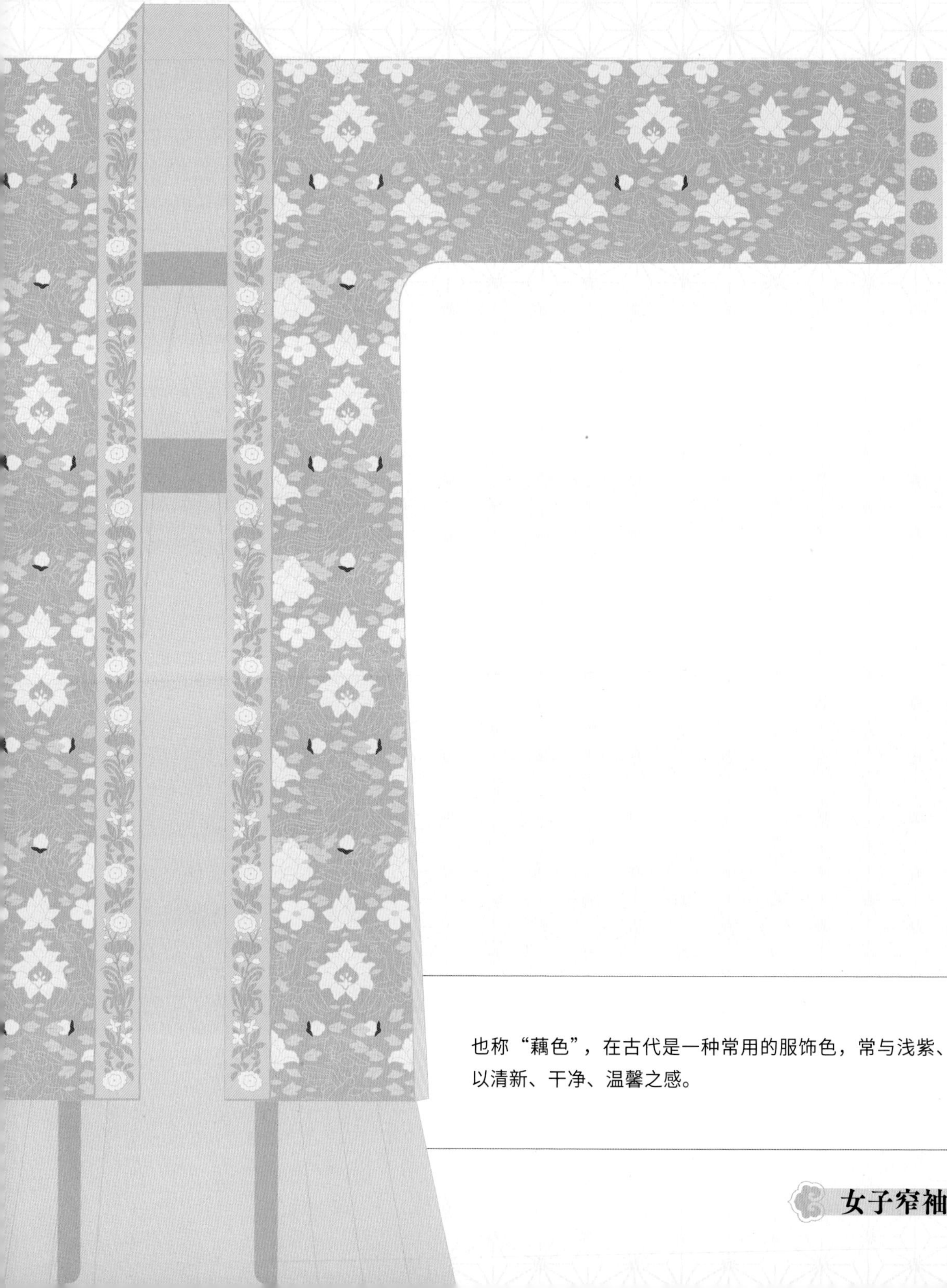

藕荷色

C 5 M 20 Y 10 K 0

R 241 G 216 B 217 #f1d8d9

也称“藕色”，在古代是一种常用的服饰色，常与浅紫、黄、白搭配，给人以清新、干净、温馨之感。

女子窄袖长背子·宋

相关色

银鼠灰

20-25-50-0
212-191-137
#d4bf89

因颜色近似动物银鼠的毛色而得名。银鼠裘衣为显贵者的服饰，是权力与身份的象征。《红楼梦》中，林黛玉便曾着银鼠坎肩。

缟素

0-0-0-10
239-239-239
#efefef

是未经染色的丝帛颜色，呈现朴素、不耀眼的本白色。清代黄之隽的《杂诗》中提到『布作缟素色，丝成罗绮春。』

莺儿

10-10-40-0
235-225-169
#ebe1a9

是用杨树枝叶染出来的颜色，因像黄莺的羽毛色，故而得名。古人有诗曰：『纱帐莺儿色，青春入梦来。』说的就是黄莺落在绿色枝头，仿佛青春在唱歌的色彩意境。

佛肯红

5-15-20-5
236-217-199
#ecd9c7

古人常用『佛肯』形容色彩饱和度低，故佛肯红即像肤色的浅红色。袁文在《瓮牖闲评》中说它也是染织色名。

配色方案

编号	CMYK	RGB	HEX
1	5-20-10-0	241-216-217	#f1d8d9
2	0-30-25-5	240-192-176	#f0c0b0
3	0-45-45-0	244-165-131	#f4a583
4	0-15-50-0	254-223-143	#fedf8f
5	20-30-60-5	206-176-110	#ceb06e
6	0-10-0-0	253-239-245	#fdeff5
7	65-5-45-0	83-181-158	#53b59e
8	25-60-0-40	140-86-127	#8c567f
9	100-80-50-0	0-69-103	#004567

纹样配色 · 贰色

1 6

4 5

花蝶纹

纹样配色 · 叁色

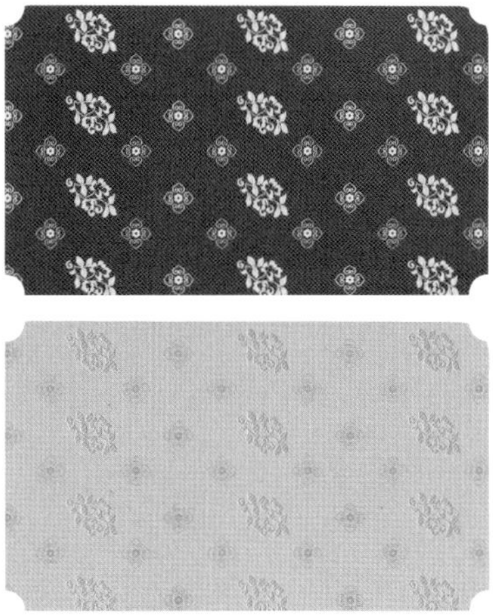

1 4 8

2 3 7

如意山茶纹

纹样配色 · 肆色

1 4 8 9

2 3 7 9

团花纹

边饰纹样

菊花纹

2 3 5 6

莲菊花纹

1 3 4 5 6

宋代女子窄袖长背子装束

- 上身着 抹胸—背子
- 下身着 袴—裙

宋代女子窄袖长背子配色

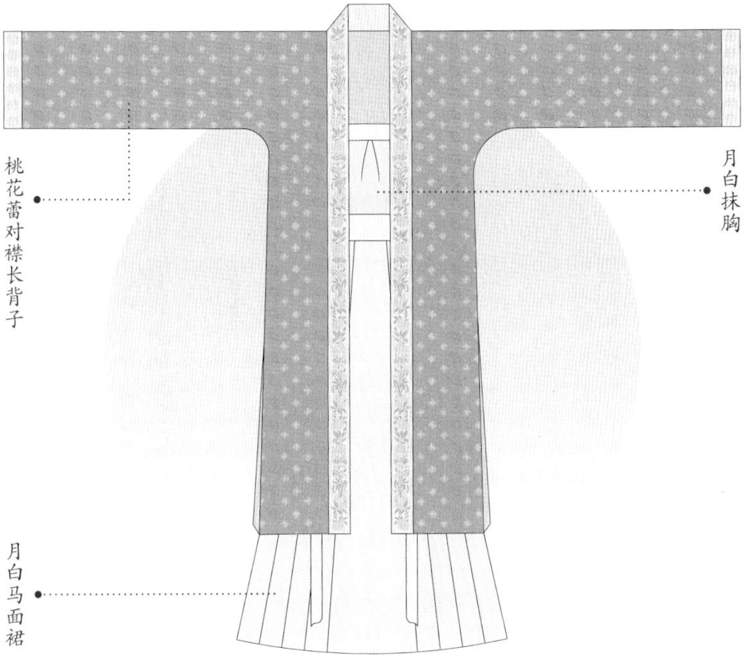

月光粉　赤茶色　桃花蕾　月白

春花色　浅白茶　桃花蕾　迷蝶紫

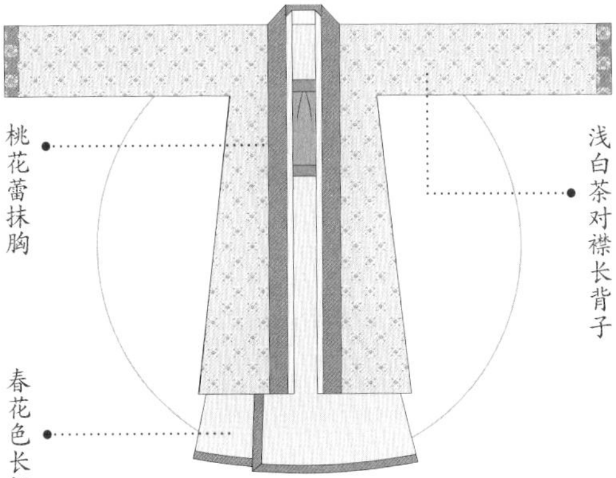

璎珞粉　蜜桃粉　桃花蕾　桔梗紫

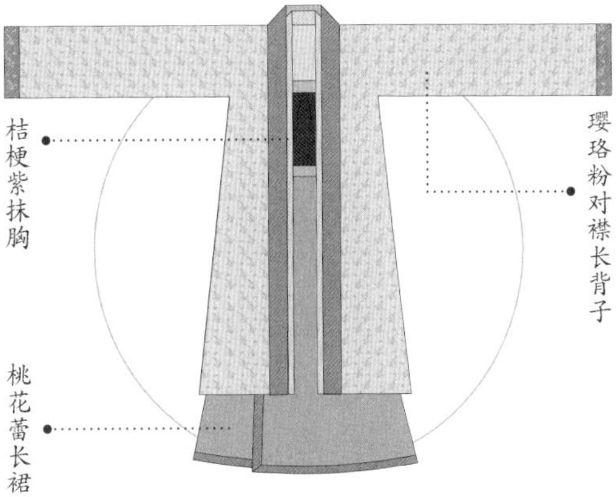

衣香鬓影

发髻

▲ 双蟠髻

又名龙蕊髻，有些像压扁的鬟髻，扎以彩缯，是宋代女子的常用发式。

▲ 三丫髻

用一条垂着珍珠的头须（头绳）勒着，或是系红罗头须，垂以珠串。

▲ 朝天髻

朝天髻没有发环，属于高髻。宋代女子喜爱梳这种简单优雅的发髻。

鞋履

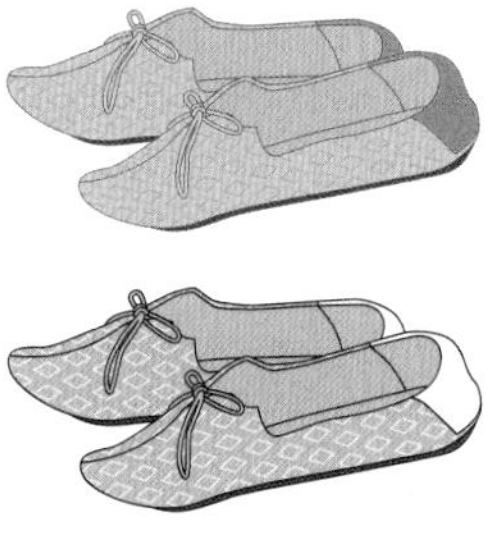

▲ 丝麻履

宋代文人雅士的鞋履，很精致。这两双丝麻履，面料素雅，制作精良。

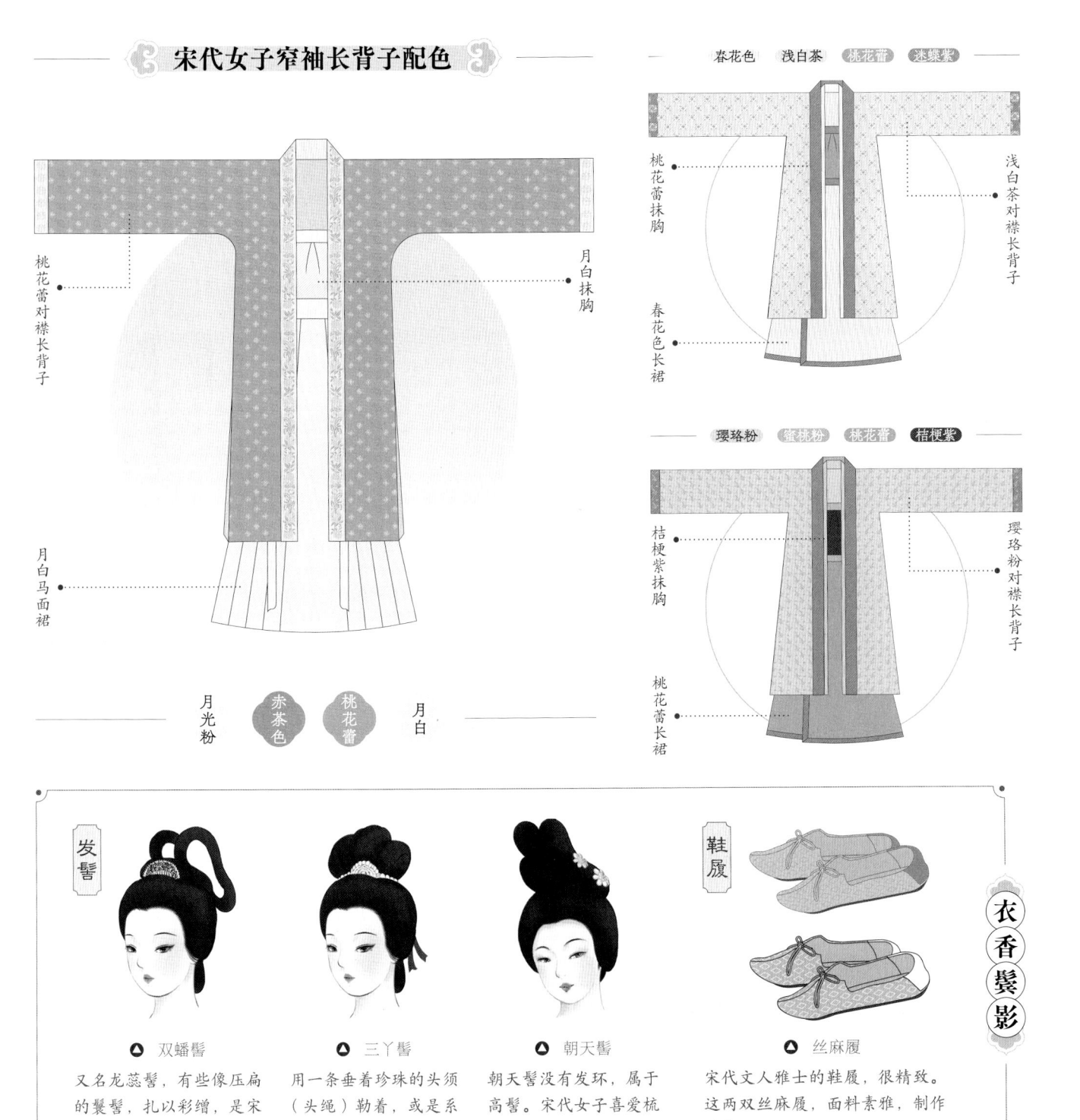

鸾鹊花纹

介绍

鸾鹊花纹，提取于名叫“紫鸾鹊谱”的宋代著名缂丝，以多种花鸟为主要展现形式。这类禽鸟纹饰为北宋贵重织物常用纹样，是中国古代象征着圣贤、吉祥如意、和谐美好等的装饰性纹样。

结构

在宋代缂丝“紫鸾鹊谱”中，禽类有文鸾、仙鹤、锦鸡、孔雀、鸿雁等；花卉则有牡丹、莲花、菊花、梅花等。在该纹样中，形态各异的鸾鹊均作展翅飞翔状，凤凰衔着如意，在花丛中飞舞，且周围有莲花、海棠等纹饰缠绕，构成四方连续纹样，花鸟栩栩如生，繁而不乱。

应用

此纹样被广泛用于缂丝织物领域，在宋代女子服饰上常能看到其身影，后逐渐向缂丝花鸟画发展，形成了专门的缂丝画作，在书画领域被广泛使用。

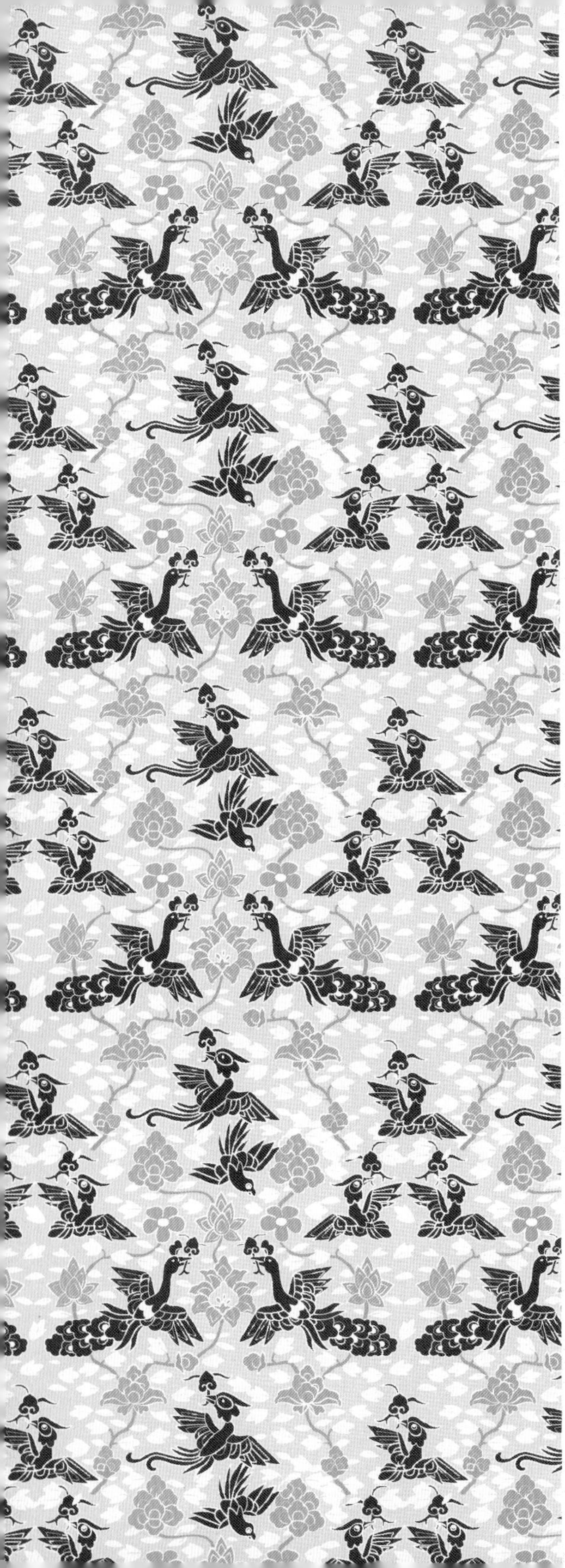

紫鸾鹊谱

0-10-10-0	253-237-228	#fdede4
5-20-10-0	241-216-217	#f1d8d9
20-30-60-5	206-176-110	#ceb06e
65-5-45-0	83-181-158	#53b59e
25-60-0-40	140-86-127	#8c567f

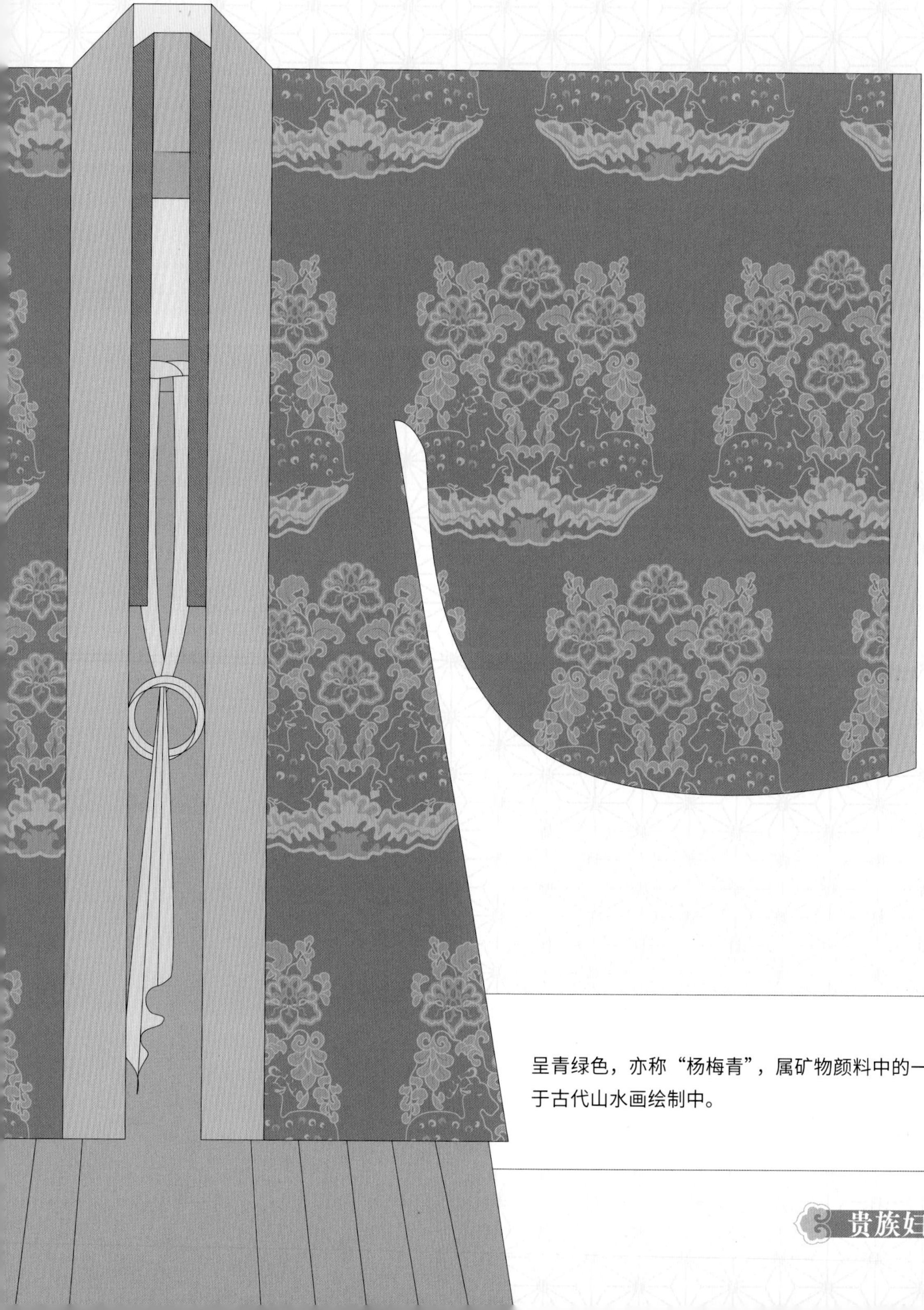

空青

C 70　R 80
M 30　G 146
Y 40　B 150
K 0　#509296

呈青绿色，亦称“杨梅青”，属矿物颜料中的一种，十分稀少，常被用于古代山水画绘制中。

贵族妇女大袖衫·宋

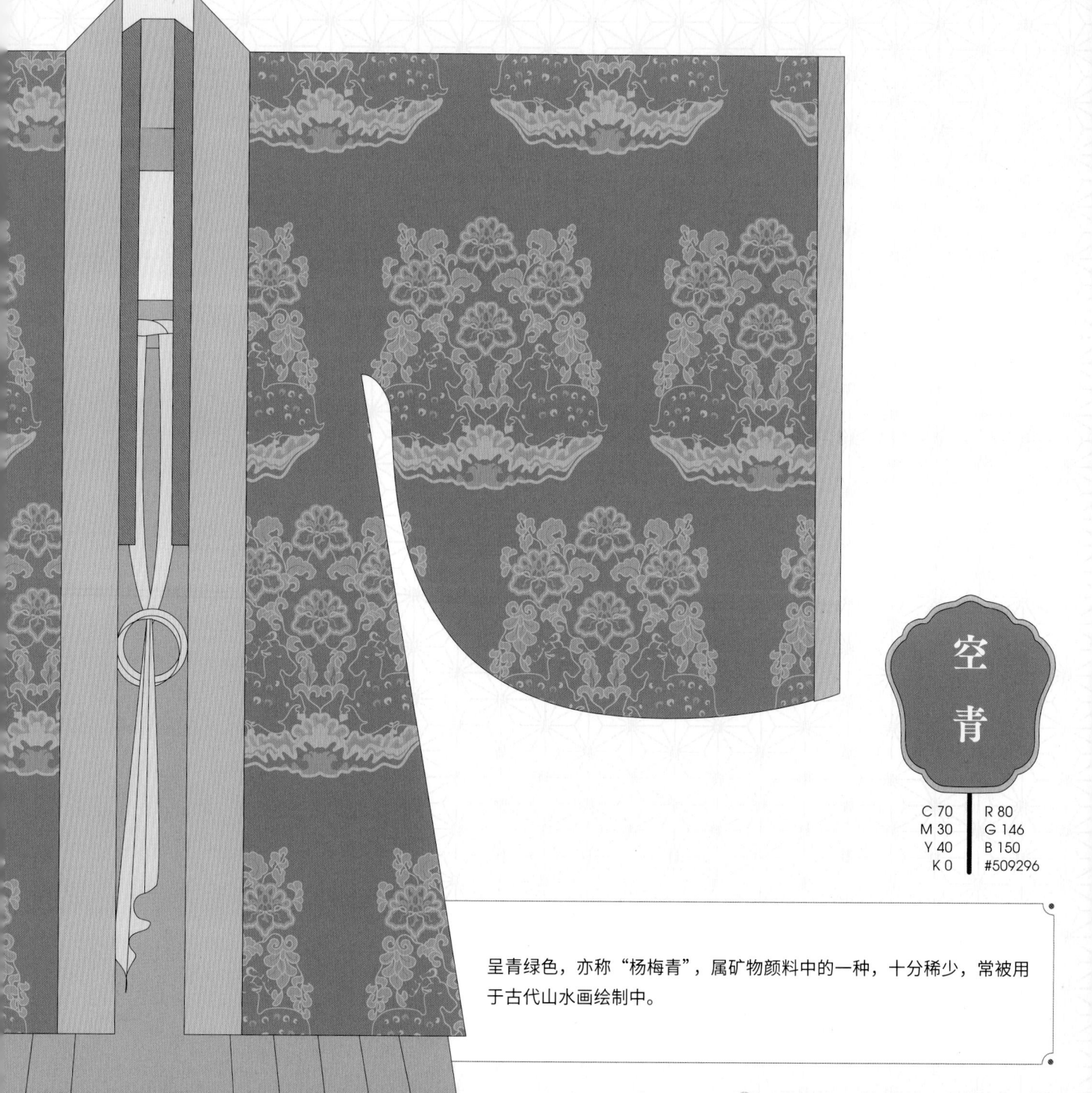

相关色

苍青
60-35-25-0
114-147-170
#7293aa

是一种色调偏暗的青蓝色，在国画中，苍青多用来描绘远山、江水等景物。

铜绿
75-30-50-0
61-142-134
#3d8e86

也称『铜锈』，是铜表面所生成的绿锈的颜色，颜色翠绿。是古时常用的绘画颜料，常被用于敦煌彩绘壁画之中。

粉绿
70-0-40-0
46-182-170
#2eb6aa

在古时也称『玉色』，比单纯的绿多了几分黄色和白色。此色在粉彩瓷器中为常见色。呈现出淡雅、素净之感。

青翠
80-30-40-0
16-139-150
#0108b96

本意指翠鸟，后经引申泛指青、碧、绿等不同色阶与明度的绿色。在古诗中，青翠常用来形容茂密的山林的颜色，如李白的『寒山饶积翠，秀色连州城。』

配色方案

1	2	3	4	5	6	7	8	9
70-30-40-0	65-0-30-0	5-10-15-0	90-5-40-0	30-10-5-0	45-80-55-70	20-45-90-0	95-45-5-0	25-75-80-10
80-146-150	73-188-189	244-233-219	0-160-166	188-212-231	70-21-33	210-152-42	0-113-183	183-86-54
#509296	#49bcbd	#f4e9db	#00a0a6	#bcd4e7	#461521	#d2982a	#0071b7	#b75636

纹样配色 · 贰色

1 5

2 3

牡丹纹

纹样配色 · 叁色

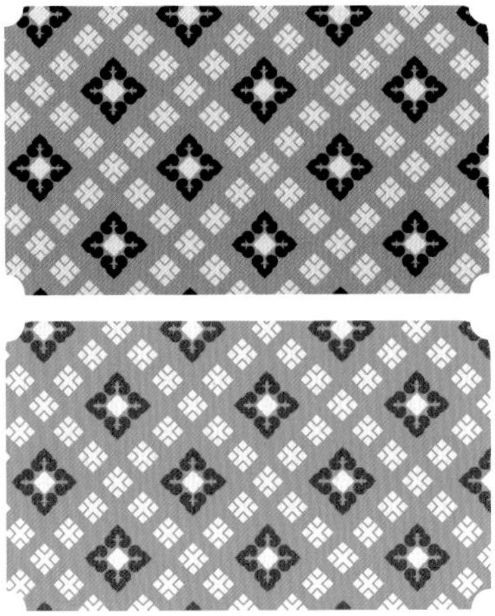

1 5 6

3 4 9

几何小花纹

纹样配色 · 肆色

1 3 5 7

1 2 3 5

牡丹缠枝纹

边饰纹样

凤穿牡丹纹
1 2 3 5 7 8 9

牡丹芙蓉山茶纹
1 3 4 5 7 8 9

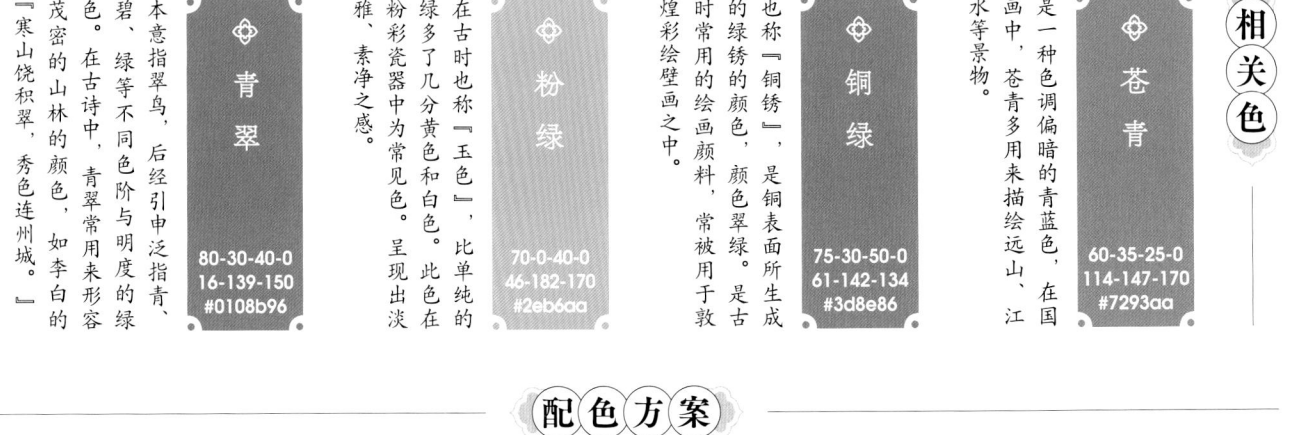

宋代贵族妇女大袖衫装束

- 上身着 抹胸—背子—大袖衫
- 下身着 袴—裙

宋代贵族妇女大袖衫配色

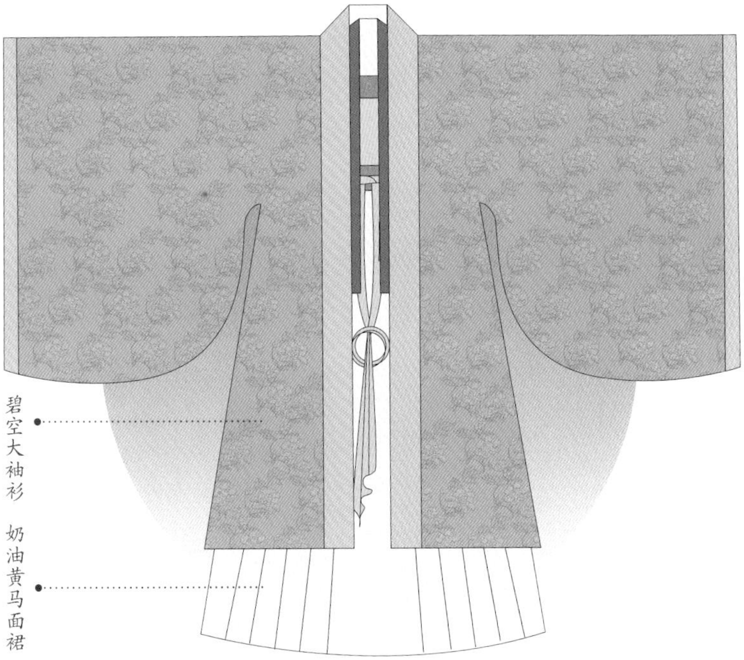

奶油黄 花粉橙 碧空 竹青

半见 竹青 松花绿

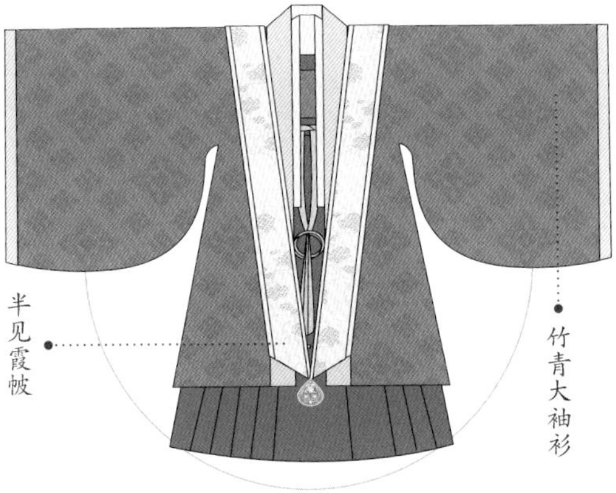

佛手黄 铅丹 秋波蓝 崧蓝绿

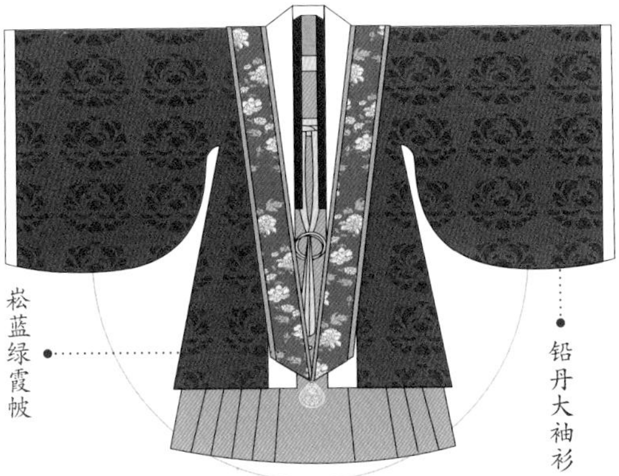

配饰

金钏

由金丝缠绕而成，可作为定情之物，是宋代婚嫁三金（金钏、金镯、金帔坠）之一。可根据手臂的粗细调节松紧，俗称“缠臂金”。

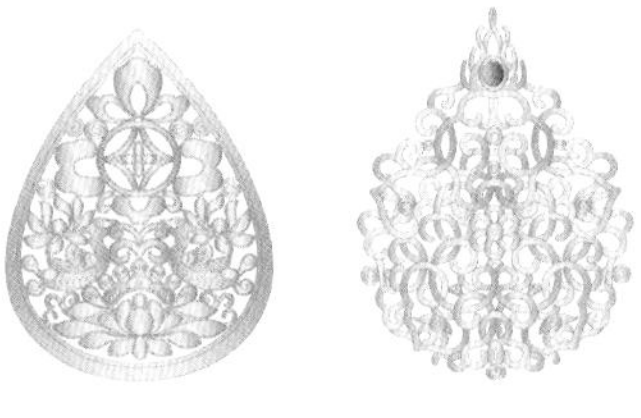

金帔坠

宋代金帔坠形状多样，上饰有龙凤、花卉等纹样。顶部有一个小孔，被用于挂置在霞帔上，起固定的作用，显得大气端庄。

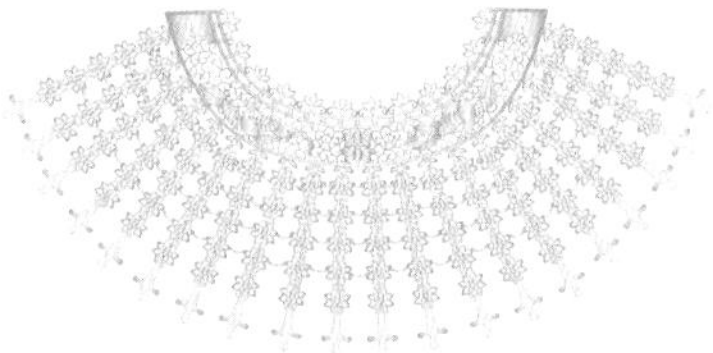

金帘梳

在宋代是深受喜爱的新式配饰，佩戴时插于前额发髻或双鬟，花网自然披垂如帘，行走间极具灵动之美。

对鹿纹

介绍

对鹿纹是取自一件名为“蓝地对鹿纹锦”的斜纹织物上的纹样，是宋代织锦纹样中鹿纹的典型代表之一。鹿在古代，寓意爱情幸福、多子多福等，承载了人们对生活美好的追求。

结构

该纹样的中轴线处为直立生长的牡丹，开得非常饱满。在牡丹的两侧又各长出几片卷曲叶片以及几朵牡丹，围出了整个图案滴珠状的外形。牡丹下，两只鹿相对而卧，鹿首微昂，一只前足微微抬起，呈对称状。对鹿纹的鹿角造型已由早期的粗犷夸张变为朴素写实，鹿角为一组分三枝及以上，线条简洁，优美流畅，使对鹿纹显现出稳重与力量。

应用

在宋代，对鹿纹日趋多样化，被广泛应用于服饰织锦之中。除此之外，宋代亦常见鹿纹玉佩、瓷器等工艺品。

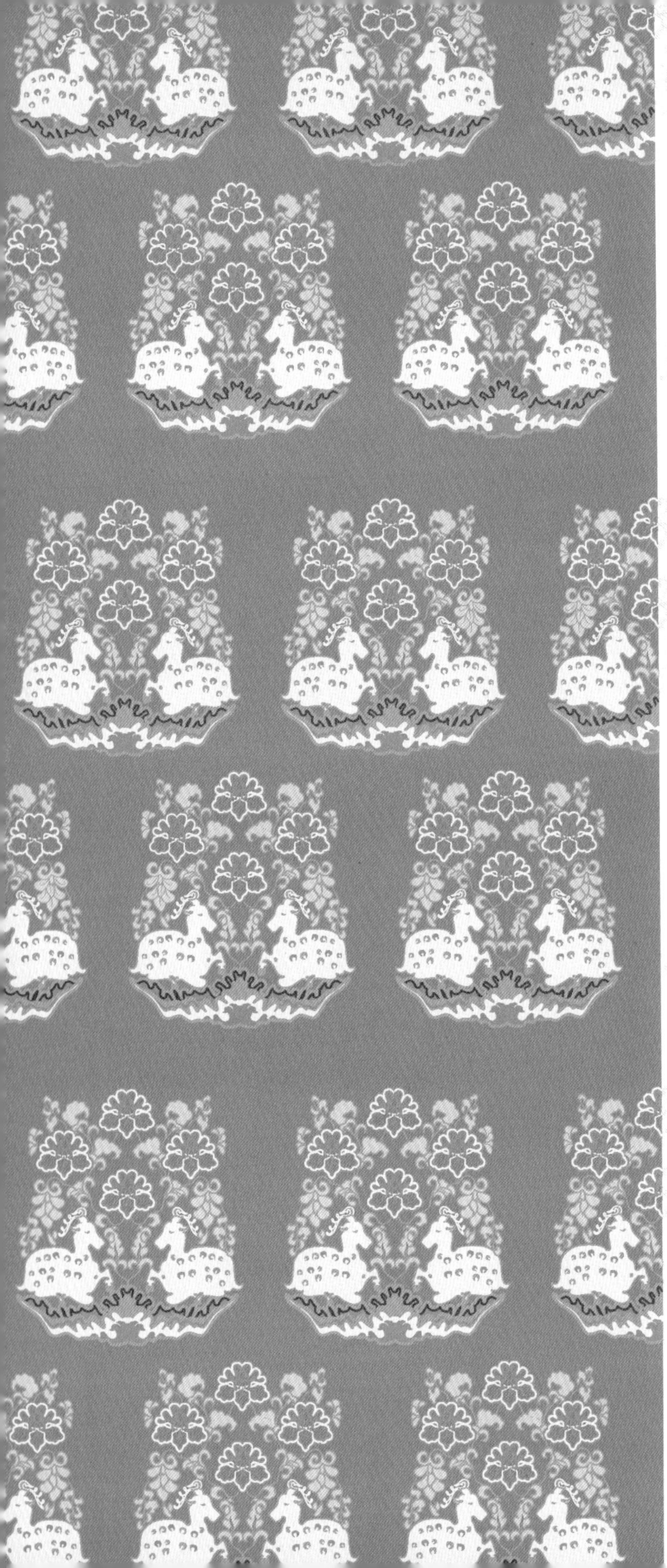

对鹿纹锦

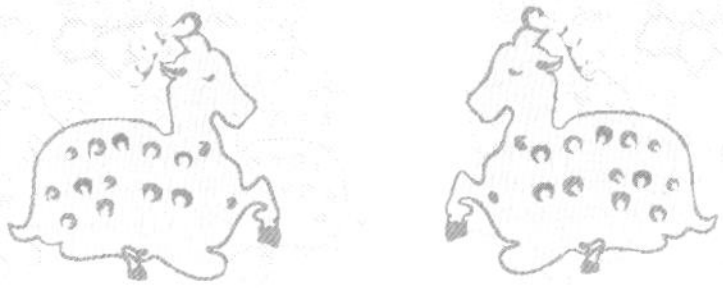

5-10-15-0	244-233-219	#f4e9db
20-45-90-0	210-152-42	#d2982a
25-75-80-10	183-86-54	#b75636
45-0-35-0	150-208-182	#96d0b6
70-30-40-0	80-146-150	#509296
75-10-35-0	1-167-172	#01a7ac

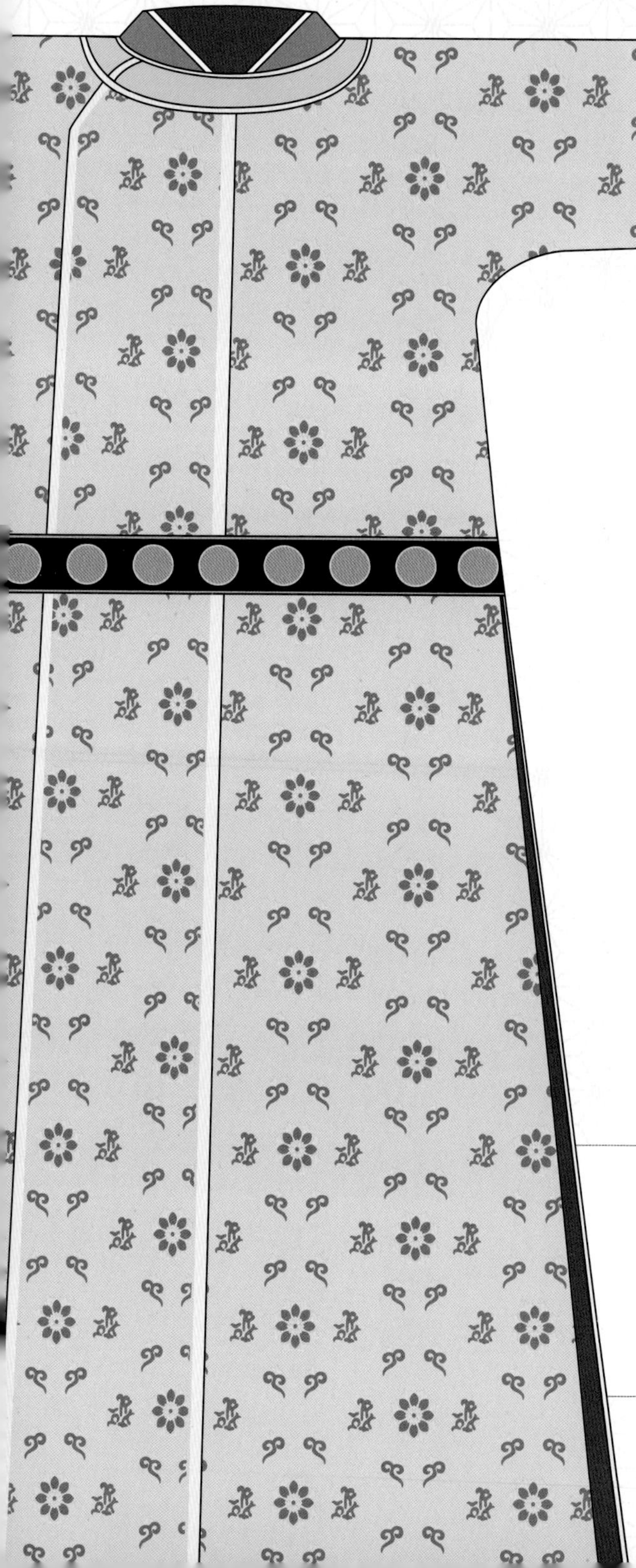

缥色

C 25　R 194
M 0　G 225
Y 5　B 235
K 5　#c2e1eb

即为浅青色，《说文解字》中记载：“缥，帛青白色也。”古人用重染的方法，可把织物染出由浅至深的白缥、浅缥、中缥等。该色给人淡雅、缥缈的感觉。

女子圆领长袍·宋

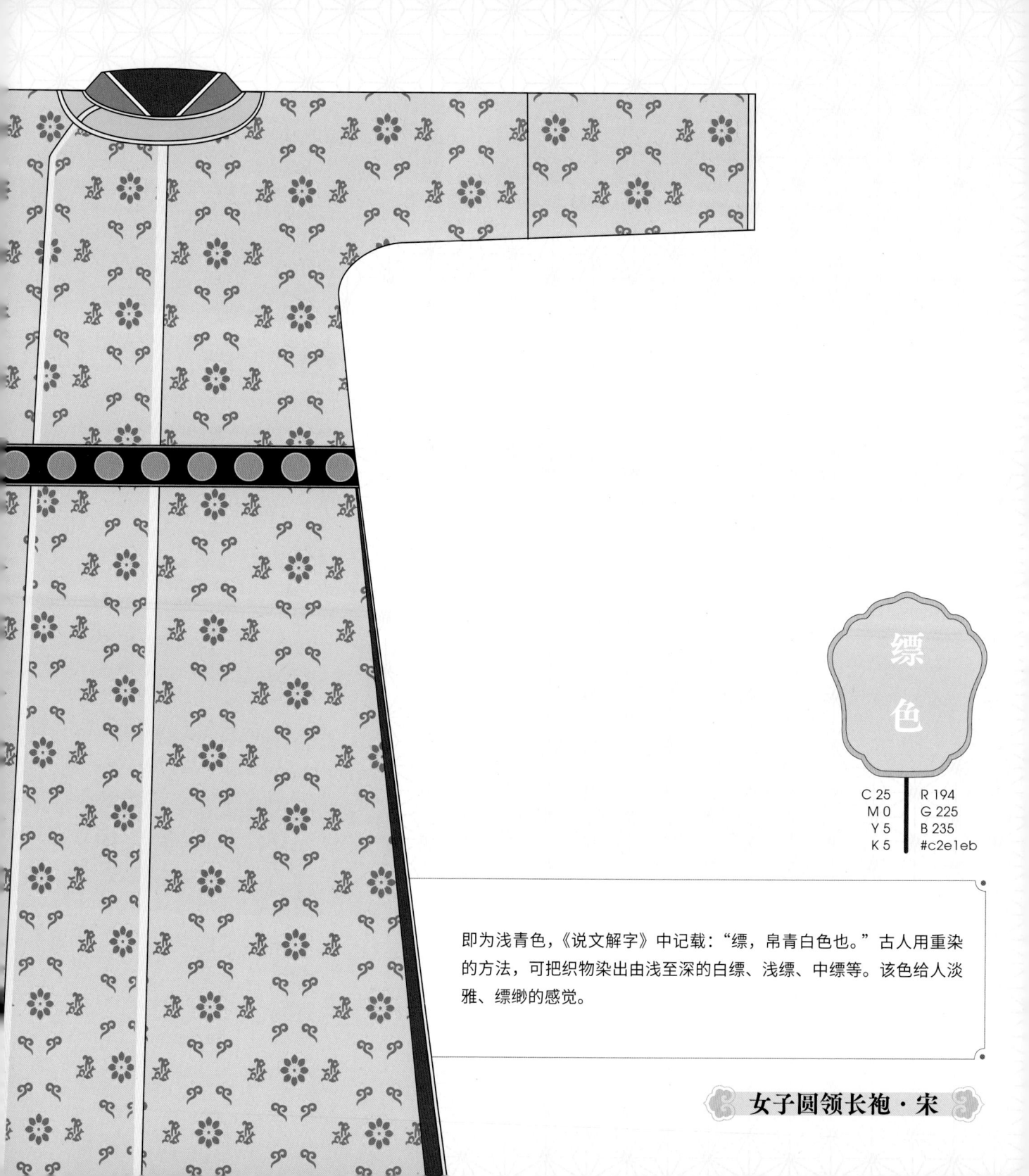

相关色

蔚蓝

50-0-15-0
130-205-219
#82cddb

类似晴朗天空的颜色。韩驹用『水色天光共蔚蓝』来形容水与天的颜色是蔚蓝色的。

湖蓝

80-45-15-0
43-121-173
#2b79ad

是像蓝宝石一样的深蓝色，色感深沉、静谧，可作为服饰色。清代光绪年间妇女服色以选用湖蓝、桃红为多。

翠蓝

75-25-30-0
46-150-169
#2e96a9

是靛水染的较深的蓝色，具有高贵、纯粹的视觉感。晋代郭璞的《尔雅图赞·柚》中曾提到翠蓝的制作方法。

天青

20-5-10-0
212-229-230
#d4e5e6

是古瓷中十分珍贵的釉色，也指雨后天空的自然天色，所谓『雨过天晴云破出处，这般颜色做将来』。天青恰好符合了古人向往『不可言说』的含蓄之美。

配色方案

1	2	3	4	5	6	7	8	9
25-0-5-5	75-25-30-0	40-0-20-0	5-20-5-0	45-55-10-0	15-95-65-0	80-15-60-0	10-5-90-0	10-0-10-0
194-225-235	46-150-169	162-215-212	241-216-225	156-124-171	209-38-67	0-155-125	239-227-17	235-245-236
#c2e1eb	#2e96a9	#a2d7d4	#f1d8e1	#9c7cab	#d12643	#009b7d	#efe311	#ebf5ec

纹样配色·贰色

9

几何小花纹

纹样配色·叁色

5

5 6

团花纹

纹样配色·肆色

5 7

2 5 9

四季花纹

边饰纹样

摆菊纹

2 5 7

杂花纹

2 6 9

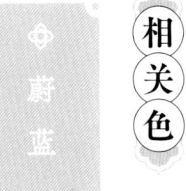

宋代女子圆领长袍装束

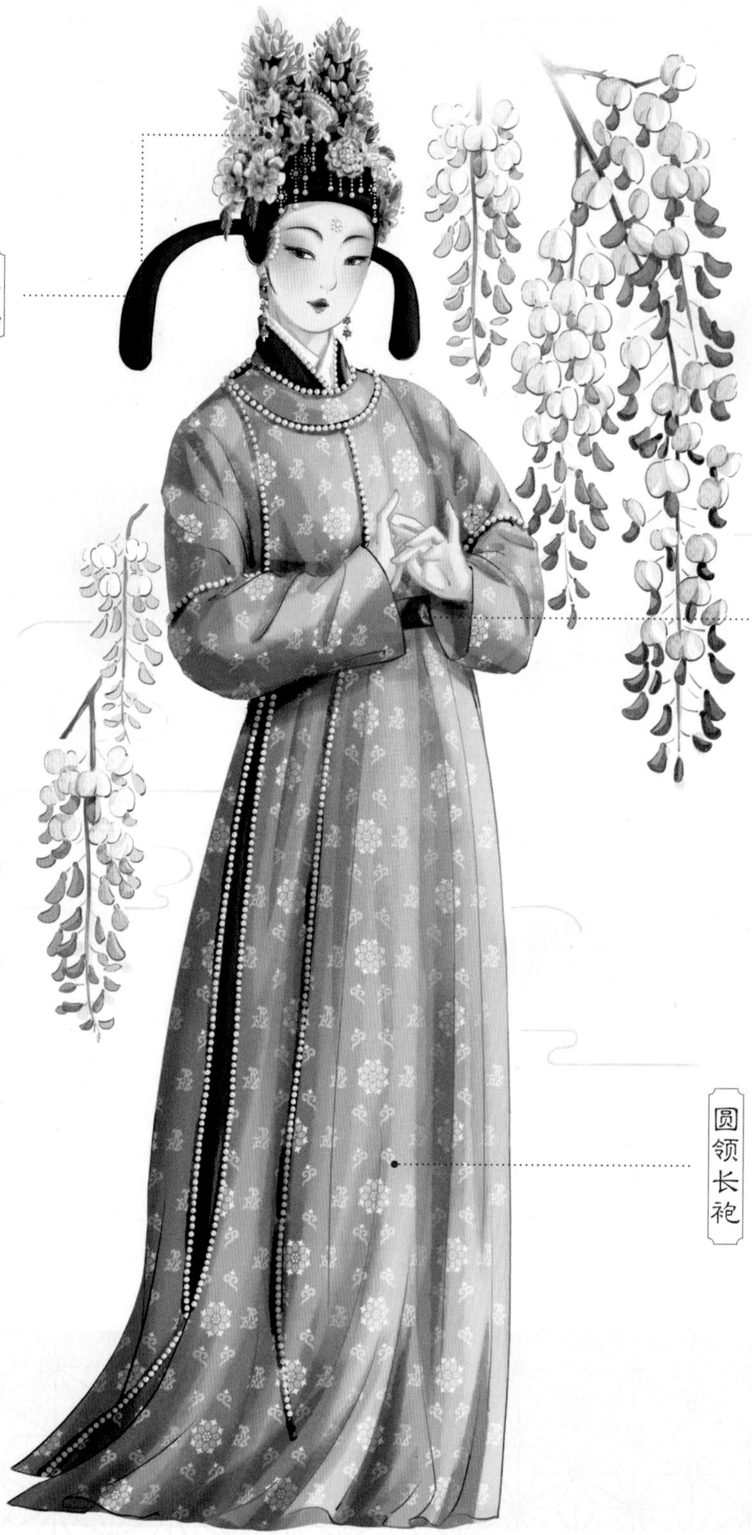

- 上身着　圆领长袍
- 下身着　袴

宋代女子圆领长袍配色

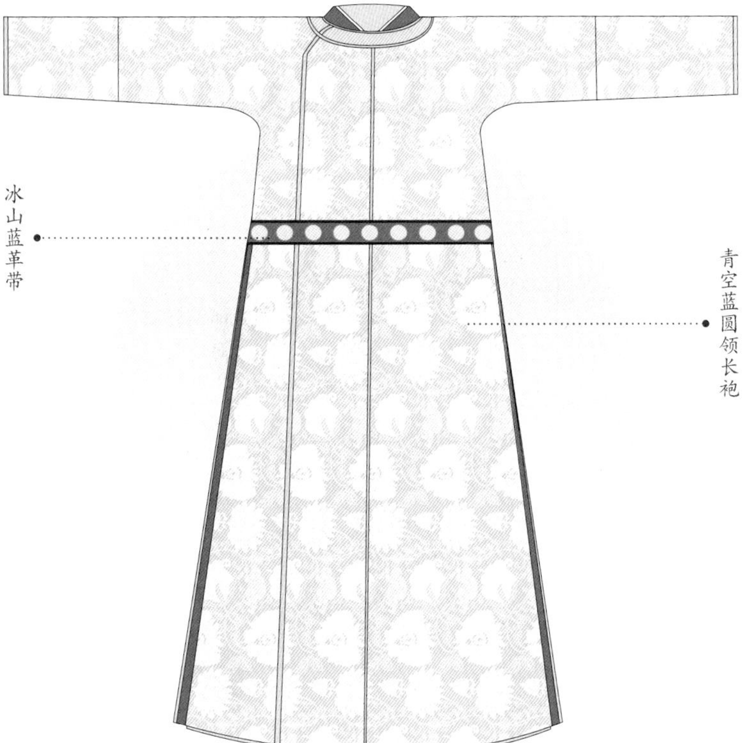

丁香紫　水青绿　冰山蓝

暮山紫　紫藤蓝　云门　青翠

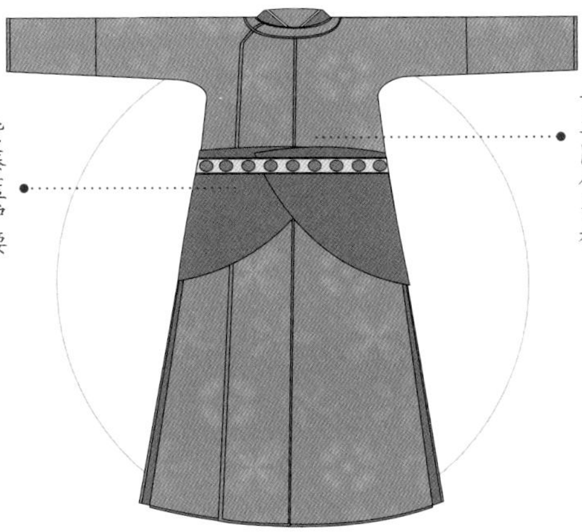

吐绶蓝　紫青灰　静夜蓝　浅杏色

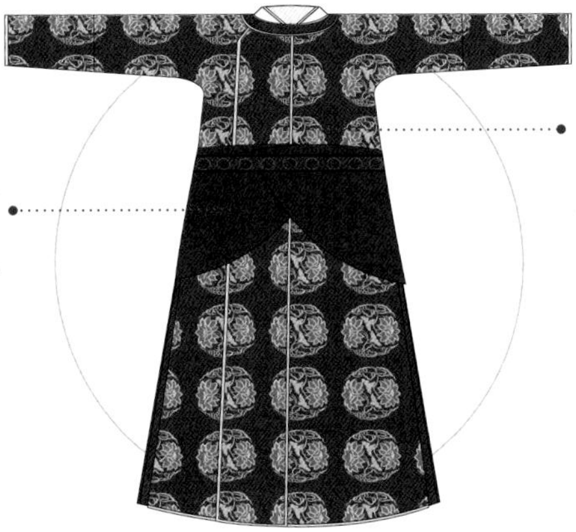

衣香鬓影

面妆

梅花花钿　珍珠面靥

宋朝时期的花钿形状较为秀气，以花形为主。面靥有珍珠贴面，雅致精细，在当时深受女子的喜爱。

配饰

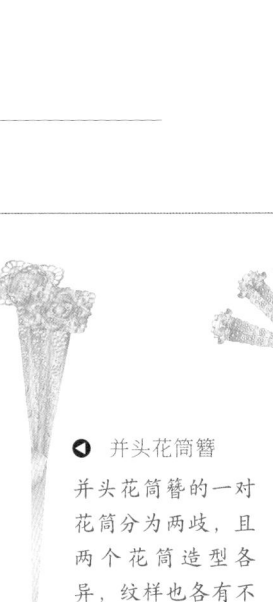

并头花筒簪

并头花筒簪的一对花筒分为两歧，且两个花筒造型各异，纹样也各有不同，是宋代极具代表性的配饰之一。

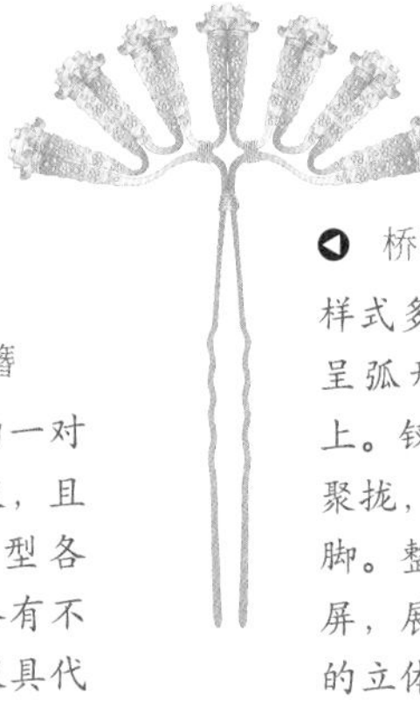

桥梁钗

样式多为多对花头并排呈弧形排列于钗梁之上。钗梁由两边向中间聚拢，又向下延伸出钗脚。整件钗形如孔雀开屏，展现出宋式钗特有的立体与灵动，是宋元时期的典型样式。

牡丹莲花童子纹

介绍

是宋代丝织品“牡丹莲花童子纹绫”上的纹样，属于缠枝纹，是宋代缠枝纹中具有代表性的纹样之一。具有吉祥富贵、繁荣昌盛、多子多福的寓意。

结构

该纹样在图案构架上，由缠枝牡丹、缠枝花果、缠枝莲与童子组成三条装饰带。缠枝上下相勾连，相互错开，横向构成二方连续式构图。以写实的手法将牡丹、莲花相连于一枝，象征富贵、多子多福。另一组缠枝花果与牡丹花朵呈反向排列。其余部分饰有童子手攀藤蔓向上，带有“富贵立子攀登”之意。整个画面联系起来看，则是童子嬉戏于枝繁叶茂的多种花朵之间，画面热闹喜庆。

应用

多元的形态与美好的寓意使得莲花、牡丹等花卉织物纹样被人们不断创新，并且被广泛应用于各种织物、器物、壁画、雕塑与建筑装饰中。

20-0-15-0	213-235-225	#d5ebe1
50-0-15-0	130-205-219	#82cddb
75-25-30-0	46-150-169	#2e96a9
10-5-90-0	239-227-17	#efe311
5-20-5-0	241-216-225	#f1d8e1
45-55-10-0	156-124-171	#9c7cab

明

第四章

精细雅致

绣罗衣裳照暮春，蹙金孔雀银麒麟

明 愈发精致的流行装束

明代妇女服饰基本沿袭宋制。贵族妇女一般着大袖衫、长裙，外加霞帔；或着襦、袄、长裙，外加褙子、比甲。民间妇女除出嫁可着凤冠霞帔之外，平时的服饰与贵族妇女大致相同。

明代初期，妇女服饰、发式、妆容基本沿袭宋制，其中背子较为常见。随着经济的发展以及制造技术的成熟，人们的穿着更加多彩，更具个性。

明代中期，比甲在民间妇女中广泛流行，其一般穿在大袖衫、袄之外，并将以往用带子系扣的方式，改为用纽扣系扣，系结严密，且下着裙，穿着方便。除此之外，民间还流行一种由各色零碎棉料拼合而成的平民服饰——水田衣，因整件服装织料色彩互相交错，形如水田而得名。在发髻、配饰上，也愈发精致。一种叫“䯼髻”的假髻广泛流行，以繁复精致的金银发饰相搭配，成了明代最具特色的妇女发式。此外还有挑心髻、蝶鬓髻、高髻等式样，亦深受女子青睐。

到了明末，上袄下裙的服装形式逐渐增多，服饰愈加宽大。与唐宋时期的裙衫有所不同，明末的服装款式有了交领、方领和竖领之分，常在裙外加一条短小的腰裙，以便活动。对裙子的装饰亦日益讲究，裙幅逐渐增多，裙子虽有纹饰，但并不明显，有的仅在裙幅下部缀以一条花边，作为压脚。上衣还常与丝带编织而成的宫绦搭配使用，宫绦一般中间打结垂至地，有的中间串上玉佩，借以压裙幅，使其不散开，作用与宋代特有的玉环绶相似。在明代张纪的《人面桃花图》等画作中，女子身着对襟袄，腰佩宫绦，头梳蝶鬓髻，并戴嵌有珍珠、金丝的配饰，展现出明代女子淡雅精致的风貌。

明 张纪《人面桃花图》

服饰色彩

官品朝服

绯色	青色	绿色
四品以上	七品至五品	九品至七品

朱元璋建立明朝后，废紫立朱，以朱为正色。除了服色外，配饰及花纹也都有着更严格的要求，且青色的地位超过了绿色，绿色沦为末流。

流行服色

银红 桃红

豆绿 葡萄紫

明代服饰风格华贵端庄，色彩层次感强，皇室贵族的服色以大红、金、黄、鸦青等色彩为主，平民只能着紫、绿、桃红等色，不得着大红、鸦青、黄等色。

服饰形制

明代妇女服饰形制不多，以衫、袄、背子、比甲、月华裙、凤尾裙、马面裙、百褶裙等为主。其中比甲与马面裙在当时深受喜爱，二者常与襦、衫、袄搭配。

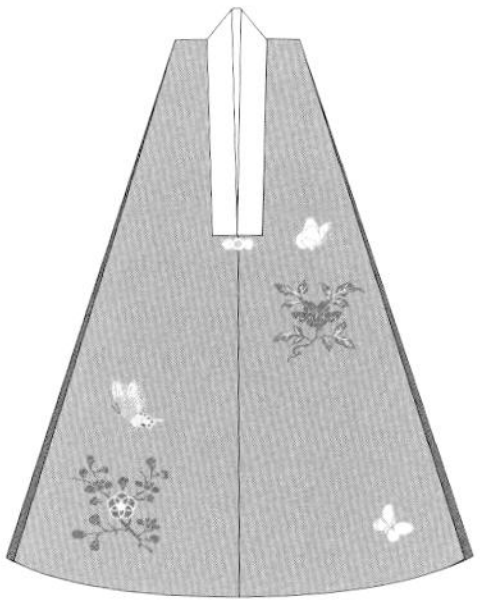

比甲

又叫作“背心”，是一种无袖的对襟马甲，两侧开衩，一般长至臀部或膝部，有些更长，离地不到一尺。因其无袖又穿着在外，所以方便又实用。

马面裙

又名“马面褶裙”，前、后、里、外共有四个裙门，两两重合。马面裙侧面打裥，裙腰多用白色布，取白头偕老之意，以绳或纽固定。裙子底部和膝盖处常有横贯绣花或织金的纹样，称为底襕和膝襕，合称“裙襕”。

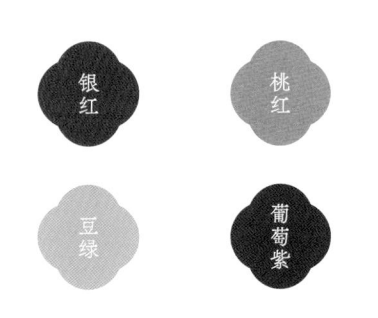

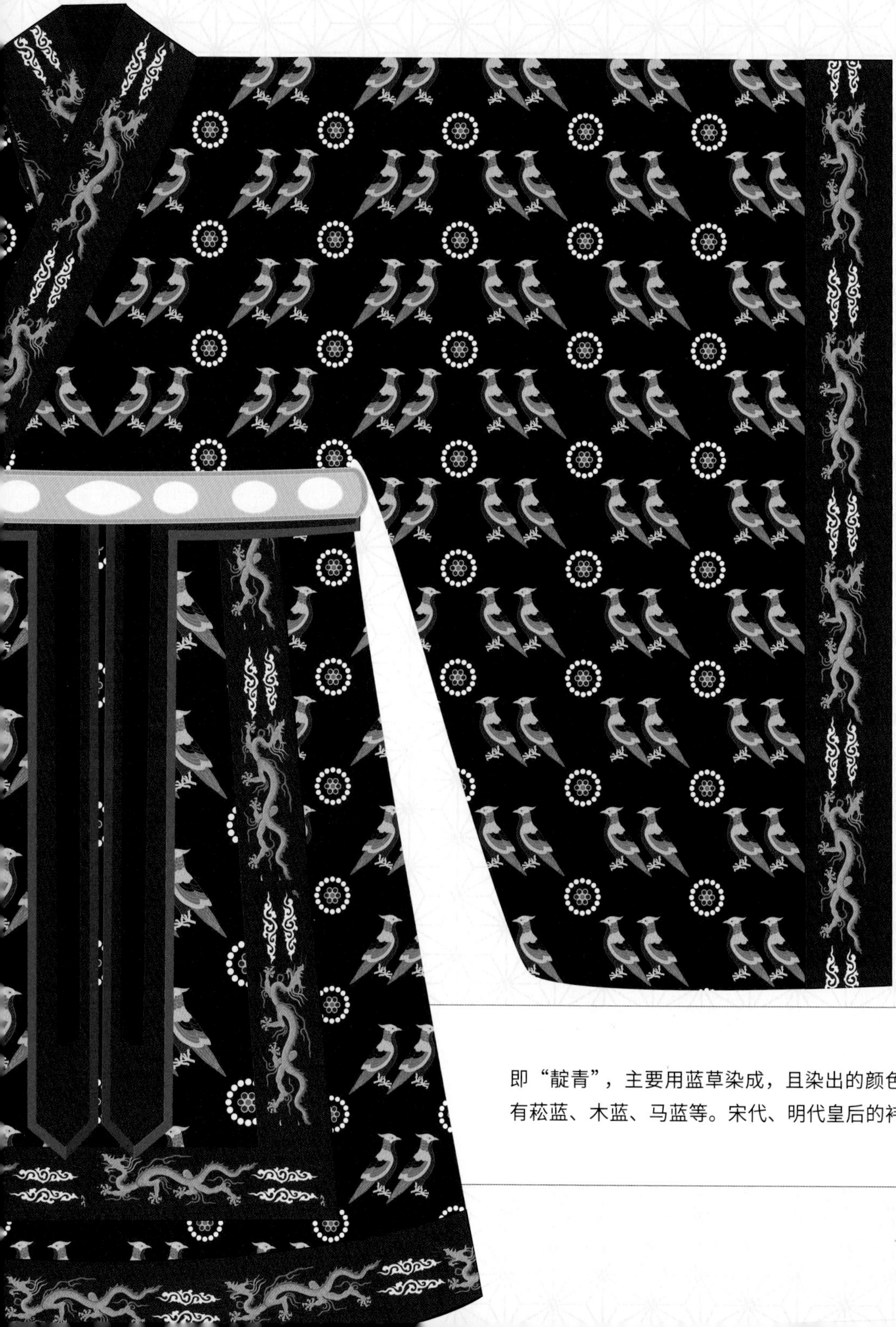

靛蓝

C 95 R 36
M 90 G 54
Y 40 B 104
K 5 #243668

即“靛青”，主要用蓝草染成，且染出的颜色经久不褪。能制此色的蓝草有菘蓝、木蓝、马蓝等。宋代、明代皇后的袆衣颜色即为靛蓝。

皇后袆衣·明

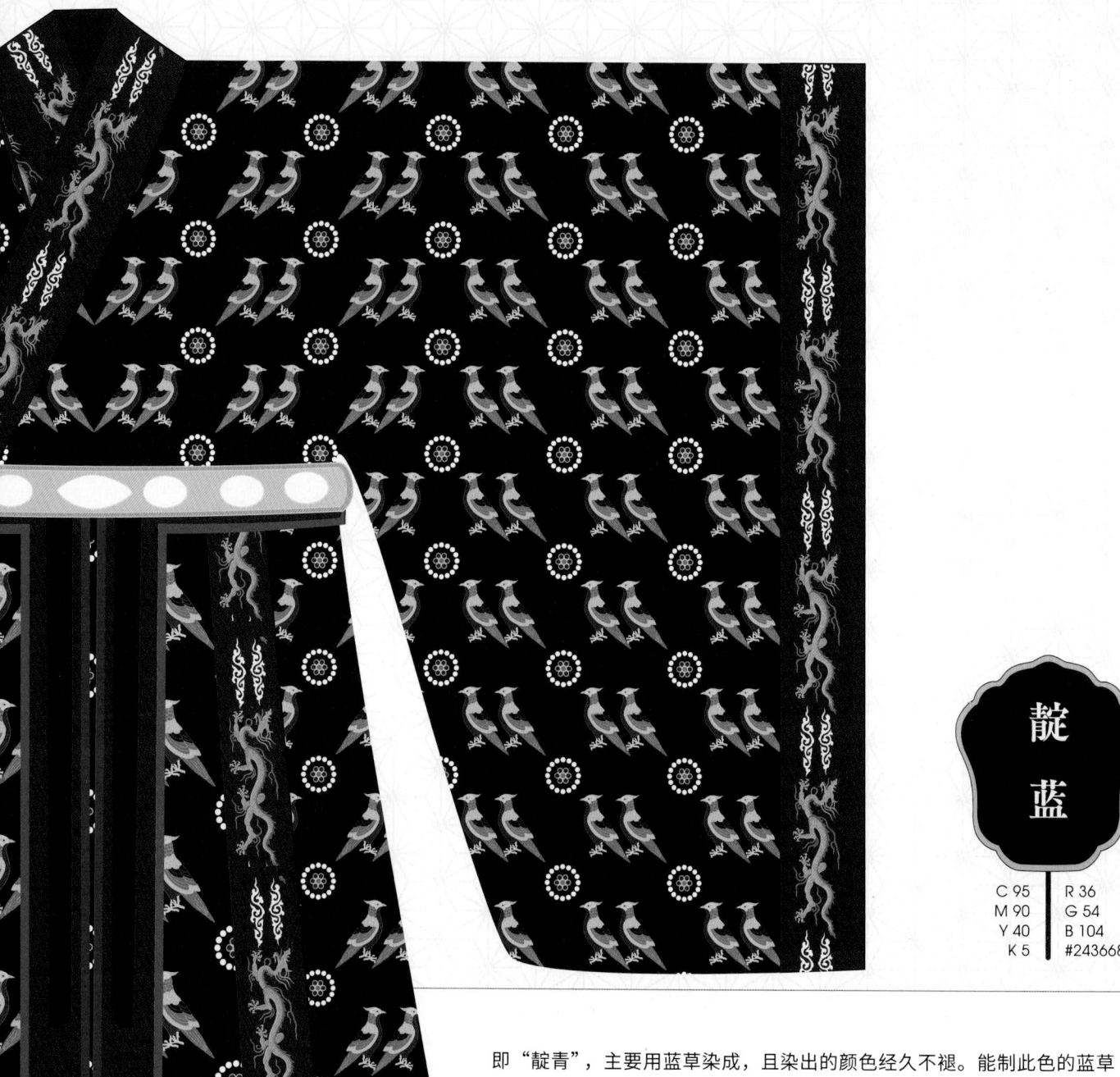

相关色

窃蓝

50-25-0-0
136-171-218
#88abda

即浅蓝，古人常用『窃』『退』等来形容浅色，故而得名。染色时使用的是浓度偏低的靛青，染色充分，洗涤干净后才能染出透亮的窃蓝来。

群青

85-65-0-0
46-89-167
#2e59a7

即『云青』，最早是用天然的玉青石磨制而成的，后以蓝铜矿为原料，属于矿物颜料。在古建筑彩绘中常与青莲等色搭配并产生渐变过渡，是普遍使用的装饰色。

绀蓝

95-95-30-0
42-47-114
#2a2f72

『绀』是布帛中的一种颜色，也可用来形容天色。《说文解字》中将其解释为『帛深清扬赤色』，指蓝色中透着微红的色泽。

琉璃蓝

95-65-0-0
0-86-167
#0056a7

主要用于古建筑中的屋顶瓦片、装饰等。在传统的色彩观中，琉璃蓝亦代表天的颜色，最著名的琉璃蓝建筑物要数天坛。

配色方案

1	2	3	4	5	6	7	8	9
95-90-40-5	85-45-0-10	65-45-0-0	70-70-10-0	40-25-0-0	75-0-25-0	5-5-5-0	0-40-75-0	60-5-50-0
36-54-104	0-110-178	101-129-192	100-87-153	163-180-220	0-179-196	245-243-242	246-173-72	105-185-149
#243668	#006eb2	#6581c0	#645799	#a3b4dc	#00b3c4	#f5f3f2	#f6ad48	#69b995

纹样配色 · 贰色

① ⑦

③ ⑦

万事如意纹

纹样配色 · 叁色

① ⑤ ⑥

② ⑧ ⑨

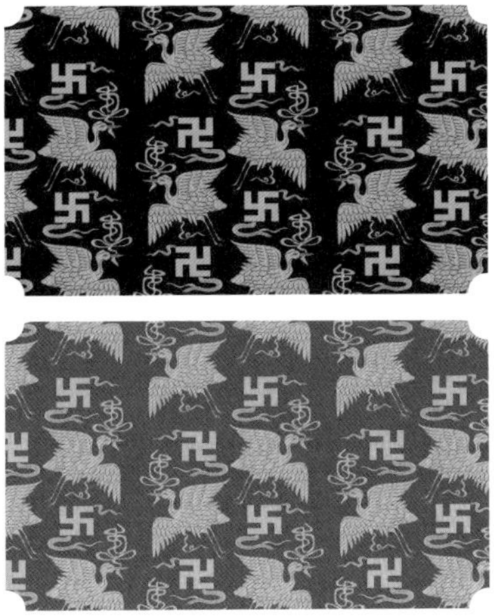

鹤寿卐字纹

纹样配色 · 肆色

④ ② ⑤ ⑦

① ⑤ ⑦ ⑧

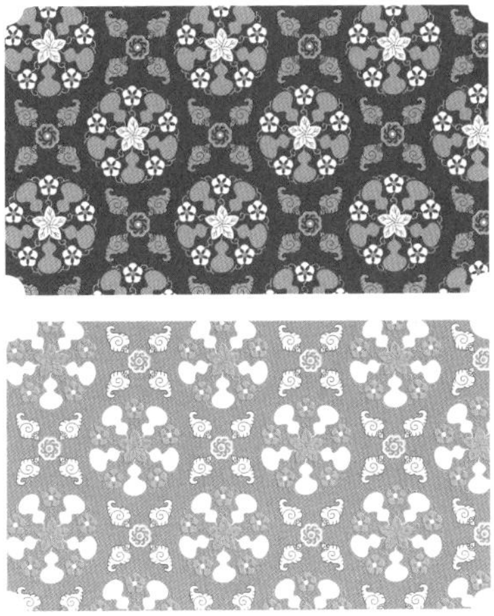

海螺葫芦纹

边饰纹样

凤纹

③ ⑦ ⑧

行龙纹

③ ④ ⑥ ⑦ ⑧ ⑨

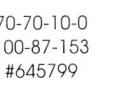

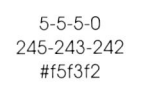

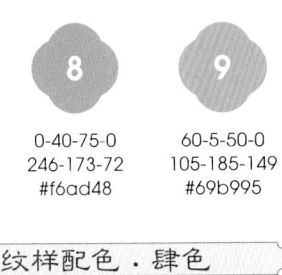

明代皇后袆衣装束

- 上身着　中单—翟衣
- 下身着　袴—蔽膝—大带

明代皇后袆衣配色

明绿 黄鹂留 深青 绯红

黄鹂留 黄丹 露草色 青金蓝

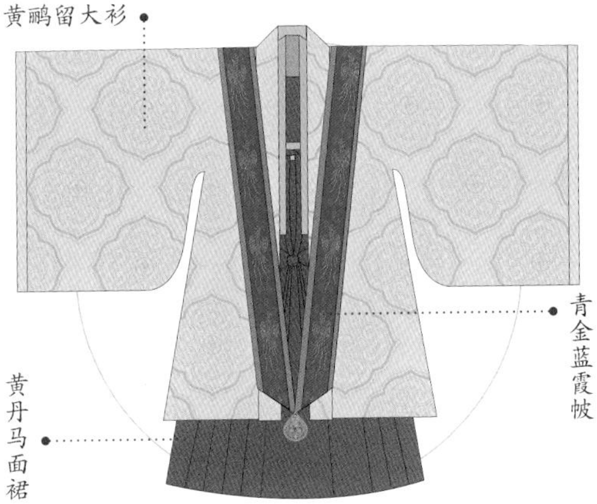

栀黄 黄丹 老茯神 绯红

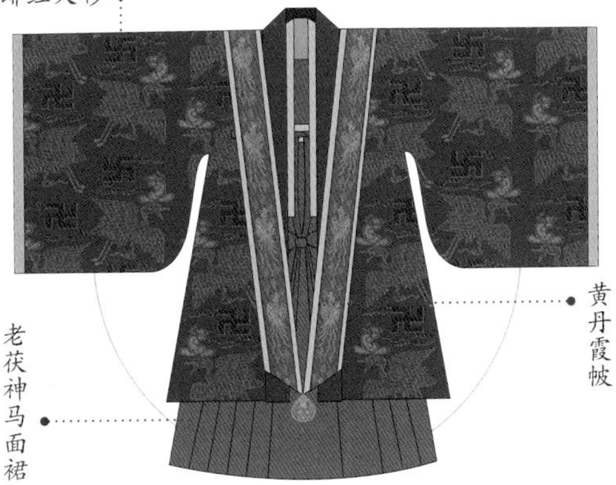

冠帽

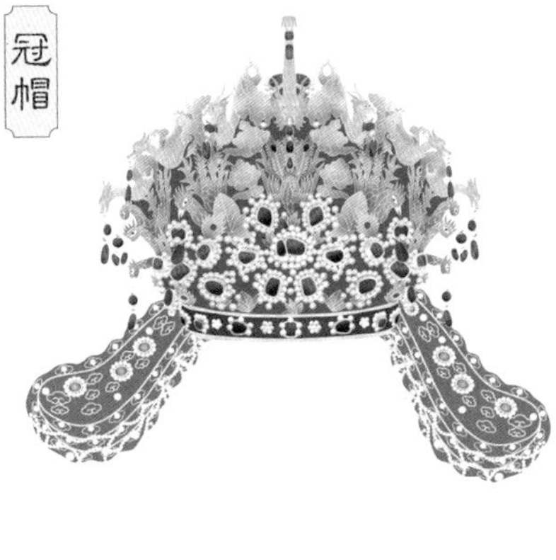

九龙四凤冠

明代皇后的礼服冠，大体上继承了宋代形制，凤冠用漆竹丝编成圆形冠胎，在此之上围以翡翠纱。冠身饰有珠翠云，云上饰有翠龙和金凤，二者口衔大珠或珠滴。下缀大、小花珠。冠后部有博鬓六扇。冠底为翠口圈，上缀珠宝花钿及翠钿，金口圈托里。与明代皇后翟衣等服饰相搭配，主要在祭祀等重要场合佩戴。

鞋履

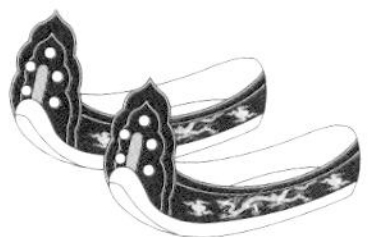

舄

是明代皇后礼服鞋履，鞋身以青绮为底，在此之上绣有描金云龙纹，在舄头处镶嵌有五颗珍珠。

革带

玉革带

与明代皇后礼服搭配使用，外用青绮包裱，绣有描金云龙纹，并镶嵌玉花形带板和玉带扣。

五彩翟鸟纹

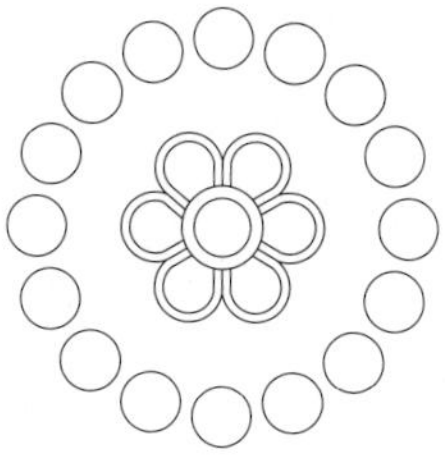

介绍

五彩翟鸟纹是出自宋代、明代皇后的礼服袆衣上的纹样，袆衣是皇后最高形制的礼服，因其上绣有翟鸟纹故也称翟衣。虽其上都为翟鸟纹，但表现形式却有差异，宋代皇后袆衣上的翟鸟纹双头相对，明代皇后袆衣上的翟鸟则头部朝向一致。翟鸟寓意生活美满、夫妻幸福，同时也是身份地位的象征。

结构

翟鸟纹有多种解释，一般认为其为红腹锦鸡的形象，锦鸡是古人在自然界看到的最华丽的一种鸟，而且它是五彩的，是相对华贵的一种鸟类，所以它就被当作代表女性的一个高级别图案，尤以长尾者为主。织造时，常采用金、红、黄、蓝、白五彩织出一对头部朝向一致的翟鸟，表达对生活的美好祝愿。

应用

翟衣早在汉唐就有出现，宋代相承，一直沿用到明代。皇后服饰中最高等级的袆衣、揄翟、阙翟三件礼服上都绣有翟鸟纹，合称为“三翟”。

五彩翟鸟纹锦

0-0-0-0	243-223-195	#f3dfc3
5-15-25-0	243-223-195	#f3dfc3
10-20-75-0	235-204-81	#ebcc51
10-65-85-0	223-117-47	#df752f
30-90-100-0	185-58-33	#b93a21
75-25-10-0	35-150-200	#2396c8
95-90-40-5	36-54-104	#243668
90-90-40-5	53-54-104	#353668

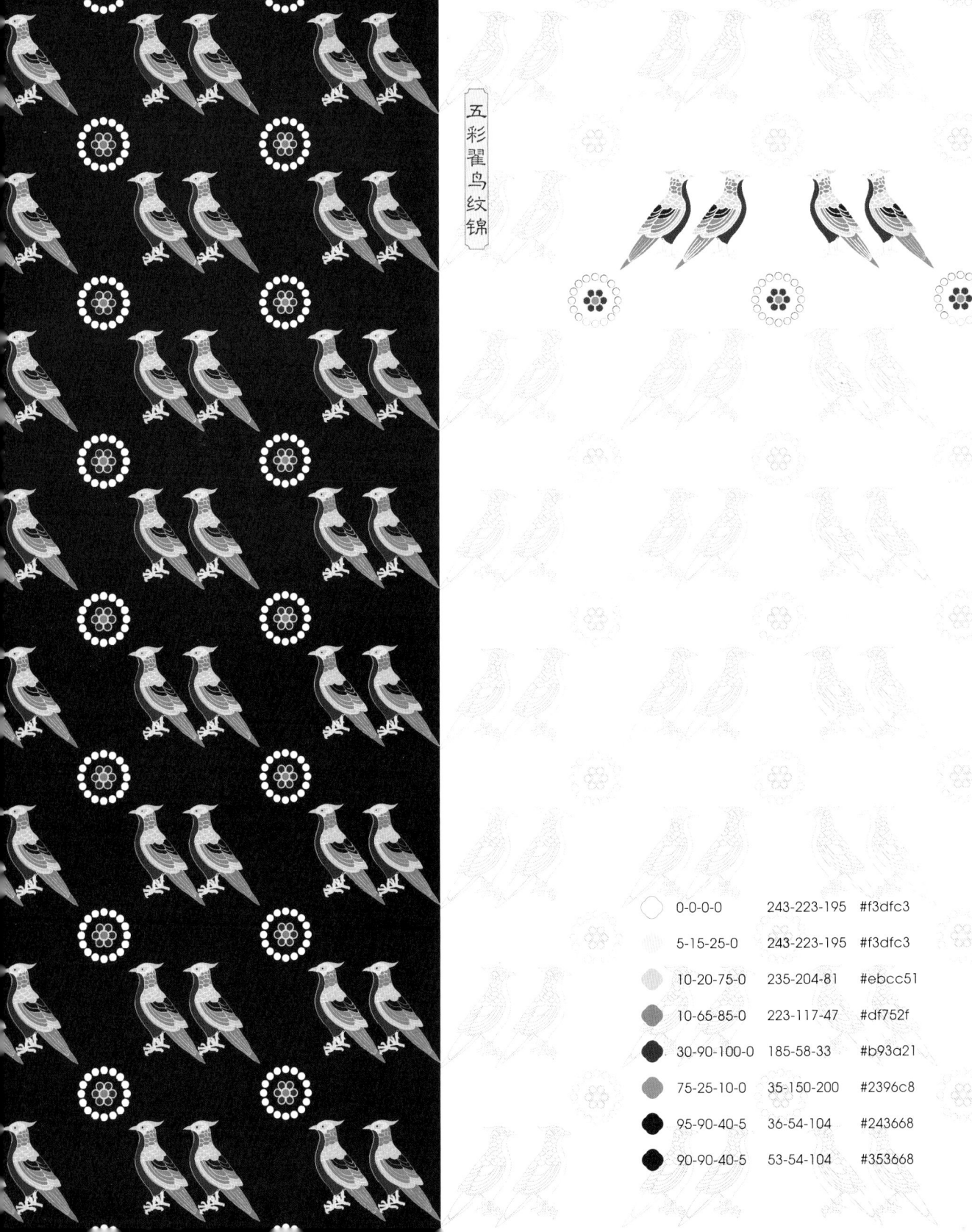

银红

C 15 | R 210
M 85 | G 70
Y 70 | B 66
K 0 | #d24642

是银朱和粉红色颜料配成的颜色。此色最早见于宋代，明清也多有出现，被视为一种具有“富贵气”的色彩，受到权贵人家的推崇，比如《红楼梦》里贾宝玉常穿银红纱衫子，潇湘馆窗纱的颜色皆是银红。

贵族妇人袄裙·明

相关色

橙黄
0-50-80-0
243-153-57
#f39939

是像橙子一样黄里带红的颜色。苏轼的《赠刘景文》中用『橙黄橘绿』来形容柳橙熟后的颜色。在古代亦指一种绍兴黄酒的颜色。

珊瑚朱
0-65-65-0
238-121-81
#ee7951

即珊瑚的颜色。珊瑚是一种产自海底的有机宝石，古时常将红色珊瑚研磨作为颜料使用，《画学浅说》载：『唐画中有一种红色，历久不变，鲜如朝日，此珊瑚屑也。』

玫瑰红
0-90-0-0
230-46-139
#e62e8b

也称『玫红』，类似红玫瑰盛开时的颜色。此色无论是作为服饰用色还是化妆用的胭脂用色，在历代都很受年轻女子的喜爱。

长春色
25-70-55-0
196-103-96
#c46760

有一种四季都开放的草本植物叫『长春花』，此色就是以这种花的名字命名的，是淡淡的红色中带有灰色。

配色方案

1	2	3	4	5	6	7	8	9
15-85-70-0	0-75-75-30	0-65-45-0	0-30-30-0	55-35-25-10	25-50-55-0	15-20-5-0	40-0-15-0	45-25-80-10
210-70-66	186-75-44	237-121-113	248-197-172	121-142-161	199-142-110	221-208-223	162-215-221	148-159-74
#d24642	#ba4b2c	#ed7971	#f8c5ac	#798ea1	#c78e6e	#ddd0df	#a2d7dd	#949f4a

纹样配色·贰色

1 6

3 7

水波鲤鱼纹

纹样配色·叁色

1 3 8

2 5 7

落花流水纹

纹样配色·肆色

1 2 3 4

2 4 8 9

落花流水梅纹

团花配色

双鱼纹
1 4 5 6 8 9

凤喜牡丹纹
2 3 4 5 6 7 8

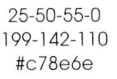

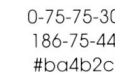

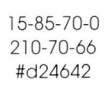

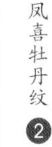

明代贵族妇人袄裙装束

- 上身着　衫—袄
- 下身着　袴—裙

明代贵族妇人袄裙配色

姜茶黄　豇豆红　瓦红　空谷蓝

云水谣　月光粉　白子莲　兰花粉

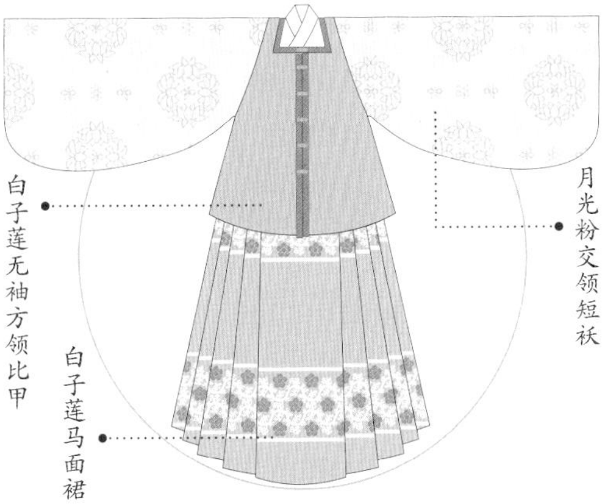

凝脂　蜜桃粉　紫绒花　雏菊黄

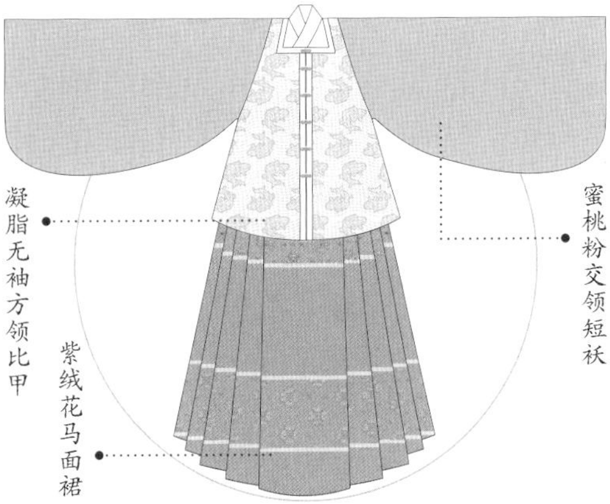

发髻

▲ 鬏髻

鬏髻是明朝已婚妇女的主要发式，通常以金银丝或马鬃、头发、篾丝等材料编成，外覆皂色纱，佩戴时罩于头顶发髻之上。与鬏髻相配的还有各式首饰，明朝也称为“头面”。

面妆

▲ 珠翠面花五事

珠翠面花是皇后贴在脸部的饰物，共有五件（五事）：一件贴于额部，正中为一颗大珠，周围有四颗小珠，并缀翠叶四片；两件分别贴于两靥，为一颗大珠缀五片翠叶；另两件分别贴在左右眉梢靠近发际线处，为六颗珍珠成排，缀翠叶十二片。

落花流水游鱼纹

介绍

落花流水游鱼纹属于落花流水纹的一种。落花流水纹又称曲水纹，是花朵飘零于水波之上的四方连续图案，颇有“桃花流水杳然去，别有天地非人间”的浪漫意境，是具有明代特色的纹样之一。

结构

纹如其名，纹样上有散落的折枝牡丹、鲤鱼、如意等吉祥元素，浮在各种水势的波纹上。水波疏朗，花卉姿态优美，两只鲤鱼分别朝上朝下双头相对，呈现跳跃的姿态，十分生动。加上四周旋转起伏的浪花，线条流畅而不单一，配色生动却不跳脱，具有较强的韵律感和节奏感。

应用

唐代至宋代，落花流水纹流行于织锦上，称落花流水纹锦。南宋以后，落花流水纹锦的织造产地，随着丝织业重心的转移而扩大到江南地区，因而在江南一带亦有同类织锦出现。除此以外，落花流水纹还被广泛应用到瓷器、漆器等工艺品上，并演变出多种花纹与水纹的组合形态。

落花流水游鱼纹锦

●	15-20-5-0	221-208-223	#ddd0df
●	0-30-30-0	248-197-172	#f8c5ac
●	0-65-46-0	237-121-111	#ed796f
●	25-70-55-0	196-103-96	#c46760
●	0-50-80-0	243-153-57	#f39939
●	5-85-10-0	224-67-136	#e04388
●	0-75-75-30	186-75-44	#ba4b2c
●	45-25-80-10	148-159-74	#949f4a

杨妃色

C 0 R 240
M 55 G 145
Y 20 B 160
K 0 #f091a0

也叫“妃红色”或“湘妃色”。杨妃色是明清时期年轻女子常用服饰色。在《红楼梦》中，林黛玉就曾着杨妃色裙子，具有清雅脱俗之美。

女子纱衫主腰 · 明

相关色

苏梅

10-65-20-0
221-118-148
#dd7694

是用杨梅染制而成的植物色，常用于织物之中。在古代，亦可用于形容白皙美人不胜酒力的肤色。

槿紫

30-60-0-0
186-121-177
#ba79b1

因像紫色的木槿花的颜色而得名，低调又透出优雅的气质，是古代女子常用的服饰色。

绛纱

35-60-45-0
178-119-119
#b27777

亦称红纱。在古代绛即大赤，纱即轻细的纱绢。绛纱就好似轻纱遮盖在浓重的绛红色上，在阳光照射下变得柔和的颜色。

彤管

10-45-20-0
226-162-172
#e2a2ac

即红色兰草的颜色。在古时此色可为爱情信物的颜色，也可指女史用以记事的杆身漆朱的笔。

配色方案

1	2	3	4	5	6	7	8	9
0-55-20-0	10-55-45-0	30-65-45-0	35-50-0-0	10-46-20-0	5-15-20-0	5-40-80-0	30-80-60-15	45-25-85-10
240-145-160	224-140-122	187-111-115	176-139-190	226-160-171	243-223-204	238-170-61	168-71-75	149-159-64
#f091a0	#e08c7a	#bb6f73	#b08bbe	#e2a0ab	#f3dfcc	#eeaa3d	#a8474b	#959f40

纹样配色 · 贰色

1 6

4 6

如意灵芝纹

纹样配色 · 叁色

1 6 8

2 6 7

四合如意纹

纹样配色 · 肆色

1 6 7 8

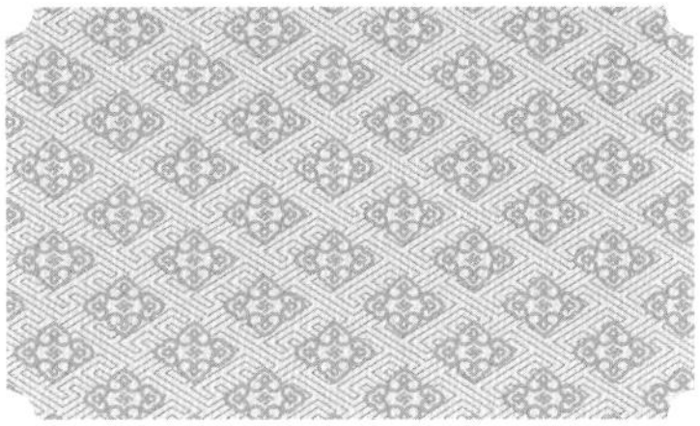

5 6 7 9

如意回纹

边饰纹样

莲花纹

1 2 3 6 7 9

花果纹

1 2 4 5 6 7 9

明代女子纱衫主腰装束

- 上身着　主腰—纱衫
- 下身着　袴—裙

明代女子纱衫主腰配色

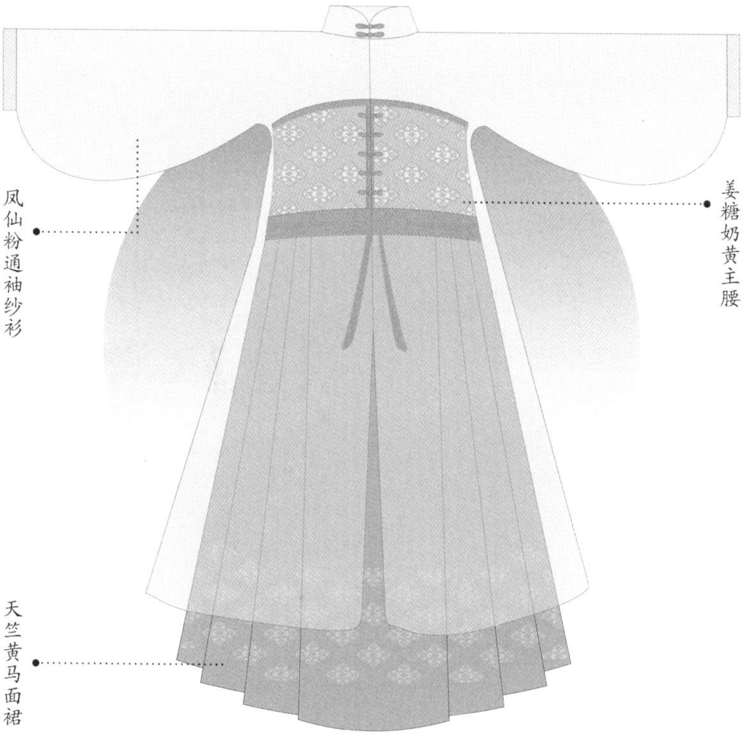

凤仙粉　夕岚　天竺黄　姜糖奶黄

半见　花粉橙　粉红燕尾　燕颌红

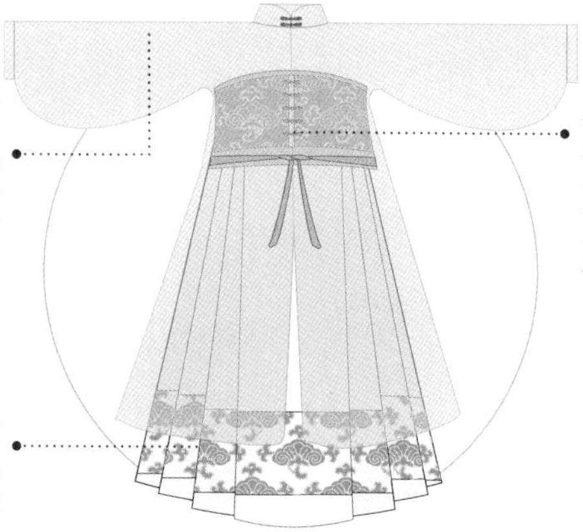

山樱粉　黛米茉莉　芙蓉粉　白藤色

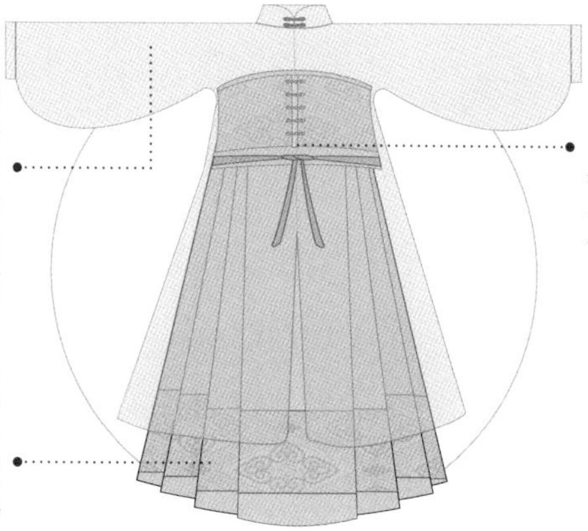

配饰

钿儿

也被称作“花钿”。呈弧形戴于鬏髻正面底部，将两端系带固定于鬏髻两侧簪钗上，或在背面由垂直向后的簪脚插入鬏髻中。

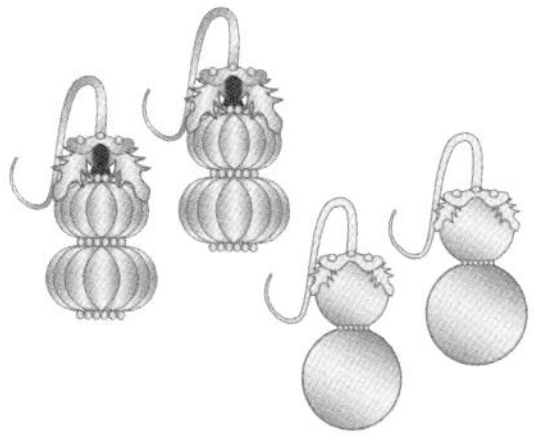

金葫芦耳坠

金制耳坠，坠葫芦形制，中空、外錾竖纹、上连叶脉，是明代女性常用饰品。

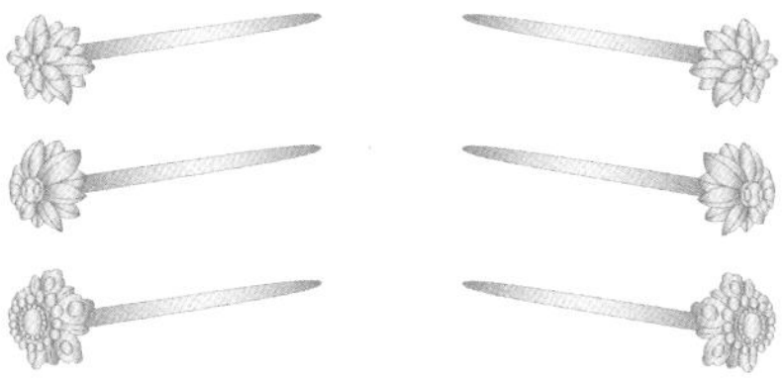

花心簪

通常为一至三对，簪首制成四季花卉形，常见的有牡丹、荷花等形状，簪脚向后，分别插在鬏髻的两侧。

衣香鬓影

方格如意纹

介绍

方格如意纹是明代具有代表性的丝绸织花纹样。自古以来人们就用如意来表达祈求万事万物如意的心愿，有着吉祥、富贵、称心等寓意，是中国传统纹样设计题材的重要元素之一。

结构

纹如其名，如意状的线条纵横交叉排列，构成方格的结构。在方格中，分布着方形如意云头纹。从整体来看，纹样的线条感较强，通过线条粗细形成较强的节奏感，给人规整、方正、大方的视觉感受。

应用

如意纹造型独特，可单独出现，也可以复合纹样的形式出现。为复合纹样时，在如意内部或周围填充不同纹样作为装饰，常与牡丹、芙蓉、龙、凤等吉祥纹样搭配使用，常用于丝绸织物、瓷器、雕刻等领域。这在明代的“鸾凤四合如意纹织金缎”“黄地四合如意云纹花卉缎曳撒”等文物上就有所体现。

方格如意纹锦

5-13-20-0	244-227-206	#f4e3ce
5-40-85-0	238-170-47	#eeaa2f
0-55-20-0	240-145-160	#f091a0
30-60-0-0	186-121-177	#ba79b1
35-60-45-0	178-119-119	#b27777
27-81-60-15	172-70-74	#ac464a

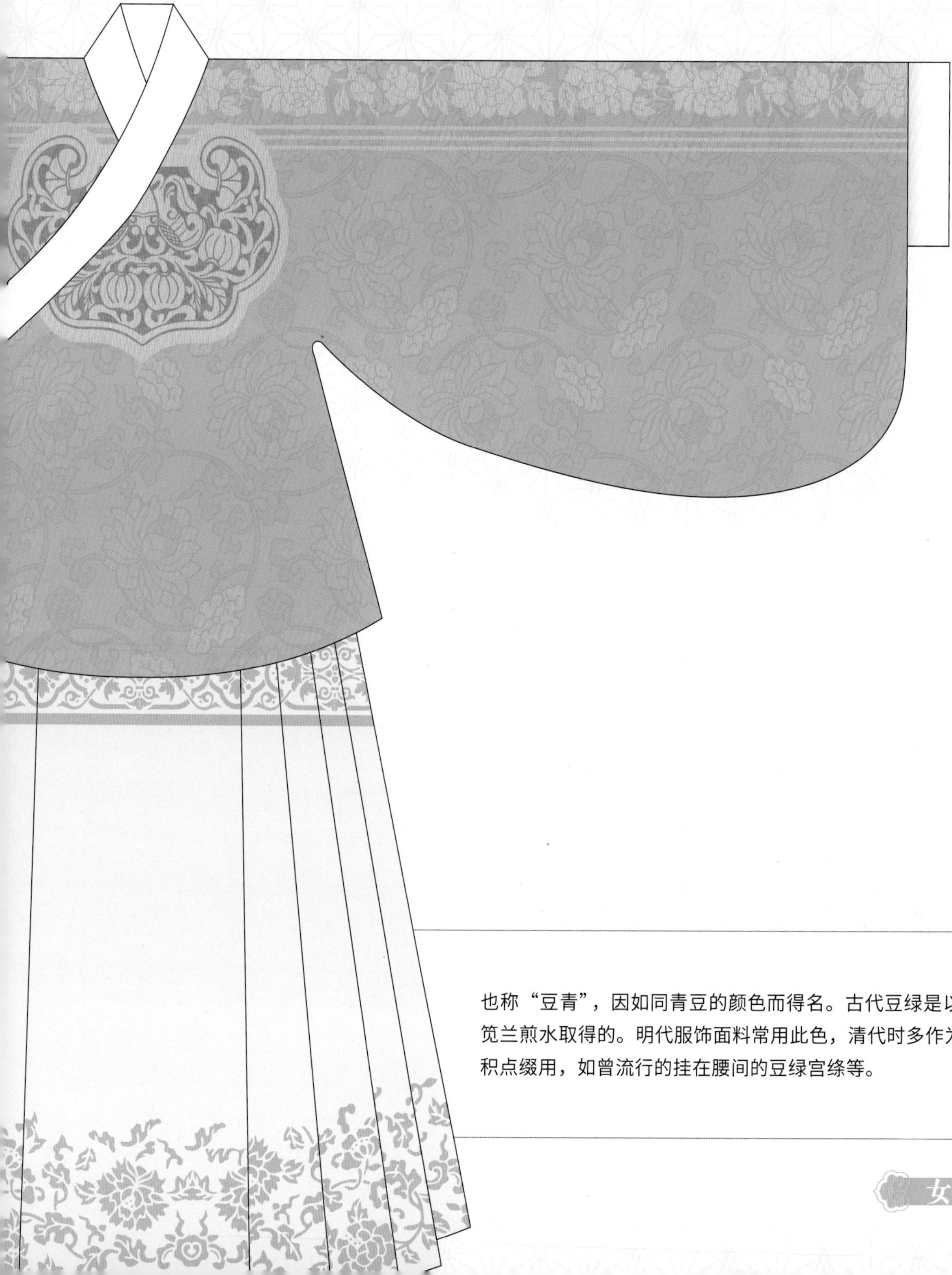

豆绿

C 45 M 0 Y 85 K 5

R 152 G 196 B 70 #98c446

也称“豆青”，因如同青豆的颜色而得名。古代豆绿是以黄檗煮水或者小叶苋兰煎水取得的。明代服饰面料常用此色，清代时多作为装饰物颜色或小面积点缀用，如曾流行的挂在腰间的豆绿宫绦等。

女子袄裙·明

相关色

油绿

95-10-90-0
0-149-80
#009550

指色彩清晰、光润而浓厚的一种绿色。也指雨水刚清洗过的绿色植物的颜色。在中国古代建筑中，等级较高的建筑可用此色的琉璃瓦。

石绿

55-0-60-40
84-140-93
#548c5d

是由孔雀石研磨成的粉末状的矿物颜料。石绿经久不褪，在《千里江山图》的绘制中，就大量使用了石绿。

芽绿

30-5-90-0
195-210-46
#c3d22e

犹如春天植物长出的嫩芽的颜色，绿色中微微发黄，给人一种春意盎然的意象。

水绿

15-0-30-0
226-238-197
#e2eec5

呈淡绿色，犹如不小心滴入清水中晕开的淡青色，给人感觉稚嫩而柔和。

配色方案

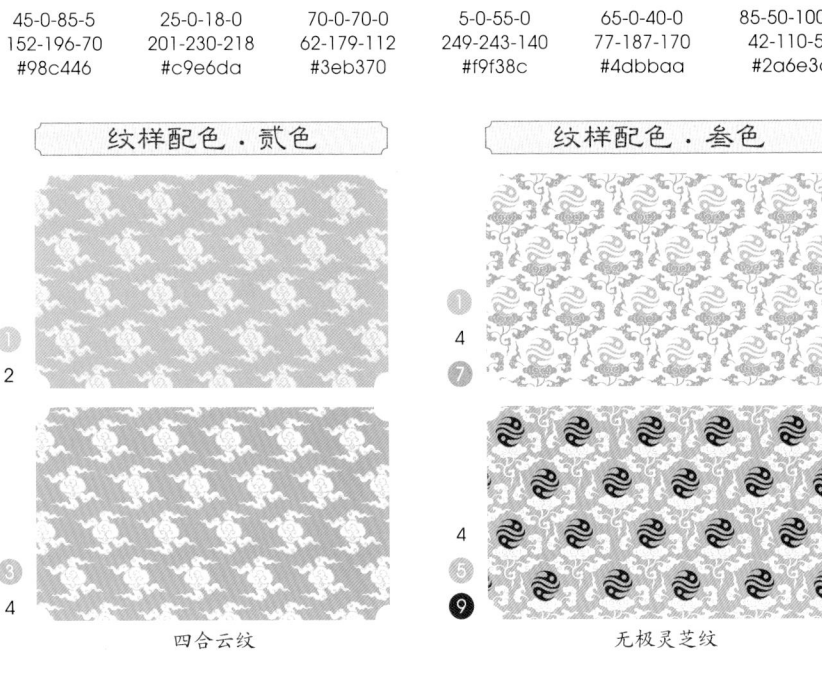

1	2	3	4	5	6	7	8	9
45-0-85-5	25-0-18-0	70-0-70-0	5-0-55-0	65-0-40-0	85-50-100-0	15-40-30-0	30-90-90-5	60-55-70-60
152-196-70	201-230-218	62-179-112	249-243-140	77-187-170	42-110-58	218-169-161	180-56-42	64-59-42
#98c446	#c9e6da	#3eb370	#f9f38c	#4dbbaa	#2a6e3a	#daa9a1	#b4382a	#403b2a

纹样配色 · 贰色

1 2

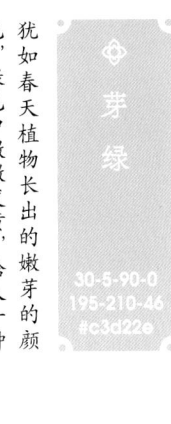

3 4

四合云纹

纹样配色 · 叁色

1 4 7

4 5 9

无极灵芝纹

纹样配色 · 肆色

1 4 7 8

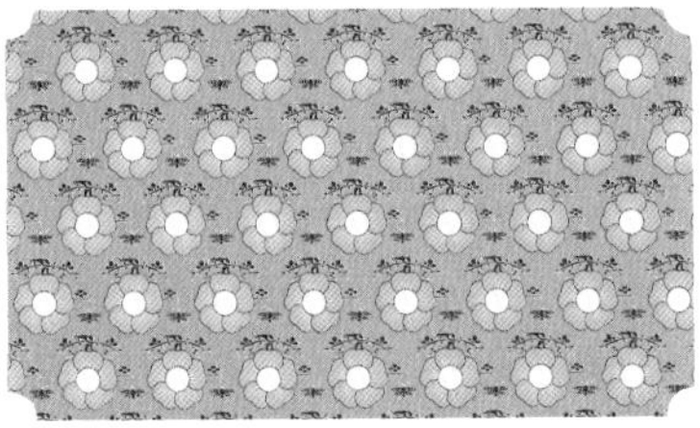

2 5 6 9

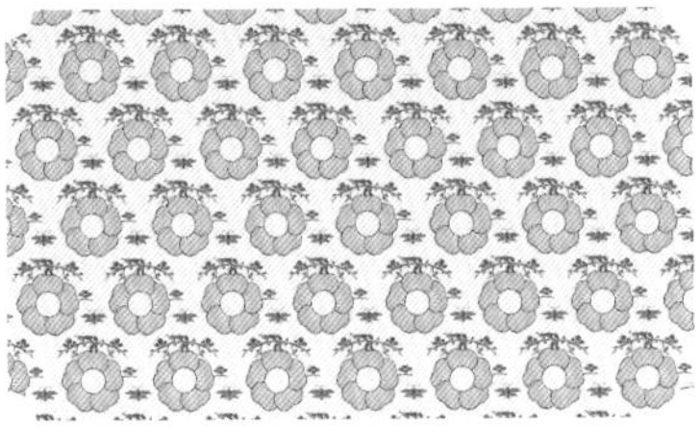

梅花纹

边饰纹样

八宝纹

1 2 3 4 5 6 7

花果纹

1 2 4 5 7

明代女子袄裙装束

- 上身着 衫—袄
- 下身着 裤—裙

明代女子袄裙配色

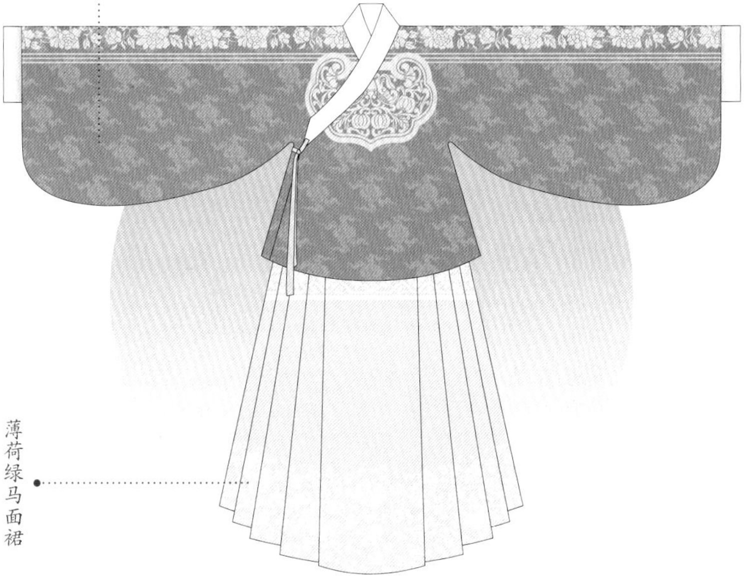

薄荷绿 丝绒白 叶脉青 丝绒白

浅麦尖黄 豆沙粉 薄荷绿 豆绿

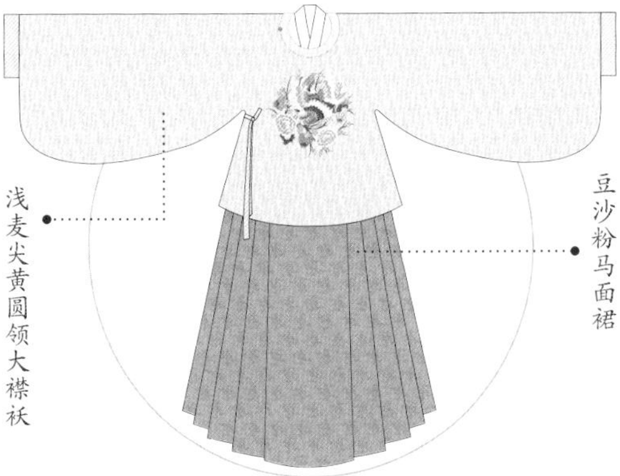

葡萄柚粉 胡粉色 淡雅绿 桃浆红

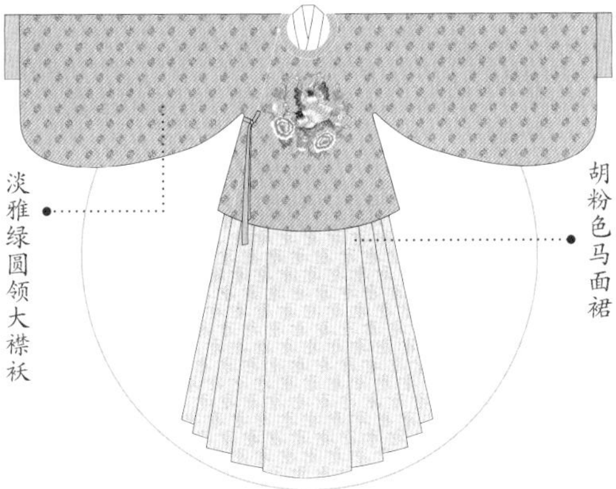

衣香鬟影

发髻

蝶鬟髻

蝶鬟髻皆后垂，梳挽时将头发掠至头顶，绞成发髻，下搭于颅后。常在两侧插戴花钿、宝钿，是明代仕女典型的发式。

鞋履

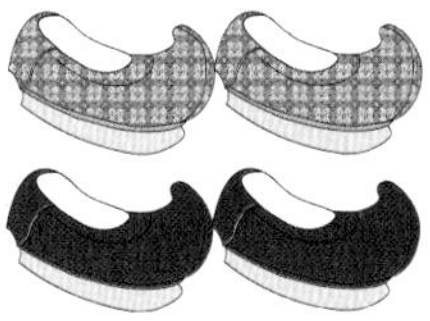

翘尖弓鞋

宋元时期的尖头弓鞋在明朝有了新的发展。鞋头高高翘起，鞋面布满绣纹，鞋底厚，且用密密的针脚缝纳。

配饰

累丝镶宝蝶恋花金钗

明代有许多蝶恋花的首饰。蝶谐音耋，代表长寿，与花卉结合有甜蜜美满之意。使用时，斜插在女子高高的发髻之上。

缠枝莲纹

介绍

缠枝莲纹属于缠枝纹的一种。缠枝亦可称为“转枝”，枝叶与不同的花卉组合可得缠枝莲纹、缠枝牡丹纹等，花形饱满完整，穿插自然生动。莲花以傲霜的秉性被视为君子之花，象征着富贵、圣洁，以缠枝纹的形式展现又有绵延不断、生生不息的祥瑞之意。

结构

缠枝纹在构图上，以波线与旋涡切圆形线条相组合，作二方连续或四方连续展开，形成波卷缠绵的基本样式，再在切圆空间中或波线上饰以花卉、果实，并点缀叶子，形成枝叶缠绕、花繁叶茂的缠枝花卉纹或缠枝花果纹。缠枝莲、缠枝牡丹、缠枝菊、缠枝石榴、缠枝灵芝、缠枝宝相花等纹样统称缠枝纹。该缠枝莲花纹，即以莲花为主体，以蔓草缠绕成图案，婉转流畅、节奏明快。

应用

缠枝纹兴起于宋代，元、明、清三代尤为盛行。莲花广泛出现在中国的工艺品上，自宋代起，缠枝莲纹开始在瓷器上广泛使用。到明清时期，在“景泰款掐丝珐琅缠枝莲纹双耳炉”“矾红地青花缠枝莲纹瓶”“绿色缠枝莲纹织金缎袱片”等工艺品之上可见缠枝莲纹。

25-0-20-0	202-230-215	#cae6d7	
40-0-60-0	168-209-130	#a8d182	
36-3-79-0	180-208-83	#b4d053	
45-0-85-5	152-196-70	#98c446	
5-13-20-0	95-169-60	#5fa93c	

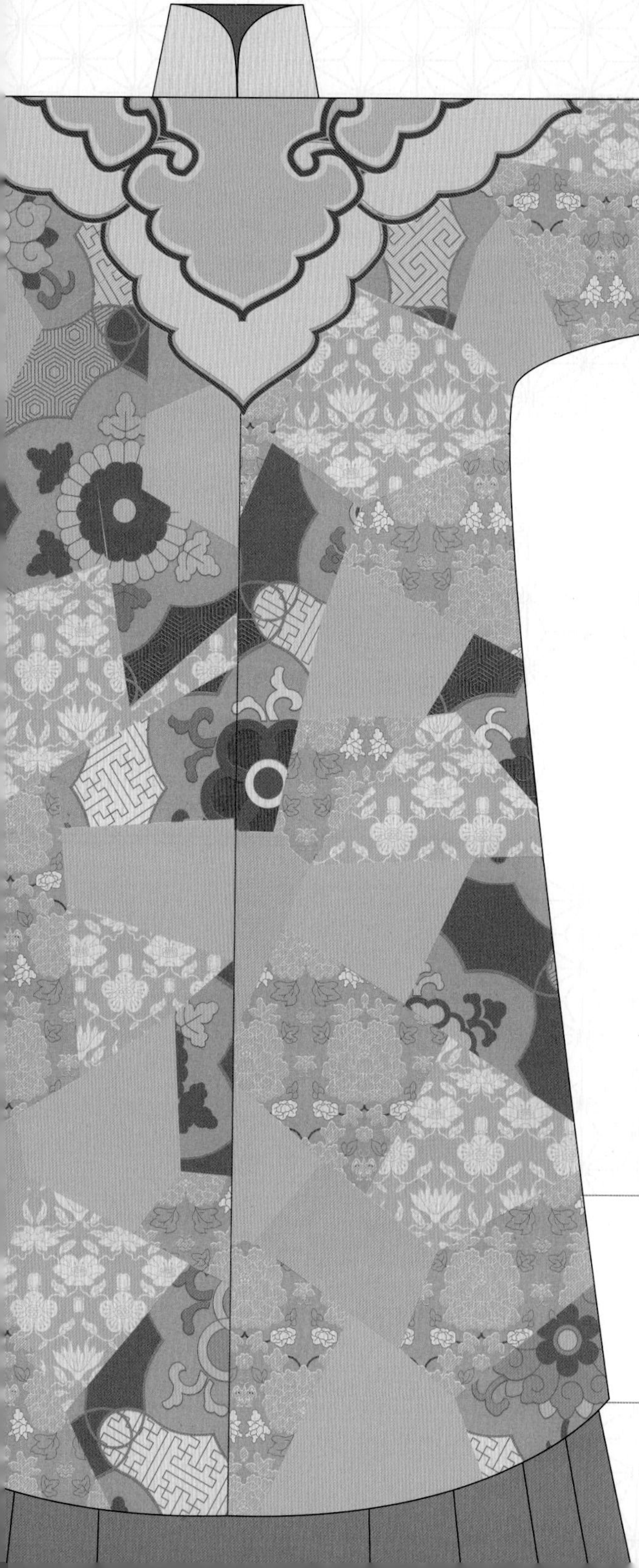

秋
香

C 20
M 25
Y 70
K 0

R 214
G 189
B 94
#d6bd5e

也称“香色”。秋香在低调内敛中散发出奢华魅力。在《红楼梦》中常见秋香金钱蟒大条褥、秋香软烟罗等丝质物品。

女子水田衣·明

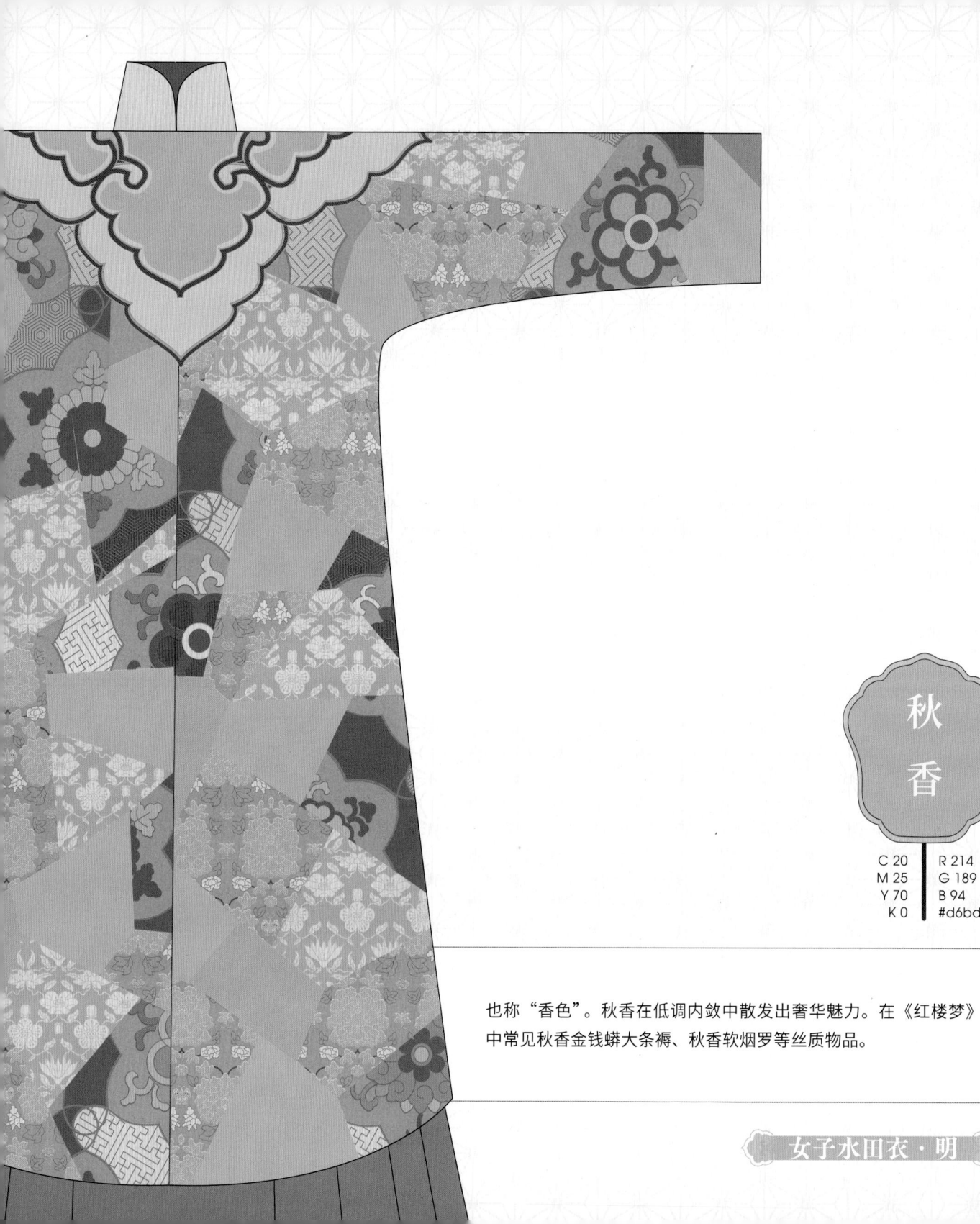

相关色

棕黄

40-60-100-0
170-115-34
#aa7322

即棕榈花花蕾的颜色，是明清时期皇族的专用色之一，体现庄重沉稳的意象。

苍黄

35-35-100-0
182-160-20
#b6a014

指深秋时节茂密的竹林的颜色。苍黄在古代常见于生丝织成的薄纱、薄绸或麻带中，亦常用于形容萧条、荒凉的环境。

金色

15-30-70-0
222-184-91
#deb85b

即与黄金颜色相近的颜色，因此很多国家都视其为权力的象征。

田赤

15-15-55-0
225-211-132
#e1d384

呈淡黄色，是中国绘画、雕塑、建筑常用的金箔色，在古代有着富饶、富裕之意。

配色方案

1	2	3	4	5	6	7	8	9
20-25-72-0	0-20-50-0	0-40-30-0	5-80-35-0	0-50-70-0	40-65-85-0	40-20-20-0	50-0-20-0	55-40-65-0
214-189-90	252-214-140	245-177-162	226-83-113	243-153-79	169-107-58	165-187-195	131-204-210	133-141-102
#d6bd5a	#fcd68c	#f5b1a2	#e25371	#f3994f	#a96b3a	#a5bbc3	#83ccd2	#858d66

纹样配色·贰色

1 2

1 6

四季花纹

纹样配色·叁色

1 2 9

2 5 8

牡丹纹

纹样配色·肆色

1 3 4 9

2 5 6 7

缠枝莲纹

团花配色

狮纹

1 2 3 4 6 7 8 9

白鹤纹

1 2 5 6 7 8 9

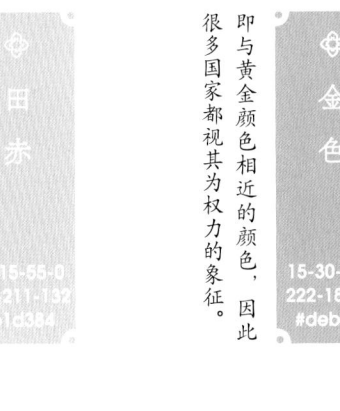

明代女子水田衣装束

- 上身着　衫—袍—云肩
- 下身着　裤—裙

明代女子水田衣配色

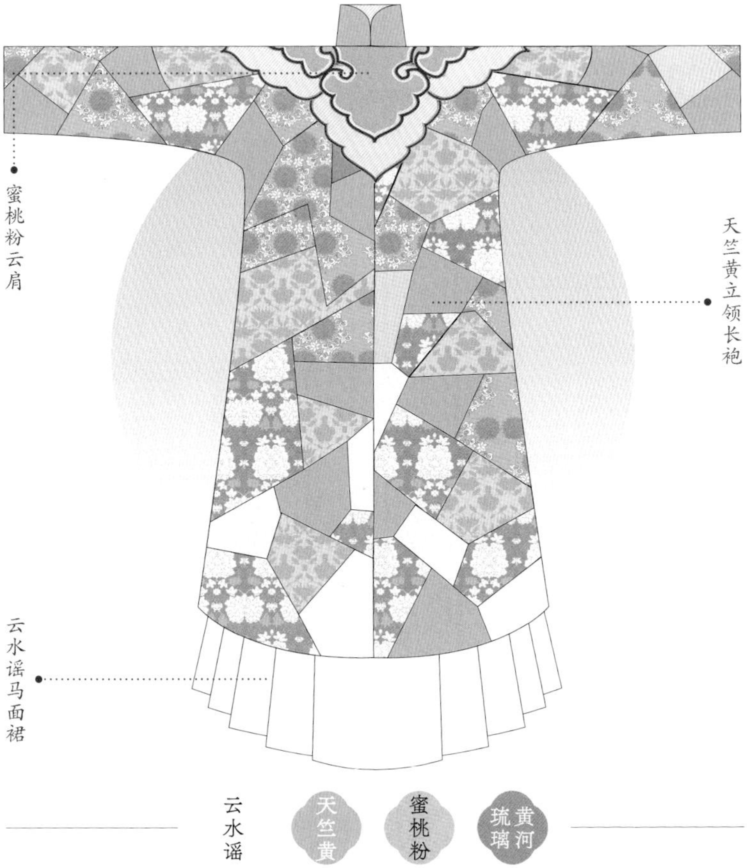

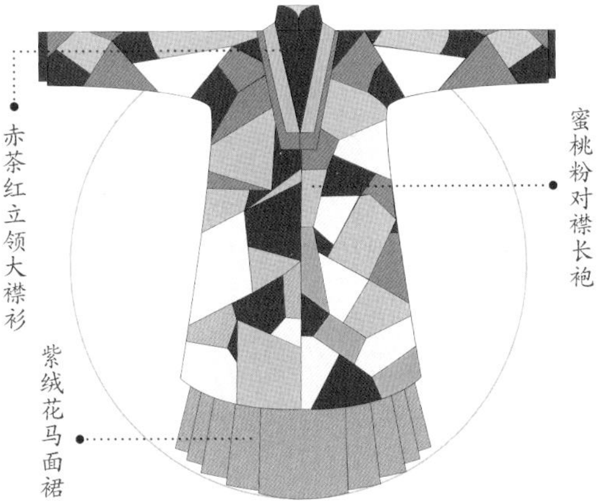

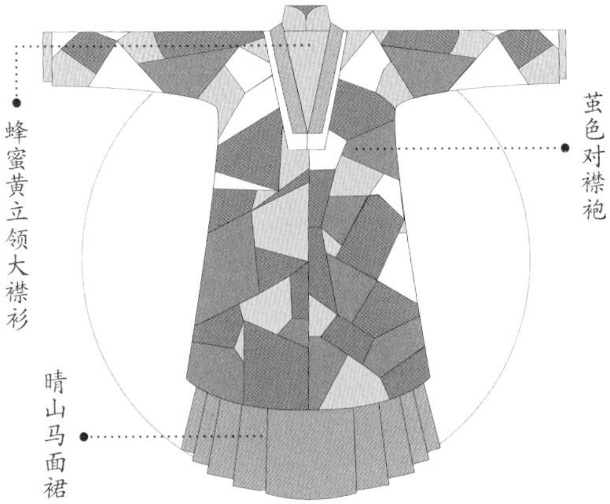

配饰

金镶宝石镯

明代因海运贸易的发展，海外宝石源源不断地输送进来，镶嵌宝石成为明代最为奢华的装饰工艺。多彩的宝石与錾刻、累丝等工艺结合起来，华丽又不失精致。

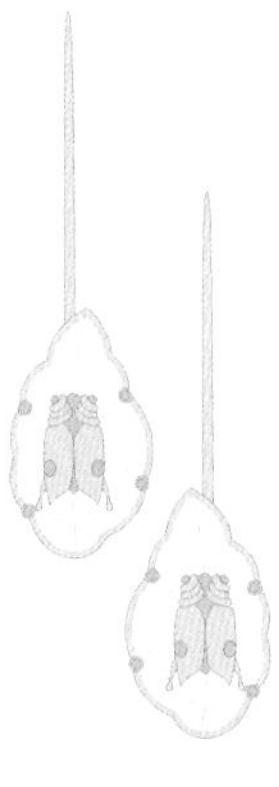

玉叶金蝉簪

成对出现，多插在发簪、分心的左右。在簪托上镶嵌玉叶，叶上有金蝉相配。是明代典型的昆虫簪钗主题装饰。

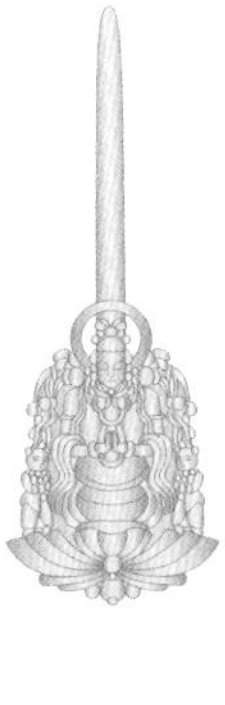

金质菩萨分心

簪脚一般朝上，倒插于鬏髻前方正中位置。分心上菩萨身穿云肩，端坐于莲花座上，脑后有圆光，两侧各侍一童子。

盘绦四季朵花纹

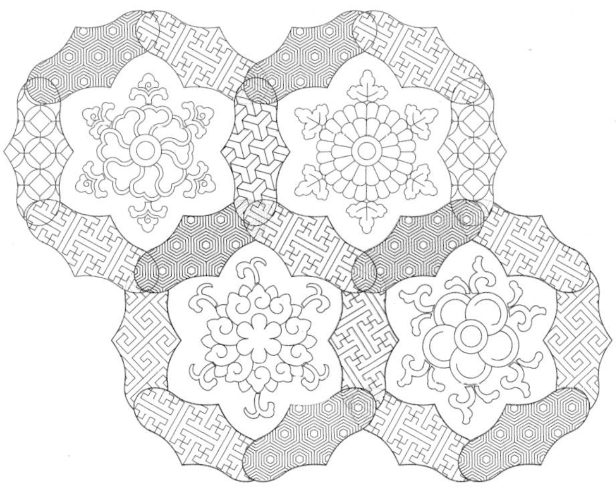

介绍

盘绦纹属于几何纹样的一种。盘绦纹始于宋而盛于明清，是宋锦中细锦的经典纹样之一，常与不同的动物、植物等纹样搭配呈现，具有变化万千、连绵不断、四通八达、吉祥长寿等寓意。

结构

盘绦纹即由六条花绦交织环扣组成的连环式纹样。花绦的花纹主要有曲水纹、古线纹、龟背纹、矩纹、回纹、锁子纹等。在以盘绦纹构成的六边形框架中填制梅花、牡丹、菊花、宝相花等作为主题纹样。整体花纹横向交错排列，呈现出繁而不乱的特点。

应用

盘绦纹在明清时期以其独特的风格，被广泛应用于织物、书画装裱之上。该纹样即为明代“盘绦四季朵花纹锦裱片”上的纹样，另清代“蓝色地盘绦寿字菊花纹织金锦”等文物上亦有盘绦纹的身影。

盘绦四季朵花纹锦裱片

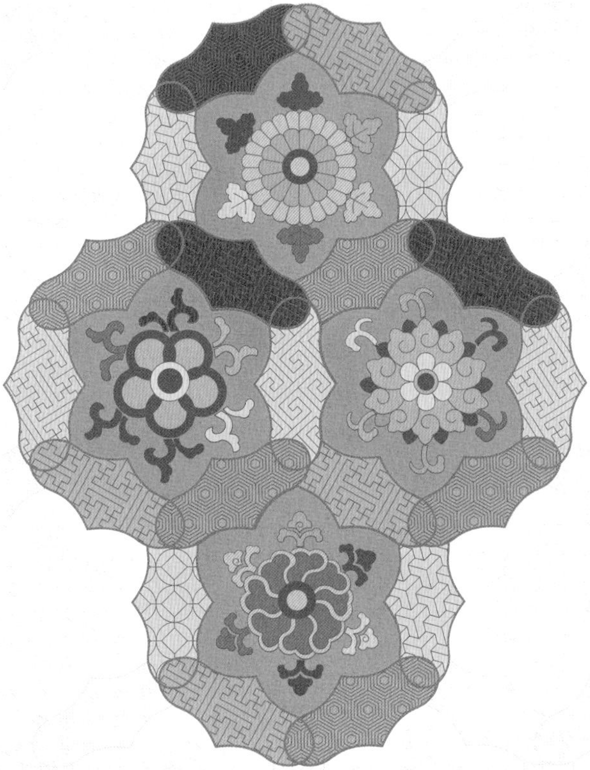

0-20-50-0	252-214-140	#fcd68c
0-50-70-0	243-153-79	#f3994f
40-65-85-0	169-107-58	#a96b3a
0-40-30-0	245-177-162	#f5b1a2
5-80-35-0	226-83-113	#e25371
40-20-20-0	165-187-195	#a5bbc3
15-15-55-0	225-211-132	#e1d384
20-30-70-0	213-180-92	#d5b45c
35-35-100-0	182-160-20	#b6a014
55-38-65-0	133-144-103	#859067
50-0-20-0	131-204-210	#83ccd2

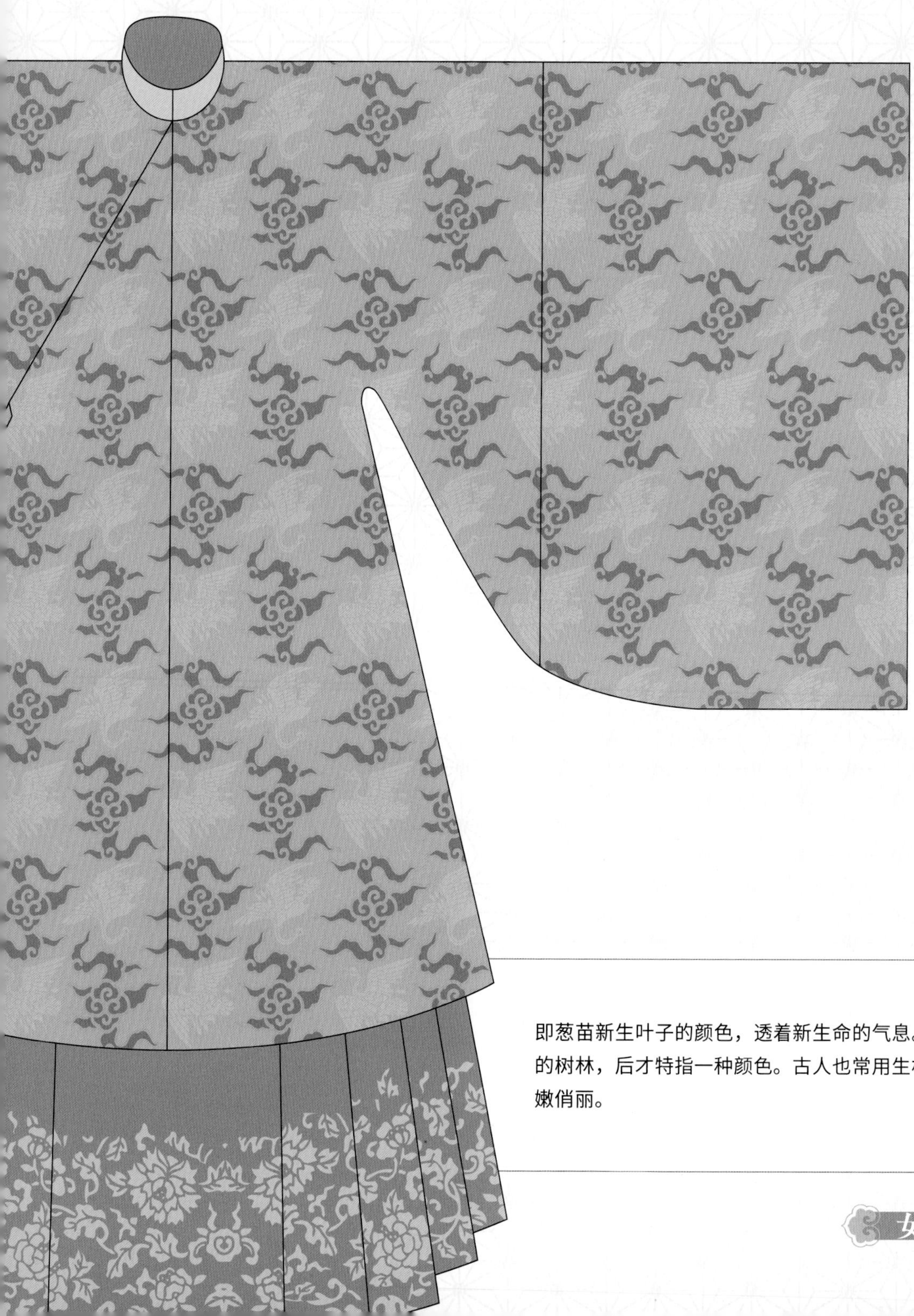

葱青

C 65 R 95
M 20 G 162
Y 50 B 140
K 0 #5fa28c

即葱苗新生叶子的颜色，透着新生命的气息。起初古人常用来描述茂密的树林，后才特指一种颜色。古人也常用生机勃勃的葱青来形容女子水嫩俏丽。

女子大袖长衫·明

相关色

青碧

65-0-50-0
81-186-151
#51ba97

原是中国古代对一种色泽为青绿色的玉石的称呼，给人以清澈纯净之感，后常用此色形容山色、烟色、天色等。

秘色

50-10-30-0
136-191-184
#88bfb8

也称『青瓷色』，明清时期尤为盛行。秘色瓷起源于五代十国，是吴越国越窑专门烧制用以供奉的瓷器，其器秘不示人，且釉药配方保密，所以称为『秘色』。

西子

50-10-20-0
135-192-202
#87c0ca

即西湖水的颜色，也称西湖色。明清时期较为流行，在小说中常用于对穿着西湖色短褂长袍的江湖儿女的描述。如俞万春《荡寇志》中的：『海清里面露出西湖色的纱衫。』

翠涛

55-30-45-0
129-157-142
#819d8e

常用于描述湖水波涛的颜色。古代也指唐代魏徵酿造的绿酒的颜色，因酒名为翠涛而得名。

配色方案

1	2	3	4	5	6	7	8	9
65-20-50-0	55-35-75-0	15-10-10-0	45-5-35-0	50-15-10-0	10-10-55-0	5-65-15-0	20-85-60-0	5-45-50-0
95-162-140	133-148-88	223-225-226	151-202-179	135-185-214	236-223-135	229-120-155	202-70-79	236-163-122
#5fa28c	#859458	#dfe1e2	#97cab3	#87b9d6	#ecdf87	#e5789b	#ca464f	#eca37a

纹样配色 · 贰色

1 3

1 4

山茶花纹

纹样配色 · 叁色

1 4 6

1 3 5

花叶纹

纹样配色 · 肆色

1 3 4 9

4 6 7 8

花蝶纹

边饰纹样

四合云纹

1 2 3

卐字四合如意纹

1 2 4 5

明代女子大袖长衫装束

- 上身着　衫
- 下身着　袴一裙

明代女子大袖长衫配色

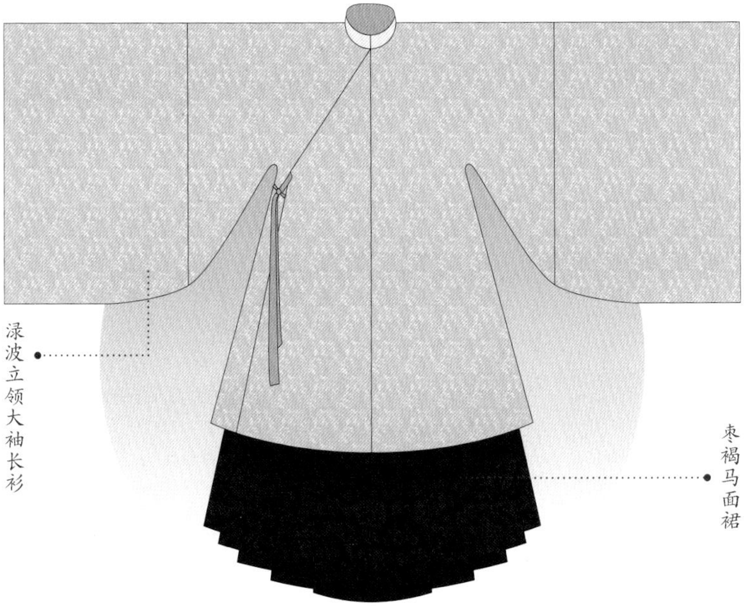

淥波 青梅 驼褐 枣褐

素采 黄润 葭灰 雌霓

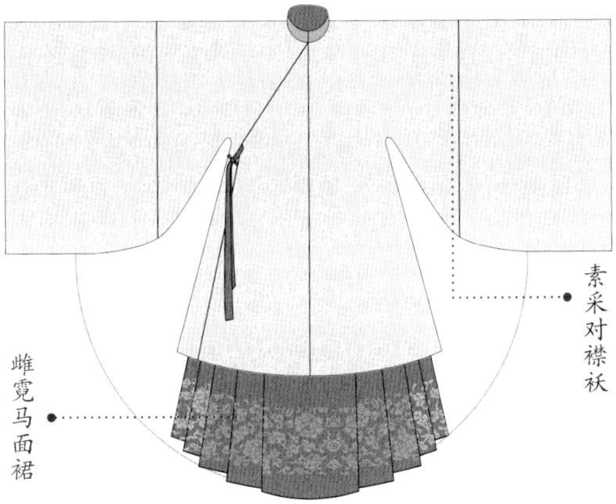

假山南 奶油黄 淥波 叶脉青

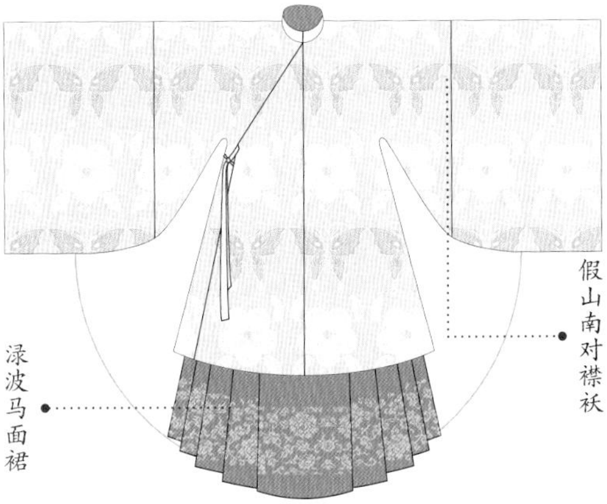

衣香鬟影

发髻

牡丹头

盘发厚重、技艺独特。在明代时期，女子盘梳牡丹头，以表达对客人的尊重。

配饰

金鸳鸯胸佩

属于禁步的一种。禁步可分为佩挂于腰间的“腰佩”和佩戴于胸前的坠胸式禁步“胸佩”两种。戴禁步是对女子行走速度和行动声音的一种限制，体现了明代对女性严格的要求。

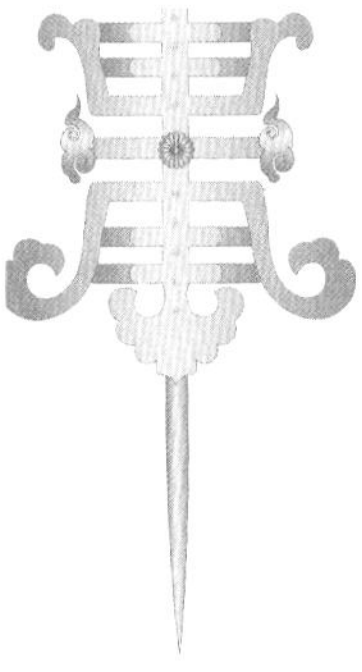

寿字金挑心

挑心是明代妇女的一种发饰，通常簪戴在发髻正中。簪首以佛像、仙人、梵文、凤凰之类最为常见。这件挑心簪首在薄金片上镂刻出“寿”字纹样，“寿”字腰间各增加一卷云纹，一端更变形为云纹，为具有美好寓意的发饰增添了装饰效果。

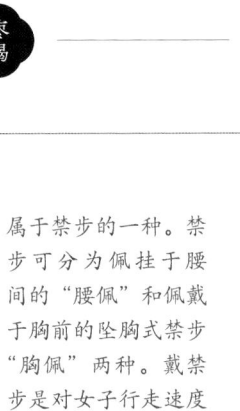

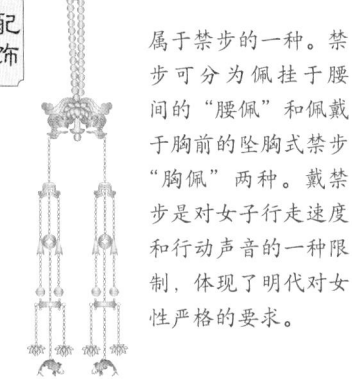

仙鹤四合云纹

介绍

仙鹤四合云纹，也称“云鹤纹”，是云纹的一种，也是为数不多贯穿于中国各朝代的纹样。云在古代是被尊奉的纹样题材，如商代青铜器上的云纹、汉代的云气纹，明代的朵云纹、四合云纹、如意云、七巧云、行云纹等，均有各自的特色，并反映出时代的面貌。又因云与气候相关，在农耕文化的影响下，人们对云存有敬畏之心。云鹤纹象征着步步高升、延年益寿、高雅、吉祥如意以及对生命的美好向往。

结构

该纹样由四合如意云纹与仙鹤纹穿插排列构成，以四方连续的形式呈现。四合如意云纹在如意云纹的基础上，从四周延展出飞云或流云作为辅助装饰纹样。仙鹤有昂首朝上、俯身朝下两种不同的姿态，二者形成对比，增强了画面的互动性及灵动感。

应用

云纹在古代的应用广泛，常与龙、凤、仙鹤等元素搭配，运用于服饰织锦之上，现藏于故宫博物院的“红色凤凰四合如意云纹织金缎”之上的纹样即为此类纹样。除此以外，云纹在陶瓷、漆器、家具及书画上也十分常见。

仙鹤四合云纹锦

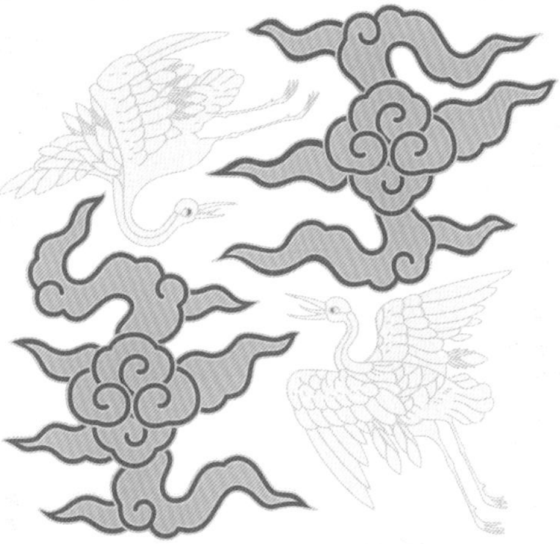

15-10-10-0	223-225-226	#dfe1e2
45-5-35-0	151-202-179	#97cab3
65-0-50-0	81-186-151	#51ba97
83-39-43-0	14-126-138	#0e7e8a

蜜合色

C 15 M 15 Y 25 K 0

R 223 G 215 B 194 #dfd7c2

蜜合色是微黄偏白的颜色。清代李斗的《扬州画舫录》中就有“浅黄白色曰蜜合”的解释。明清时期贵族流行的服饰色，《红楼梦》中的薛宝钗就常穿蜜合色的棉袄。

女子比甲长裙·明

相关色

铅白

0-0-20-0
255-252-219
#fffcdb

指铅粉的白色。铅粉质地细腻，色泽润白，并且易于保存，故古时常作为打底色用于宫廷壁画之中，是古时必备的绘画颜料。

驼色

40-50-65-0
169-134-95
#a9865f

是类似骆驼皮毛的颜色，即一种较为暗淡的浅棕色，色彩给人平和、淡定、大气的感觉。清中后期比较流行此色。

蒸栗

15-20-60-0
224-202-118
#e0ca76

即栗子蒸熟后果肉的黄色，是让人轻松愉悦的颜色。最早出现于西汉史游编撰的识字和通识课本『急就篇』中。

石蜜

20-25-50-0
212-191-137
#d4bf89

又称『冰糖』，指甘蔗汁经过太阳暴晒后形成的固体蔗糖的颜色。《凉州异物志》载：『实乃甘蔗汁煎而曝之，则凝如石，而体甚轻，故谓之石蜜也。』

配色方案

1	2	3	4	5	6	7	8	9
15-15-25-0	10-25-50-0	40-50-65-0	20-30-60-0	0-0-20-0	20-55-70-20	30-5-0-0	75-45-70-5	25-50-75-0
223-215-194	232-198-137	169-134-95	212-181-114	255-252-219	180-116-69	187-220-244	75-118-92	199-141-75
#dfd7c2	#e8c689	#a9865f	#d4b572	#fffcdb	#b47445	#bbdcf4	#4b765c	#c78d4b

纹样配色 · 贰色

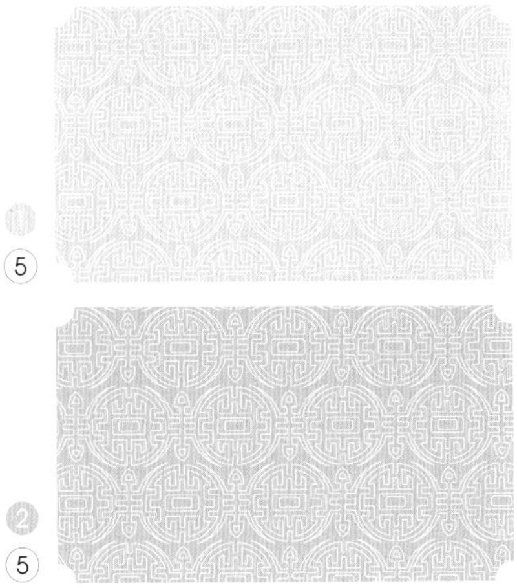

寿字纹

纹样配色 · 叁色

山茶梅花纹

纹样配色 · 肆色

方胜灵芝纹

边饰纹样

工字盘绦纹 3 5

团花龟背纹 1 2 3 5

明代女子比甲长裙装束

- 上身着 衫—比甲
- 下身着 裤—裙

明代女子比甲长裙配色

北极春 迎春花 二目鱼 缥绿

虾灰 霜露 灰紫色

虾灰 姜糖奶黄 干草色 藕紫色

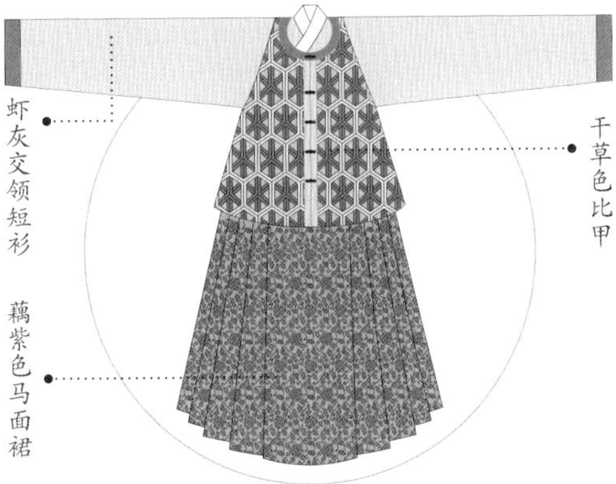

配饰

压鬓钗

又叫倒钗、金簪，使用时倒着插入鬏髻底部两侧。

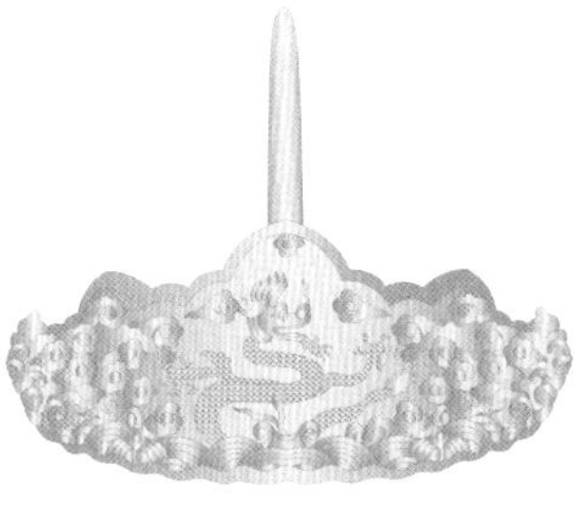

金龙满冠

形似山峦或笔架，有一定弧度，插在鬏髻背面底部。

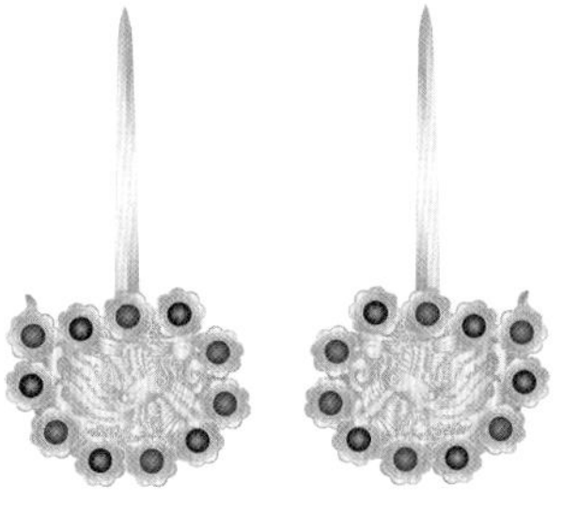

镶宝石云头风纹金掩鬓

又称棒鬓、博鬓，通常做成云形，簪脚朝上，插于两鬓边。

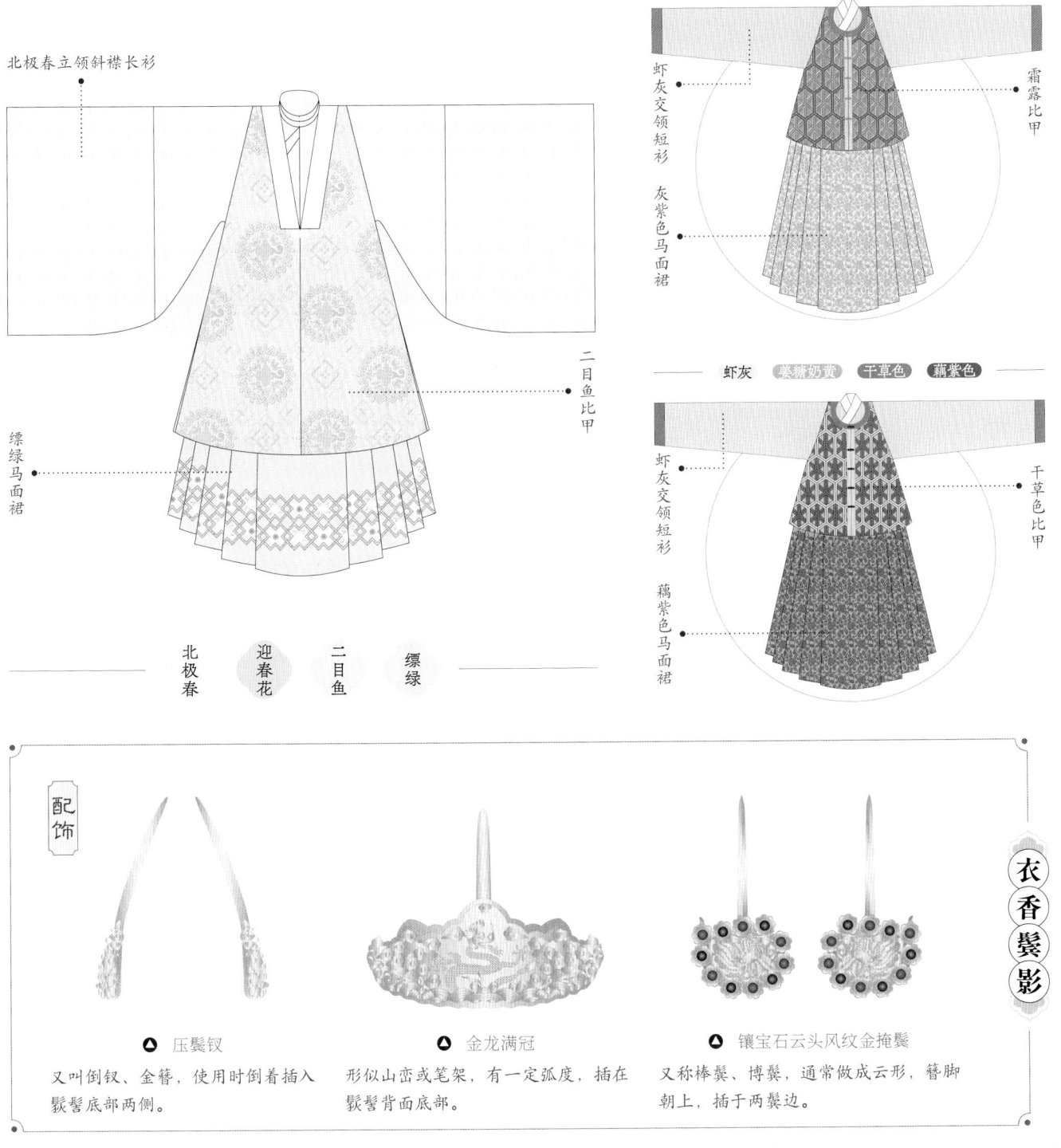

方棋如意莲瓣纹

介绍

属于方棋纹的一种。方棋纹又称棋格纹，是一种网格状纹样，类似于象棋、围棋等的方格式的棋位图。方棋纹极具视觉秩序感，是基础的连续性图案之一，有源远流长、生生不息的寓意。

结构

方棋纹以方形作为纹样单位，纹样之间相互关联不间断，以四方连续纹样的形式排列。在此骨架之中填入主题性内容纹样，这种表现形式的纹样又被称为方棋嵌花纹。该纹样就是在方棋纹的基础之上分布莲瓣纹、如意云纹等纹样，且莲瓣之间间距匀称，如意云纹也层层相连，极具韵律之美。

应用

由于纺织物经纬交织的方向与方棋纹横竖构成的方向相同，因此方棋纹成了纺织物常见的纹样之一。现藏于故宫博物院的“金地方棋填花纹织金锦”“蓝色纳纱方棋博古纹男帔”等织物上就有方棋纹的使用。

方棋如意莲瓣纹锦

	0-0-10-0	255-254-238	#fffeee
	15-15-25-0	223-215-194	#dfd7c2
	20-25-50-0	212-191-137	#d4bf89
	40-50-65-0	169-134-95	#a9865f
	30-5-0-0	187-220-244	#bbdcf4

鹦鹉绿

C 80
M 0
Y 75
K 55

R 0
G 101
B 59
#00653b

指身披美丽羽毛的野生飞禽身上的一种毛色，是旧时布帛染色的常用色。鹦鹉绿可用黄色与蓝色染料经先后叠染获得，在古时是民间男女通用的服色。

女子围腰襦裙·明

相关色

湖绿
60-5-40-0
102-186-168
#66baa8

类似湖水的颜色。此色明朗、清爽而洁净，如白居易在《望江南》中写到：『日出江花红胜火，春来江水绿如蓝。』

青雘
80-40-60-0
49-126-112
#317e70

青雘是石青和石绿的统称，石青呈青色，石绿呈绿色，青雘呈青绿色。《南山经》里记载，『青丘之山……其阴多青雘。』说明青雘是重要的颜料矿产。

松柏绿
80-55-80-20
57-92-67
#395c43

因像松柏叶的深绿色而得名，属于植物色，古代常用作服饰色，给人稳重而雅致不俗的感觉。

黛绿
80-55-60-10
60-100-97
#3c6461

也称『青黑色』，是提取自黛石的天然矿物颜料，也是古代女子最爱使用的画眉色料，故也常用于形容美丽的女子。

配色方案

1	2	3	4	5	6	7	8	9
80-0-75-55	85-35-50-0	90-15-65-5	60-0-50-0	20-80-50-10	5-20-60-0	30-5-10-0	78-61-38-0	77-56-80-19
0-101-59	0-130-131	0-144-114	102-191-151	190-76-89	244-209-118	188-219-228	74-99-129	68-92-67
#00653b	#008283	#009072	#66bf97	#be4c59	#f4d176	#bcdbe4	#4a6381	#445c43

纹样配色 · 贰色

1 4

2 7

折枝玉兰纹

纹样配色 · 叁色

1 4 6

1 4 5

折枝莲纹

纹样配色 · 肆色

1 5 6 7

4 7 8 9

蝴蝶花卉纹

边饰纹样

折枝海棠纹

1 2 3 4 5 6 7

五毒花卉纹

1 2 3 4 5 6 7 9

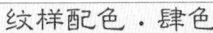

明代女子围腰襦裙装束

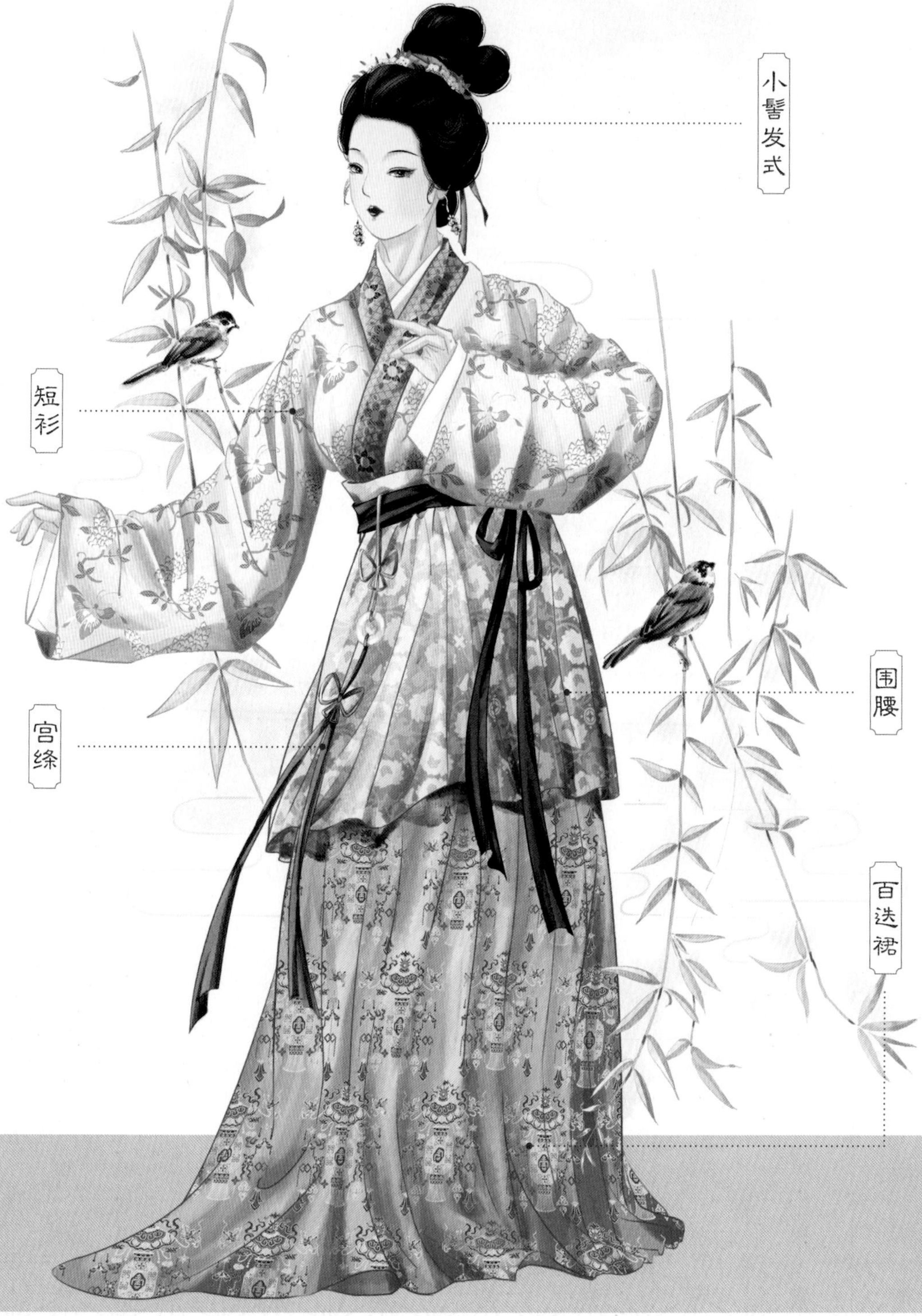

- 上身着　衫
- 下身着　袴—裙—围腰

明代女子围腰襦裙配色

翠竹　白堇色　瓷白灰　绿青色

粉白色　雪花白　石膏岩　驼褐

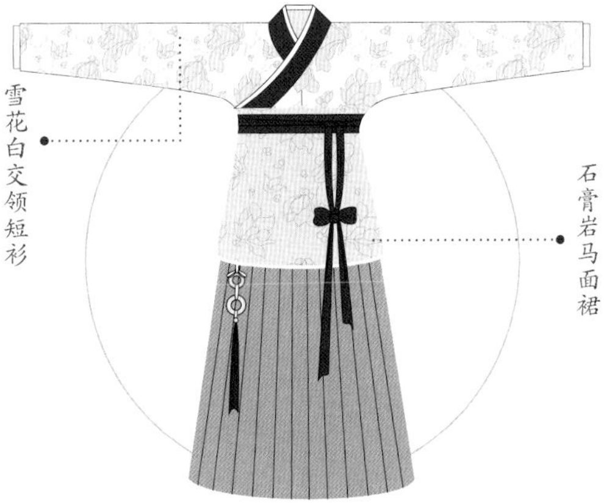

香炉紫烟　素雅白　苍青　绀宇

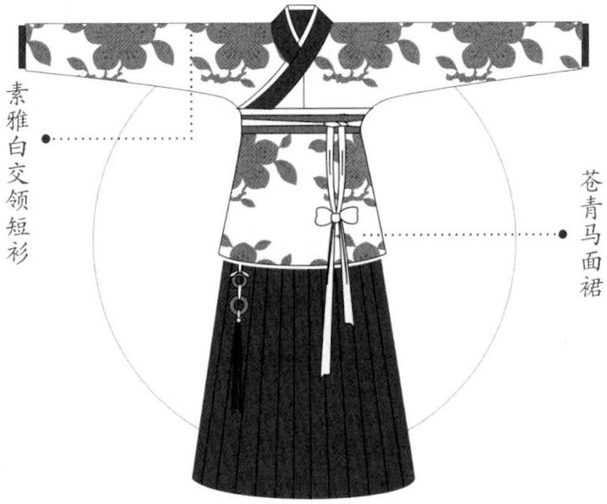

配饰

白玉云样玎珰

上部为两面饰有云龙纹的金如意云盖。下系红丝线五根，红丝线上面缀金方心云板一块，金方心云板正中饰有小金龙。丝线末端缀白玉云朵五朵。以一对的方式佩戴，是皇后常服常用的配饰。

玉花彩结绶

用红、绿色线罗各一条，编成花结，正中缀刻有云龙纹的玉绶花一块。绶结下垂有绶带一对，绶带末端各缀玉坠珠三颗。佩戴时系于腰间，自然垂下，不仅美观，还可起到压住裙幅的作用。

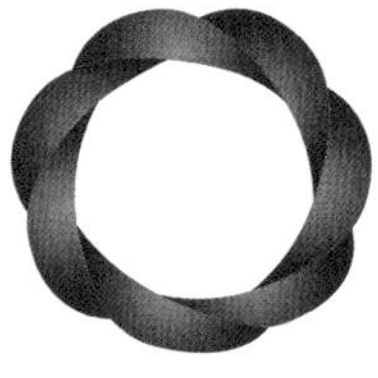

绳纹玉手镯

玉手镯的表面用阴线刻出两条至四条螺旋状的纹饰，因呈绳子缠绕状而名“绳纹镯”或“麻花镯”。

衣香鬓影

灯笼纹

介绍

灯笼纹是以灯笼为题材的装饰图案。自古佳节就有张灯结彩的传统，古人通过装饰灯笼或灯笼纹来祈求家庭添丁进财，也象征着阖家团圆、事业兴旺、红红火火、圆满富贵等。

结构

灯笼纹整体以灯笼结构为骨架，包括灯提、灯盖、笼身、坠饰等。灯提常以四提、六提挂钩的方式呈现，挂钩通常呈龙头、凤头状。灯盖和灯提结合形成灯笼纹的顶部，灯笼笼身位于灯笼纹中间部位，常有圆形、方形和葫芦形等，笼身一般会带有“福”“禄”“寿”等吉祥文字。坠饰则挂于灯提两侧，以谷穗状流苏、璎珞串联着方胜、如意、铜钱等吉祥器物最为常见。灯笼纹可单独作为纹样装饰，也可与蜜蜂、祥云、花卉等图案组合构成复合性装饰纹样。

应用

灯笼纹起源于唐代，明清时期最为兴盛，如藏于故宫博物院的“银白色地灯笼纹织金锦”“里青花外粉彩灯笼纹碗”等文物之上都可见其身影。出土的耳饰、锦缎、瓷器等文物，很多都以灯笼纹作为装饰。

灯笼纹锦

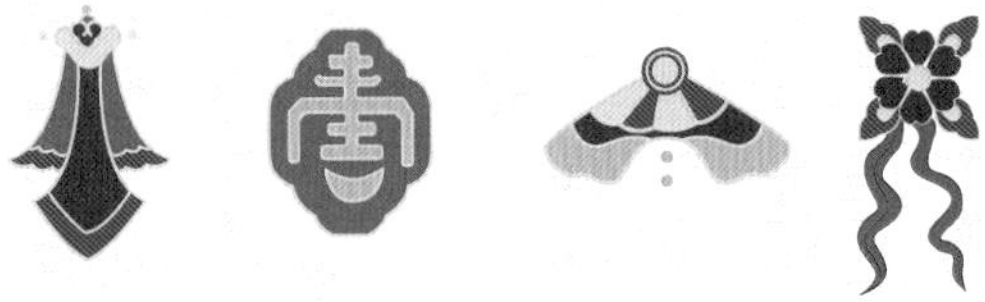

	30-5-10-0	188-219-228	#bcdbe4
	40-15-60-0	169-190-123	#a9be7b
	70-45-80-0	95-124-80	#5f7c50
	85-35-50-0	0-130-131	#008283
	80-0-75-55	0-101-59	#00653b
	80-60-40-0	66-100-127	#42647f
	5-20-60-0	244-209-118	#f4d176
	20-80-50-10	190-76-89	#be4c59

桃红

C 0　R 240
M 55　G 145
Y 20　B 160
K 0　#f091a0

即桃花盛开的颜色。自古以来，文人多以桃花比喻女子俏丽而娇媚的姿态。此外，桃红也经常作为美好爱情的代表色。

相关色

海天霞

0-30-20-0
248-198-189
#f8c6bd

白里微红，淡雅中带着娇艳。出自明代内织染局，海天霞的面料常用于给宫人制作衫子，是明代特有的女子服色。

莲红

20-50-20-0
207-147-165
#cf93a5

是莲花花瓣顶端尖头处的颜色，是历代女子服饰的常用色。张敬徽《采莲曲》中提到：『游女泛江晴，莲红水复清。』

夕岚

0-35-10-0
246-190-200
#f6bec8

是日暮时分，残阳染得山间雾气都微微泛红的雾霭之色。明代袁宏道在《晚游六桥待月记》中用『一日之盛，为朝烟，为夕岚。』来赞美此色。

十样锦

0-30-30-5
241-192-167
#f1c0a7

从蜀锦衍生而来的颜色，最初为五代十国时期蜀地出产的十样蜀锦的统称，后粉色成为蜀锦的代表，就保留了十样锦的色名。

配色方案

1	2	3	4	5	6	7	8	9
0-55-20-0	0-30-35-5	0-45-30-0	5-15-20-0	30-45-5-30	25-80-60-15	5-40-85-0	45-25-85-10	90-2-67-0
240-145-160	241-191-158	243-166-157	243-223-204	148-119-152	176-72-75	238-170-47	149-159-64	0-161-119
#f091a0	#f1bf9e	#f3a69d	#f3dfcc	#947798	#b0484b	#eeaa2f	#959f40	#00a177

纹样配色 · 贰色

1 4

3 5

飞凤纹

纹样配色 · 叁色

1 3 4

4 6 7

杂宝流云鲜桃纹

纹样配色 · 肆色

1 2 4 7

4 7 8 9

岁寒三友松竹梅纹

边饰纹样

百事大吉如意吉祥万寿纹

1 4 5 6 7 8 9

卍字岁寒三友纹

1 3 4 5 7 9

明代女子长背子装束

- 上身着　衫—背子
- 下身着　袴—裙

明代女子长背子配色

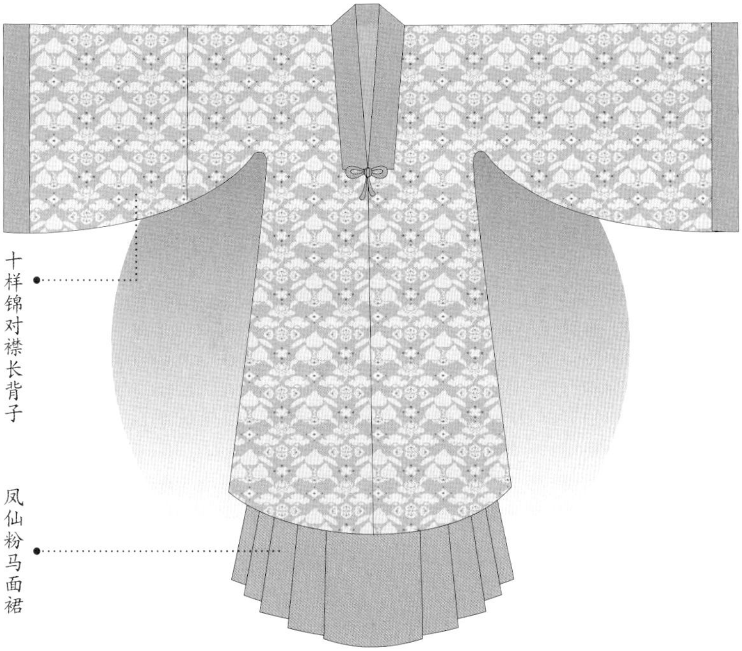

山樱粉 海天霞 桃花粉 柚葡萄粉

白橡黄 奶油黄 白子莲 十样锦

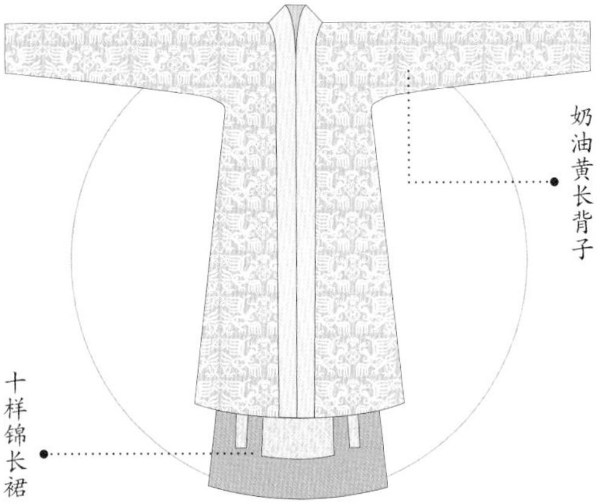

山樱粉 云灰 紫绒花 晨露灰

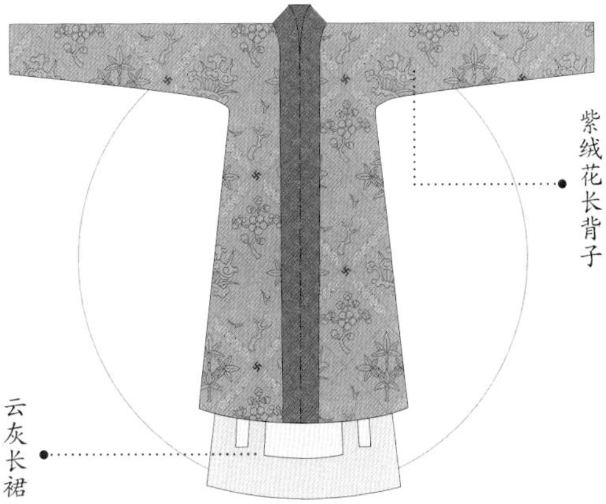

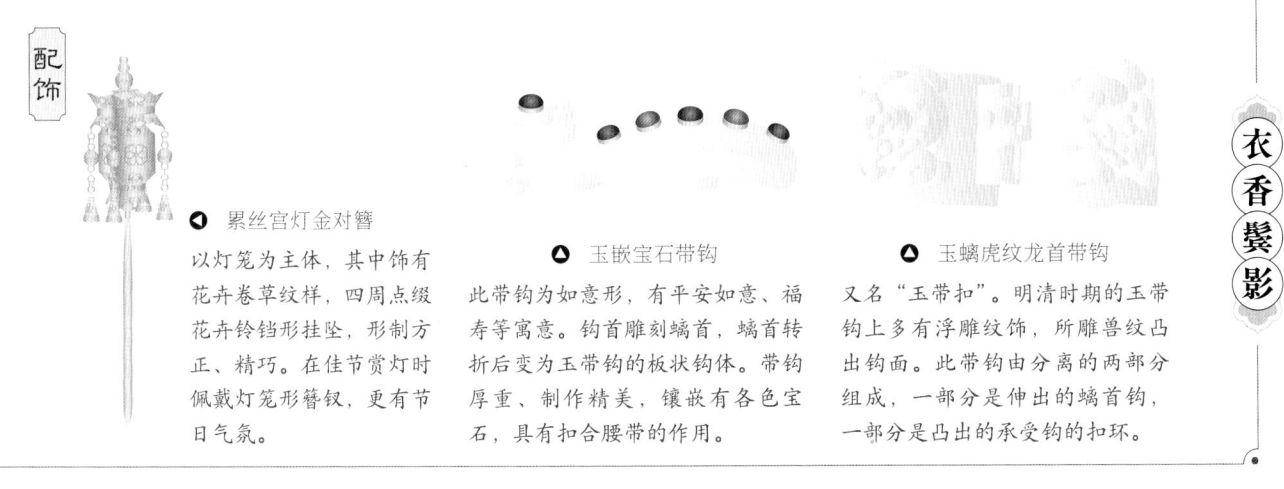

配饰

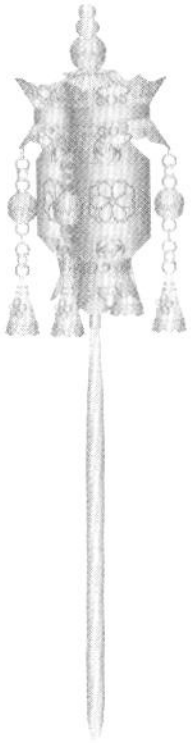

累丝宫灯金对簪

以灯笼为主体，其中饰有花卉卷草纹样，四周点缀花卉铃铛形挂坠，形制方正、精巧。在佳节赏灯时佩戴灯笼形簪钗，更有节日气氛。

玉嵌宝石带钩

此带钩为如意形，有平安如意、福寿等寓意。钩首雕刻螭首，螭首转折后变为玉带钩的板状钩体。带钩厚重、制作精美，镶嵌有各色宝石，具有扣合腰带的作用。

玉螭虎纹龙首带钩

又名“玉带扣”。明清时期的玉带钩上多有浮雕纹饰，所雕兽纹凸出钩面。此带钩由分离的两部分组成，一部分是伸出的螭首钩，一部分是凸出的承受钩的扣环。

盘绦团凤纹

介绍

盘绦团凤纹中的团凤纹，美丽大方、魅力四射，千百年来被看作幸福的化身。团凤纹常与品字云纹、如意云纹、花草纹等结合，构成“凤衔牡丹”“鸾凤和鸣”等图案，象征着和平与吉祥等。

结构

该纹样在盘绦纹结构中饰有团凤纹及如意云纹，这种“几何嵌花”的形式在历代染织纹样中颇为常见。表现凤鸟展翅飞翔、活动自如的团凤纹与几何框架形成互补和对比，给人以静中有动之感。

应用

自古以来人们常将凤鸟纹应用到织物、陶瓷、家具、建筑装饰及书画装裱等领域。该纹样实物即为明刊《大藏经》经面上的装裱纹样。

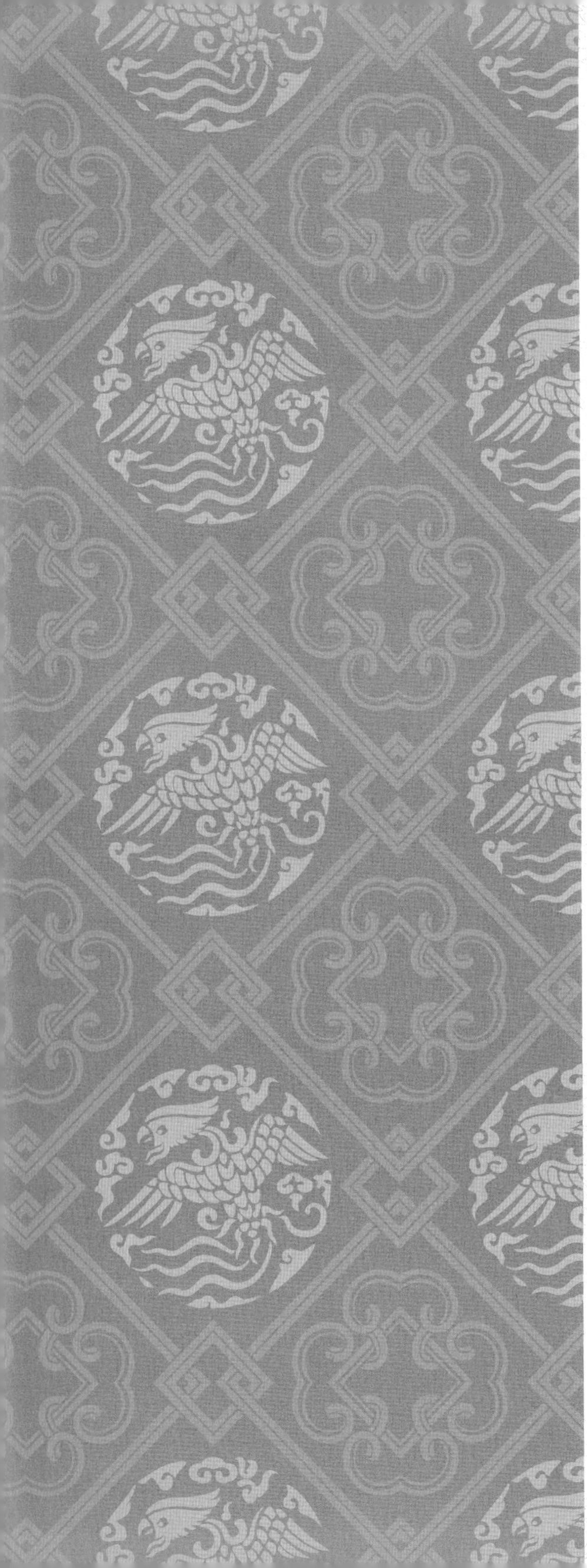

明刊《大藏经》经面

0-35-10-0 246-190-200 #f6bec8

0-45-30-0 243-166-157 #f3a69d

0-55-20-0 240-145-160 #f091a0

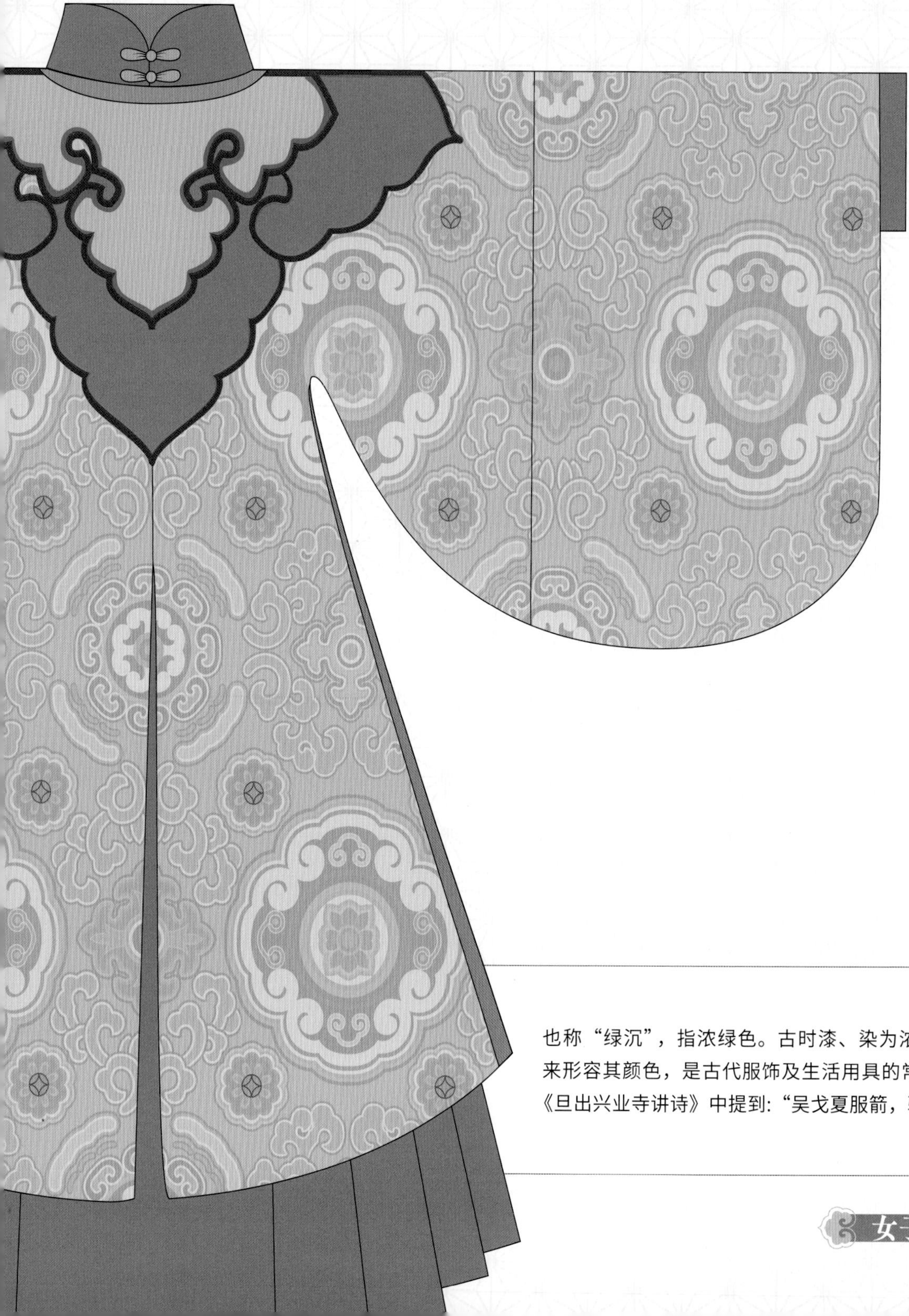

绿沈

C 50 M 40 Y 80 K 0

R 147 G 143 B 76 #938f4c

也称“绿沉”，指浓绿色。古时漆、染为浓绿色的物品，常用绿沈来形容其颜色，是古代服饰及生活用具的常用色。如南朝梁简文帝《旦出兴业寺讲诗》中提到:“吴戈夏服箭，骥马绿沉弓。”

女子云肩礼服 · 明

相关色

太师青

60-40-55-0
119-138-119
#778a77

从宋代太师蔡京所穿的青色袍服的颜色而来。陆游在《老学庵笔记》里曾记载：『蔡太师作相时，衣青道衣，谓之「太师青」。』

竹青

60-35-70-0
120-145-97
#789161

指竹子青绿的表皮色。也是国画中花草常用的颜色。除此之外，竹青还是古代建筑中瓦当的颜色之一。

鸭头绿

90-50-70-10
0-102-88
#006658

是绿头鸭羽毛在阳光下的色泽。古代诗人亦常用鸭头绿来形容水色，或是用作春水的代称。

苍翠

70-25-50-0
79-152-137
#4f9889

也称『葱翠』，泛青色的绿色，给人宁静而平和的感觉。此色在中国传统水墨画中经常用于绘制树木或者远山等。

配色方案

1	2	3	4	5	6	7	8	9
50-40-80-0	40-0-50-20	45-0-25-5	25-30-55-20	5-5-10-0	35-10-0-0	80-10-70-0	0-20-70-5	25-75-75-15
147-143-76	144-183-132	144-203-196	174-154-107	245-242-233	174-208-238	0-160-110	245-205-89	176-82-58
#938f4c	#90b784	#90cbc4	#ae9a6b	#f5f2e9	#aed0ee	#00a06e	#f5cd59	#b0523a

纹样配色·贰色

1 5

3 7 双鱼纹

纹样配色·叁色

1 5 8

2 3 5 鸟衔花枝纹

纹样配色·肆色

1 2 7 9

2 4 6 8 岁寒三友纹

团花配色

荷花双鸟纹 1 3 4 5 6 8

双鱼团纹 1 2 3 4 5 8 6 9 7

明代女子云肩礼服装束

- 上身着　衫—袍—云肩
- 下身着　袴—裙

明代女子云肩礼服配色

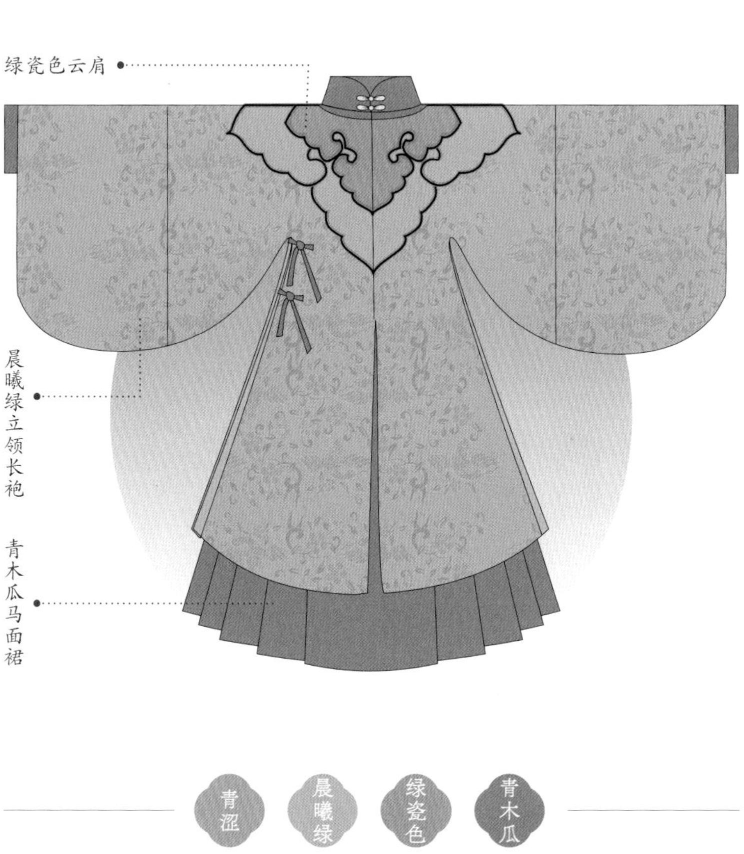

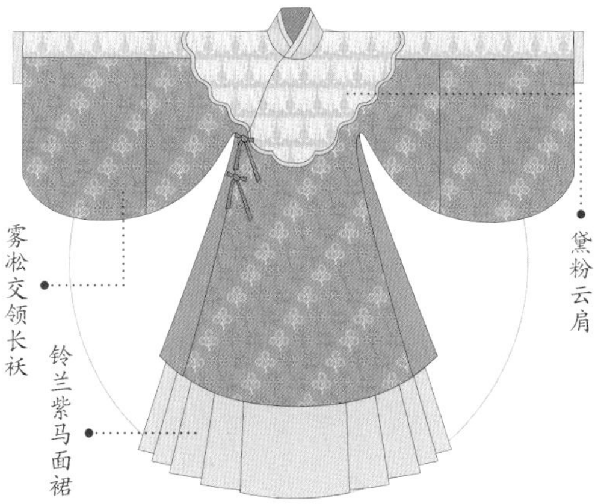

发髻

高髻

高髻盘发技艺复杂，搭配华丽的饰品，自带奢华的风格，最早盛行于明朝宫廷之中，后在官员家眷中流传，随后民间亦纷纷效仿。

配饰

抹额

也称额带、头箍、发箍、眉勒、脑包，盛行于明代，是妇女包于头额，束在额前的巾饰，一般多饰以刺绣或珠玉。

四合如意天华锦纹

介绍

四合如意天华锦纹属于天华锦纹的一种。天华锦源于宋代八达晕锦，又名“添花锦”，取“锦上添花”之意，明清时期尤为盛行。

结构

锦式骨架由圆形、方形、菱形、六边形、八边形等有规律地组合而成，骨架中嵌以各式花纹，整体规矩、细节活泼，且有四通八达之意，展现出锦中有花、花中有锦的视觉特点。该纹样以圆形、方形为基础骨架，以四合云纹为主题纹样，配以朵花纹，繁复规矩，整体效果和谐统一，给人以瑰丽多姿的视觉感受。

应用

天华锦纹主要装饰于织锦上，如现藏于故宫博物院的“红色地方棋朵花四合如意纹天华锦”“绿色地四合如意纹天华锦”等。除此之外在书画装裱等领域也能看到其身影。

四合如意纹天华锦

5-5-10-0	245-242-233	#f5f2e9
25-30-55-20	174-154-107	#ae9a6b
30-20-69-5	187-184-97	#bbb861
50-40-80-0	147-143-76	#938f4c
35-10-0-0	174-208-238	#aed0ee
45-0-25-5	144-203-196	#90cbc4
61-36-70-0	117-142-97	#758e61
90-50-70-10	0-102-88	#006658

参考文献

[1]郭廉夫,丁涛,诸葛铠.中国纹样词典[M].天津:天津教育出版社,1998.

[2]黄清穗.中国经典纹样图鉴[M].北京:人民邮电出版社,2021.

[3]吴山,陆晔,陆原.中国纹样全集 [M].济南:山东美术出版社,2009.

[4]陆晔,陆原.中国纹样图典[M].北京:学苑出版社,2014.

[5]青简.古色之美[M].长沙:湖南人民出版社,2019.

[6]鸿洋.色彩:国粹图典[M].北京:中国画报出版社,2016.

[7]郭浩,李建明.中国传统色:故宫里的色彩美学[M].北京:中信出版社,2020.

[8]郭浩.中国传统色(青少版)[M].北京:中信出版社,2022.

[9]黄仁达.中国颜色[M].南京:江苏凤凰美术出版社,2020.

[10]彭德.中华五色[M].南京:江苏美术出版社,2008.

[11]卞向阳,崔荣荣,张竞琼.从古到今的中国服饰文明[M].上海:东华大学出版社,2018.

[12]沈从文,王孖.中国服饰史[M].西安:陕西师范大学出版社,2004.

[13]袁杰英.中国历代服饰史[M].北京:高等教育出版社,1994.

[14]左丘萌,末春.中国妆束:大唐女儿行[M].北京:清华大学出版社,2020.

[15]春梅狐狸.图解中国传统服饰[M].南京:江苏凤凰科学技术出版社,2019.

[16]楼慧珍,吴永,郑彤.中国传统服饰文化[M].上海:东华大学出版社,2003.

[17]李微.中国传统服饰图鉴[M].北京:东方出版社,2010.

[18]戚琳琳.古代配饰[M].合肥:黄山书社,2015.

[19]冯盈之,余赠振.古代中国服饰时尚100例[M].杭州:浙江大学出版社,2016.

[20]李楠.中国古代服饰[M].北京:中国商业出版社,2014.

[21]蒋玉秋,王艺璇，陈锋.汉服[M].青岛:青岛出版社,2007.

[22]高格.细说中国服饰[M].北京:光明日报出版社,2005.

[23]马大勇.云髻凤钗:中国古代女子发型发饰[M].济南:齐鲁书社,2009.

[24]沈从文.中国古代服饰研究[M].北京:商务印书馆,2011.

[25]黄能福,陈娟娟,黄钢.服饰中华:中华服饰七千年(精编本)[M].北京:清华大学出版社,2013.

[26]周汛,高唇明.中国历代妇女装饰[M].上海:学林出版社,1988.

[27]王乐.中国古代丝绸设计素材图系:汉唐卷[M]. 杭州:浙江大学出版社,2018.

[28]徐铮,蔡欣.中国古代丝绸设计素材图系:辽宋卷[M].杭州:浙江大学出版社,2018.